山东小麦
良种良法配套技术

SHANDONG XIAOMAI
LIANGZHONG LIANGFA PEITAO JISHU

鞠正春　吕建华　高瑞杰　主编

U0246521

中国农业出版社
北 京

山东小麦良种良法配套技术

主　　编	鞠正春	吕建华	高瑞杰		
副 主 编	毛瑞喜	吕　鹏	韩　伟	修翠波	王瑞雪
	庞　慧	马根众	汪　岩	张美珍	侯庆迎
	王寿辰	宋元瑞	刘光亚		
参　　编	张晓雾	王　欢	蒋明波	王　健	徐加利
	武智民	严美玲	王锡久	李　宁	薛丽娜
	曹海英	何艳芳	刘　颖	钱兆国	王瑞霞
	吕广德	王　超	亓晓蕾	赵　强	吴科
	殷复伟	高士龙	高汝迪	陆培举	于绍山
	赵　岩	李　欣	王晓婷	张　燕	姜常松
	王京京	郑以宏	谢卫东	李　亮	李　美
	曹　林	李国芳	骆兰平	禹光媛	赵桂涛
	张素芳	秦　竞	朱一明	牛海燕	魏　杰
	黄金苓	王光胜	张　鑫	刘　芳	邰熙春
	刘翠先				

前　言

国以农为本，农以种为先。种子是农业的"芯片"，是最基本的农业生产资料，是农业科技的先导和载体，是提高农产品产量和品质的物质基础。小麦良种都是在不同的自然和栽培条件下培育而成的，具有不同的遗传特性，因而表现出不同的特征特性，只有当外界条件能满足其生长发育要求时，它们的优良性状及增产潜力才能充分显现和发挥。所以，在小麦生产上，必须根据品种的特征特性，采取相应的栽培方法，切实做到良种良法配套，才能充分发挥出良种的增产潜力，达到高产、稳产、优质、高效的目的。

本书针对山东省小麦种植过程中品种多乱杂、部分地区良种良法配套比较差等现状，从品种审定、主要品种介绍、良种良法配套原则、主要配套栽培技术等方面进行了较系统的阐述，内容较为全面，实用性和可操作性强，可供农业技术人员、种子企业、种粮农户等参考。

本书在编写过程中，得到了许多同行专家的支持和帮助，并采用了有关同行的资料，在此一并表示感谢！由于时间紧、编者水平有限，错误在所难免，敬请读者批评指正。

编　者

2020 年 10 月 20 日

目　录

前言

第一章

良种良法配套概述

国以农为本，农以种为先。种子作为最基本的农业生产资料，是农业科技的先导和载体，是提高农产品产量和品质的物质基础。

因地制宜选用优良品种，投资少、见效快。据联合国粮食及农业组织统计，近 20 多年来，世界粮食产量翻了一番，其中 75％的产量提升来自单产水平的提高，而优良品种的增产作用占到 30％以上。有关专家讲"一粒种子可以改变世界"，并预言"谁掌握了种子，谁就掌握了世界""种子战将要取代农产品战"。种子在农业生产中占有着极为重要的位置。

第一节 优良品种在生产中的作用

优良品种是一种重要的生产资料，在生产上能起到高产、稳产、优质、低耗的作用，这已被小麦生产的发展所证实。新中国成立初期，山东省小麦亩*产 41.2 千克，总产 22.15 亿千克，到1956 年发展到亩产 61.2 千克，总产 36.65 亿千克，平均每年亩产递增 6.9％，总产递增 9.4％，在较短的时间内，小麦生产稳定发展，对整个国民经济的迅速恢复和发展起到重要作用，使山东省的农业生产特别是粮食生产恢复到历史最高水平。1970 年以后，随

---

* 亩为非法定计量单位，1 亩＝1/15 公顷。——编者注

着生产条件的改善和农业科技的发展，小麦生产摆脱了长期徘徊的局面，又有了较快的发展，特别是在党的十一届三中全会以后，小麦产量持续上升，到 2019 年，小麦亩产达 425.3 千克，总产达510.58 亿千克，创历史新高。与新中国成立初期相比，亩产提高了 9 倍以上，总产提高了 20 倍以上。小麦优良品种的不断选育和推广，在不同历史时期，都发挥了一定的增产稳产作用，主要表现为以下几点。

一、提高单位面积产量

有了优良品种，即使不增加劳动力、肥料，也可获得较多的收成。如新中国成立初期山东省大面积引种推广碧蚂 1 号、碧蚂 4 号小麦，产量较原有地方品种增加 10%～20%；20 世纪 60 年代推广济南 2 号，一般较碧蚂 1 号增产 10%；20 世纪 70 年代大面积推广泰山 1 号、蚰包麦后比原来的品种增产 10%～35%；2000 年后大面积推广济麦 22，一般比原来的品种增产 10% 以上。实践证明，品种每更换一次，产量将提高 10% 左右。

二、减少因病虫害、自然灾害造成的损失

选育推广抗病虫害和抗逆性强的品种是一种经济有效的减少病虫害和自然灾害造成的损失的途径。与药剂防治相比，不需要增加任何生产投资，同时也不会污染环境。小麦赤霉病是山东小麦的主要病害之一，发生普遍，对小麦生产的威胁很大；纹枯病、茎基腐病、条锈病、叶锈病、秆锈病、白粉病等病害在不同年份、不同地区也时有发生。因此，选育抗病品种是保证小麦高产稳产的一个重要条件。小麦生产实践证明，山东一批批抗锈品种的选育与利用，有效地控制了锈病的流行危害，减少了因病害所造成的损失。近年来，随着水肥条件的提高和小麦种植群体的变大，纹枯病、茎基腐病、赤霉病发生面积较大，选育高抗这些病害的品种，将是减轻小麦病害发生的有效措施。

三、适应不同耕作栽培制度

不同品种的生育期、抗病性各不相同，各种抗逆性能也有明显差异，选育出一个满足生产上的各种要求的品种是不可能的。为了满足不同耕作栽培制度的需要，就要选育和推广不同类型的品种，例如具有晚播早熟特点的鲁麦 18 等小麦品种的选育推广，不仅满足广大麦区的耕作栽培制度的需要，而且提高了复种指数，增加了小麦产量。

四、满足不同层面的社会需要

近年来，随着国民经济的发展和人民生活水平的提高，满足不同加工、食用要求的优质专用小麦得到迅速发展，各育种单位相继推广了一批具有优质、高产、抗病、抗旱、耐瘠和强筋、弱筋、中筋等不同特点的品种，以及黑小麦、紫小麦、糯小麦等，较好地满足了人们生活所要求的营养品质和加工品质，推进了优质小麦生产的健康发展，提高了我国小麦竞争力，实现了国产小麦走出国门的新跨越，同时也在一定程度上提高了农民的种麦效益。

第二节 小麦良种利用

人类自种植小麦开始，就不断地通过自然选择和人工选择，从小麦群体内，把那些需要的变异类型保留下来，并用人工控制生活环境的方法，使它们向着人们需要的方向发展，这样就形成了品种。同一个品种具有比较一致的特征、特性和遗传特点，而且适应一定的地区和外界条件，在生产上发挥效益。长期以来，山东农业科技工作者在选种育种方面积累了极其丰富的经验，创造和培育了许多适应不同地区、不同自然条件和不同栽培制度的品种。随着农业科技水平的不断提高，增产潜力更大、营养更丰富、抗性更好、应用价值更高的优良品种不断被选育和推广，对山东小麦生产的发展起到了很大的推动作用。

一、种子与良种的基本概念

究竟什么是种子呢？在植物学上，种子是指由胚珠发育而成的繁殖器官。而在农业生产中，一般把能够传种接代、进行繁殖、扩大再生产的用于播种或栽植的植物器官都统称为种子，包括籽粒、果实、根、茎、叶、苗、芽等。

为农业生产提供大量的良种，是丰收的前提。一般所讲的良种，是一个相对的概念，它是指优良品种的高等级种子。具体包括两个方面的含义：一是品种特性优良，指某一个品种在一定的地域和时期内能够充分利用自然、栽培环境中的有利条件，避免或减少不利因素的影响，表现为高产、稳产、低耗、抗逆性强、适应性好，能够满足人类某种需要，在生产上有其推广利用价值，可以获得较高效益；二是种子质量好，指该品种的种子在纯度、净度、发芽率、含水量以及饱满度、千粒重等方面能够达到播种要求，不含有检疫性病虫草害。具备以上两个基本特征的种子才是生产上理想的种子。

二、良种的基本特性

良种具有 4 个基本特性。

（一）相对性

任何一个良种都是在一定的自然条件或栽培条件下，通过自然和人工选择培育而成的。只有当环境条件满足了其生理需要，才能充分发挥其增产效应。如泰农 18 是高肥水品种，若种在低肥旱薄地上就不能表现出它的特点，就会失去良种效应。

（二）两重性

任何良种都不可能是十全十美的，也不是万能的，既有优点，也有缺点。如山东省推广面积较大的临麦 4 号小麦品种虽丰产性较好，但抗黄花叶病能力较差。因此，掌握每个良种的两重性，扬长避短，有利于良种优势的发挥。

（三）运动性

良种的遗传性是相对的，变异是绝对的，任何良种都是运动和发展的。自然和人为的因素都有可能造成品种混杂退化。一般一个品种七八年后就会逐步失去优良性状，进入衰落期。因此，1949年以来，山东省小麦、玉米等作物品种先后更换了多次。

（四）连续性

这是针对小麦、水稻等自交作物常规品种的良种效应而言的。这些作物品种在种植过程中注意提纯保纯，就可以在一定年限内连续利用，获得持续效应。一般来说用原种更新老劣种，良种效应可保持2~3年。

三、选择小麦良种应注意的问题

当前，因选种不当或种子质量问题而造成减产减收的事件时有发生。在此，特提醒农民朋友选购种子时要注意以下几点。

（一）注意品种生态适应性

众所周知，每个品种都有特定的生育特性和适应地区范围，在甲地种植表现好的品种，到了乙地却很难说。因此，农户在引种新品种时，一定要充分考虑原产地和引种地之间在温度、光照、纬度、海拔等方面的生态环境差异，研究分析该品种的生态类型及生态适应能力，摸透品种特性，尽量满足其生态需要，因地制宜选用品种。最简便的办法就是选择已通过国家或省级审定的品种，根据品种介绍说明的适应范围和栽培要点引进种植。切忌盲目追新求异，或因轻信广告和道听途说而上当。

山东省地处黄淮冬麦区，属于暖温地带，气候比较温和，一般年份冬季雪量少，非灌溉区春季干旱仍是小麦生产上的一大威胁。个别年份在4月中旬仍有寒流袭击，造成晚霜冻害。在小麦灌浆后期，常出现不同程度的干热风危害，引起小麦"青枯逼熟"，也是影响小麦稳产的主要因素之一。

根据山东省的生态特点，应选用植株较矮、茎秆较强、较耐肥水、穗粒重较高、抗病性强、抗寒性强、生育期相对较短而增产潜力高的新品种。

1. 抗寒性要好　山东省是冬性、半（弱）冬性品种兼用地带，春性品种一般难以越冬。近年来，山东省的晚茬麦面积逐渐缩小，扩大抗寒性好的半冬性品种的种植面积可以提高光热资源利用率，也可提高小麦产量。

2. 播种期弹性较大　山东省小麦播种期间发生旱涝灾害的年份较多，部分地区往往不能适时播种，品种的播种期又有一定的局限性，因此，应尽量选择播种期弹性较大的品种，可以避免播种期失当。

3. 早熟性较好　在各种作物中，品种的早熟性是一个很重要的优良特性，主要是可以抗灾避灾。

4. 具有良好的丰产性　山东省小麦生产已经进入高产阶段，对小麦的丰产性状要求也相应提高。高产品种一般具备以下特点：一是株高 80 厘米左右，株型紧凑，叶片上冲，抗倒伏。二是产量结构均衡合理，亩有效穗数 40 万穗以上，穗粒数 32 粒以上，千粒重 40 克以上。

5. 具有良好的抗病性　山东省小麦生产中病虫害种类较多，当前危害小麦的主要病虫有锈病、赤霉病、纹枯病、茎基腐病、吸浆虫、麦蚜、麦叶螨、地下害虫等。其中大部分病害可以通过选择适宜的品种减轻危害，因此，应注意选择抗病虫品种。

（二）　注意良种良法一同引进

优良的种子不仅需要适宜的种植环境，而且需要有相应的栽培管理技术。但一些农户片面地认为只要有了好的品种，就能增加产量、提高收入，而忽略了学习先进科学栽培技术的重要性，还用老一套办法来管理，结果由于"老方子不能治新病"，导致良种难高产。因此，农民朋友在购种时，应注意索要品种介绍，并咨询了解品种特征特性和特殊的栽培要求，然后按照品种本身的需要去种植，做到良种良法相配套，这样才能获得理想的收成。

（三）　坚持新老品种搭配使用，为品种更换奠定基础

品种更新是保证小麦可持续发展的关键。多年来，山东省小麦品种已经历经多次更换，每次更换都使小麦生产迈上一个新的台

阶。在试验示范的基础上，选择表现优异的新品种作为搭配品种进行大面积种植，逐步取代老品种，从而保证小麦生产的稳步发展。要加强新品种的引进、试验、示范，建立新品种展示田，选择高产、优质、适应性好的后备品种，为当地小麦生产提供好品种和技术储备。

（四）　注意选用高等级的种子

精选、加工、包衣的种子一般质量较高，使用这样的种子一是增产增收，提高单位面积产量；二是节省种子，减少单位面积播种量；三是使用包衣的种子，能够促进苗齐、苗壮，节约防治病虫成本。另外，对于小麦、水稻等自交作物常规品种来说，种植原种比良种更能发挥优良品种的增产潜力，确保增产增效。

（五）　注意运用法律武器保护自己的合法权益

农民朋友一定要到正规的种子经营机构及其代销点购买种子，千万不要随意购买无证经营户和外地来的流动商贩销售的种子，以防上当受骗。

《中华人民共和国种子法》（以下简称《种子法》）明确规定："种子使用者因种子质量问题或者因种子的标签和使用说明标注的内容不真实，遭受损失的，种子使用者可以向出售种子的经营者要求赔偿，也可以向种子生产者或者其他经营者要求赔偿。赔偿额包括购种价款、可得利益损失和其他损失。"一旦购买了假劣种子又造成了损失，一定要学会运用《种子法》来维护自己的权益。保留好所购买种子的发票、种子标签、品种说明、包装物等证据，如实记录受害情况；及时报请农业行政主管部门或技术监督部门做出鉴定和证明，依照《种子法》的规定找售种者要求赔偿，如不能得到赔偿或认为赔偿不合理，可到当地种子管理机构申诉，或向人民法院起诉，要求售种者按《种子法》的有关规定给予赔偿。

第三节　小麦良种繁育方法

小麦良种繁育是育种的继续，也是小麦种子工作的重要组成部分。加强小麦良种繁育体系建设及推广，有利于尽快地将优良品种大量供应农业生产，确保将优良品种最佳时期的优势转化为生产力；有利于防杂保纯，保持良种种性不变；有利于提高种子质量，提高小麦单产，降低生产成本，增加农民收益，是发展小麦生产的重要举措。目前常用的小麦良种繁育技术主要有以下几种。

一、提纯复壮法

在 20 世纪 50 年代，我国的良种繁育技术主要是学习苏联经验，以米丘林遗传学理论为指导，强调环境和选择的作用，认为通过选择可以对品种"提纯复壮"（图 1-1）。具体做法分为三步。

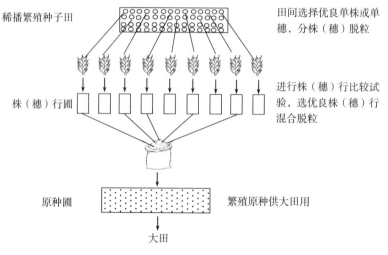

图 1-1　株（穗）行去杂选优程序

（陆懋曾等，2007. 山东小麦遗传改良）

（一）选择优良单株（穗）

选择典型的、丰产性好的单株（穗）是搞好提纯复壮的关键。单株的选择应在稀播繁殖的种子田中进行。即在选单株的前一年，根据选单株的数量播种一定面积的选种圃。选种圃要适当加大行距，减少播种量，采取单粒等距播种。这样既便于选择时的田间操作，又能比较充分地表现单株的性状。选择从抽穗开始，按照目标品种的茎、叶、穗部性状，分蘖数量和分蘖整齐度以及抗病情况等特征特性进行挂牌选择，中选的单株进行单株收获、单株脱粒，然后根据大小、重量、粒色、品质等性状进行室内考种，淘汰劣株。决选的单株籽粒分株编号，妥善保管。在贮存保管期间要注意检查和晾晒，防止虫蛀和鼠害。为了使生产上有足够多的原种，单株数量要大，种植 1 000 亩左右的小麦，需选择单株 400 个左右。选单株，当代容易看得准，选择效率高，繁殖速度快；也可用选单穗的方法进行，但需选择 2 000 个左右的单穗。

（二） 株（穗）行比较

将上年度决选的单株（穗），进行株（穗）行比较，鉴别株（穗）行的优劣。种植行的长短，根据种子量确定，每隔 9 行，用原品种种子或原种种子种一行标准行，便于进行比较。在生长发育各个阶段，进行田间观察记载，与标准行进行比较，收获前进行田间决选，淘汰杂劣行，中选株行混收脱粒，妥善晾晒和保管好种子。

（三） 原种繁殖圃

将上年度决选株行混收的种子进行稀播繁殖，加强田间肥水管理和防杂保纯，收获后用作一级种子田用种。另外，在原种圃里选出下一年株行比较圃所用的单株。如果用选单穗的方法进行原种繁殖，选择数量要更多，穗行比较时淘汰率也较高。因此，从提纯复壮的效果来看，选单株优于选单穗。

二、三圃法

三圃法是指株行圃、株系圃、原种圃的三圃提纯法（图 1-2）。

其程序是：单株（穗）选择→株（穗）行鉴定→株（穗）系比较→混系繁殖（原种）。

当时，由于农业生产水平低，所用品种多为农家种，混杂退化严重，应用三圃法对提高品种纯度、促进农业增产曾发挥良好作用。但随着农业生产的发展和育种水平的提高，三圃法的弊端就逐

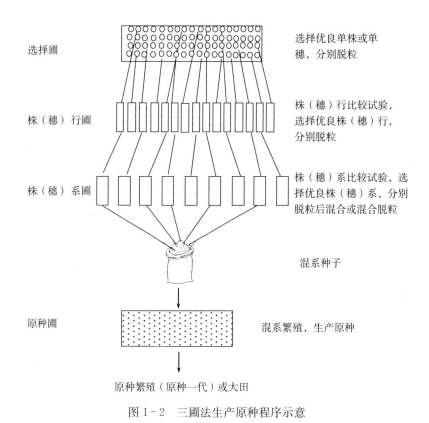

图 1-2 三圃法生产原种程序示意

（陆懋曾等，2007. 山东小麦遗传改良）

渐暴露出来。主要表现在：①育种者的知识产权不能得到有效的保护。②种子生产周期长，不适应品种更新要求。③种源起点不高，难以保证品种的优良种性。④投工多，费用大，经济效益差。⑤单株选择导致群体缩小，容易产生遗传漂移。⑥优中选优，导致群体纯合化，异质性减小，缓冲性下降。⑦不少地方过分强调"比较"和"选择"，常使一些品种走样变形，面目全非。⑧田间考察、室内考种需要的人多，由于技术水平不一或看法不一致，以及基因与环境互作的假象等因素的影响，容易把性状选偏。⑨株系、株行和单株选择压力大，淘汰率较高，原种生产繁殖系数低。该方法突出一个"选"字,采用循环选择的技术路线,生产原种的程序是单穗选、分系比、混系繁,即选择+比较+繁育三个步骤。三圃法中单穗选择是重要环节,它决定了原种生产的质量基础。而选择这一环节往往不是育种者去选,而是繁种部门组织许多人去选。这样几经选择后就可能因选择标准不同、时期不同以及基因与环境互作的影响,造成原品种优良基因的流失,使得原品种的典型性难以保持。由于三圃法生产周期长、费工耗资大,不能适应当前小麦生产上品种快速更新换代的需要。

三、循环选择繁殖法

循环选择繁殖法是指从某一品种的原种群体中或其他繁殖田中选择单株,通过个体选择、分系比较、混系繁殖,生产原种种子。这种方法,实际上是一种改良混合选择法。根据比较过程长短的不同,又有二年二圃制和三年三圃制的区别。

三年三圃制的原种生产流程如图 1-3 所示。二年二圃制就是在三年三圃制中省掉一个株系圃。

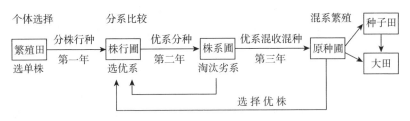

图 1-3　循环选择繁殖三年三圃制的原种生产流程示意
(陆懋曾等,2007.山东小麦遗传改良)

这种方法的指导思想是,遗传的稳定性是相对的,变异是绝对的。品种在繁殖过程中,由于各种因素的影响,总会发生变异,这就会造成品种的混杂、退化。进行严格的选优汰劣,才能保持和提高种性。为了使群体内的个体间具有一定的遗传差异,可在大田、原种圃、株系圃内进行个体选择。分系比较在于鉴别后代,淘汰发生了变异的不良株系,选留具有品种典型特征的优良株系。混系繁殖在于扩大群体，防止遗传基础贫乏。

采用这种方法生产原种时，都要经过单株、株行、株系的多次循环选择，汰劣留优，这对防止和克服品种的混杂退化，保持生产用种的某些优良性状有一定的作用。但由于某些单位在用这种方法生产原种时，没有严格掌握原品种的典型性状，使生产原种的效率不高。因此，近年来对水稻、小麦等自花授粉作物发展了株系循环繁殖法生产原种。

四、株系循环法

20世纪80年代以来，国内不少繁种单位和学者对三圃法的效果进行了研究，提出了不少改革措施。南京农业大学的陆作楣先生曾对自花授粉作物（小麦、水稻）选择优良单株进行比较，证明其株行后代无明显差异，提出了株系循环法，株系循环法及其变型（自交混繁法和近交混繁法）应用于不同授粉方式农作物的育种家种子在保种圃的种植保存，继而成为通过重复繁殖而进行原种生产的新技术。通过保种圃内的"众数选择、连续鉴定、混合繁殖"，消除新品种的剩余变异，建立纯合稳定的优良品种群体。

方法是：以育种家种子或育种单位的原种为材料，与该品种区域试验同步进行，以株系（行）连续鉴定为核心，以品种的典型性和整齐度为主要选择标准，在保持品种优良特征特性的同时，稳定和提高品种的丰产性、抗病性和适应性。株系循环法保种圃的株行不超过100个，株系保留30～50个，每系种一小区，根据供种量确定小区面积，以调节产种量的多少；保种圃中分系留种的种子，下一年连续种植为保种圃，其余种子混系种植为基础种子田，下一年即可繁殖原种；保种圃、基础种子田和原种田呈同心环布置，严格进行异品种隔离，防止生物学混杂和机械混杂（图1-4）。

理论与实践应用表明，该方法的优点是：①适合我国当前农业生产水平，易于推广应用。特别是建立保种圃，有助于解决农业育种单位对育种成果急于求成、新品种不稳定而剩余变异多的问题。②稳定基础群体，将株行圃和株系圃融为一体，并用众数选择取代限值选择，缩短了原种生产周期，降低了遗传漂移的可能性。③原种生产与新品种推广同时起步，当新品种在区域试验和生产示范中表现优良时，即可提早着手建立保种圃，这适合我国新品种更新快的实际情况。株系循环法只能从育种单位引进低世代的育种家种子和原原种，虽然适应了我国育种单位和种子公司长期分离的现状，但不利于育、繁、推一体化。株系循环法已在麦稻常规品种中试用，取得了较好效果。

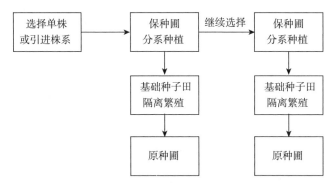

图1-4 株系循环法繁种模式

（陆懋曾等，2007. 山东小麦遗传改良）

五、保纯繁殖法

保纯繁殖法是指从育种家种子开始，繁殖1代得原原种，繁殖2代得原种，繁殖3代得生产用种，下一轮重复相同繁殖过程的方法，如图1-5所示。当冷藏的育种家种子只剩下够1年用的种子量时，如果该品种还没有被淘汰，则在该品种选育者或他们指定的代表的直接控制下再生产少量育种家种子用于补充冷藏。如果完全不用冷藏，则需要育种家或其指定代表每年生产育种家种子。

采用这种方法，原原种由专门的繁育单位生产，美国有专门的原原种公司，原种和生产用种由隶属于各家种子公司的种子农场生

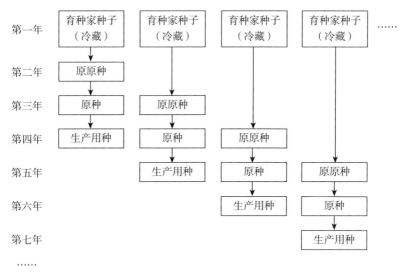

图 1-5 保纯繁殖程序

（陆懋曾等，2007. 山东小麦遗传改良）

产。自 20 世纪 80 年代以后，日本的试验场或农场都采用低温贮藏法保持原原种，即一次性繁殖够用 5～6 年的原原种进行低温贮藏，以避免反复栽培所带来的自然异交等混杂。保纯繁殖法繁殖世代少，突变难在群体中保留，自然选择的影响微乎其微，不进行人工选择，也不进行小样本留种，因此，品种的优良特性可以长期保持，种子的纯度也有充分保证。但它要求良好的设备条件和充分的贮运能力。

六、四级种子生产程序

河南省的种子科技工作者针对三圃法存在的一些缺陷，从 20 世纪 90 年代末开始进行良种繁育技术的改革探索，参照发达国家的做法，率先提出育种家种子→原原种→原种→良种的四级种子生产程序，育种者采用"一年足量繁殖、多年贮存、分年使用"的方法（图 1-6）。这 4 个类别的定义分别说明如下。

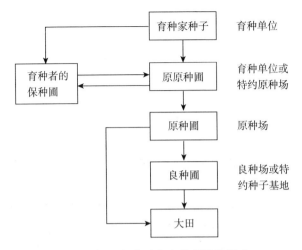

图 1-6　四级种子生产程序繁种模式

（陆懋曾等，2007. 山东小麦遗传改良）

（一）　育种家种子

在该品种通过审定时，由育种者直接生产和控制的原始种子或亲本的最初一批种子，具有该品种的典型性，其遗传性稳定，品种纯度为 100%，世代最低，产量及其他主要性状符合推广时的原有水平。

（二）　原原种

由育种家种子直接繁殖而来，或由育种者的保种圃繁殖而来，具有该品种的典型性，遗传性稳定，纯度 100%，一般比育种家种子高 1 个世代，产量及其他主要性状与育种家种子相同。

（三）　原种

由原原种繁殖的第一代种子，遗传性状与原原种相同，产量及其他主要性状指标仅次于原原种。

（四）　良种

由原种繁殖的第一代种子，遗传性状与原种相同，产量及其他各项经济性状指标次于原种。应用四级种子生产程序生产种子，从育种家种子开始到生产出良种，一般 3 年完成一个循环，下一轮又从育种家种子开始，重复上述过程，进行限代繁殖。

根据各类作物的遗传特点和繁殖方式不同，把四级种子生产程序又归纳为4种不同的应用模式，即自花和常异花授粉模式、自交系杂交种模式、不育系杂交种模式和无性繁殖模式，并制定出主要农作物应用四级种子生产程序的技术操作规程，使四级种子生产程序在各类作物上的应用有了广泛的适用性以及技术上的规范性和可操作性。

理论与实践应用表明，该方法的优点是：①从根本上抓住了种源，由育种者亲自提供自己育出的新品种种子，能够确保种子纯真优良。②减少繁殖世代，进行限代繁殖，能够保持品种的纯度和种性，相应地延长了品种的使用年限。③不需要年年选单株、种株行，繁育者只需按照原品种的典型性严格去杂保纯，操作简便，经济省工。④能使种子的品种标准一致化，减轻因选择标准不统一而出现的差异。⑤能有效地保护育种者的知识产权和利益。⑥可实现育、繁、推一体化，加速种子产业化，并且有利于实现种子管理法制化。

七、一圃三级生产方法

一圃三级小麦种子生产技术是河南省的姜书贤等人在多年的小麦种子生产实践中，应用"优中选优"的传统观点，借鉴国外禾谷类作物种子生产方法和我国良种繁育的先进技术，将循环选择技术路线与重复繁殖技术路线有机结合在一起，而研究形成的适合我国物质、技术条件的小麦种子生产技术。该技术的核心内容如下。

（一）单穗选择

第一年从育种家种子或选种田根据该品种的特征特性选择该品种的典型穗，每100穗扎成一把。一般每亩选1 200穗，经室内脱粒考种后，淘汰劣穗，保留1 000穗，种成穗行圃。穗行圃一般按行长2米、走道0.5米、行距0.25米种植。要适时早播，并按高产田的水肥标准进行管理。经苗期、抽穗期和成熟前三次检查，标记变异行，并提前收割变异行，在当选行中选择下一年的单穗。当选行混收，用于下一年种植原原种圃。

(二) 原原种圃

上一年混收的穗行种子经过单穗和穗行两次去杂，进一步消除了育种家种子中的剩余变异，纯度符合育种家种子的标准，可以应用重复繁殖技术进行繁殖。原原种圃采用稀播扩繁技术，每亩播种量1.5千克，基本苗3万，行距0.3米，应尽量用气吸式点播机单粒点播。

(三) 原种圃

将原原种进行稀播扩繁，种成原种圃。原种圃的技术要点是：以保纯为中心工作，以扩大种量为主要目的，精细整地，配方施肥，适时早播，稀播匀播，病虫草害综合防治，一般每亩播种量4～5千克，基本苗8万～10万，抽穗后检查，拔除杂株，收获时按专机收割、专场扬晒、专库保存的要求进行防杂保纯工作，得到原种。

一圃三级小麦种子生产技术改三圃制和二圃制的选优为汰劣，减少了人为选择造成的遗传漂变和性状转移，同时由于穗行不单收单打，不需进行考种，减少了人财物的投入，更重要的是缩短了种子的生产周期，提高了繁殖系数，具有很强的实用性（图1-7）。

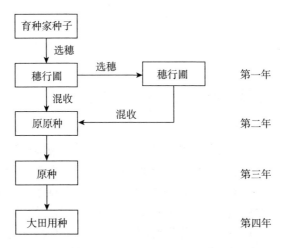

图1-7　一圃三级小麦种子生产程序

（陆懋曾等，2007. 山东小麦遗传改良）

第四节　山东省小麦良种繁育供种体系

一、小麦"一·二·五"良种繁育与供种体系

20 世纪 90 年代，山东省在全省实施了《农业良种产业化开发》（三〇工程），其中小麦良种繁育与供种体系（"一·二·五"工程）是的重要组成部分，对于良种保纯、确保种子供应发挥了重要作用。具体内容：即以县为单位，按"一·二·五"的繁种方式，建立"一圃三田"繁种制度，实行县乡联合统一供种，最终实现小麦种子产业化。"一"是按小麦播种面积的万分之一建立株（穗）行圃和原种田；"二"是按小麦播种面积的千分之二建立一级种子田；"五"是按小麦播种面积的百分之五左右建立二级种子田。株（穗）行圃→一级种子田由县种子站（公司）负责建立，生产出来的一级种子，供乡镇建立二级种子田用种。二级种子田由乡镇负责建立，生产的种子由县统一规划组织供应农户大田生产用种。株（穗）行圃、原种田由县良种场承担，一级种子田、二级种子田选定领导、技术、土质等条件适宜的种子专业村承担，实行一村一种，专业化耕、播、管、收、脱。最后由县统一组织进行种子机械加工精选、种子标准质量检测和种衣剂包衣、供应。

二、新时期的小麦良种繁育与供种体系

随着市场经济的不断发展，以及《种子法》的颁布实施，鼓励和支持单位和个人从事良种选育和开发，把种子公司推向市场，彻底打破了原有的行政、地域区划和国营种子公司独家经营的局面，呈现出国营、民营、合资、集体等多元化公平竞争的新格局。同时，随着《中华人民共和国植物新品种保护条例》的颁布实施，科研单位成立的种子公司，凭借科研优势，发展较为迅猛。山东省小麦繁种模式也由以县为单位，县乡联合统一供种的模式逐步转变为以企业为中心、以制种村为基地，按照种子销售量落实繁种任务的

局面。目前,山东省小麦繁种主要有两种类型:一是有自主知识产权的种子企业,包括科研育种单位成立的公司和有育种力量的种子公司,有自己选育的已经或将要通过审定的品种,一般采用四级种子生产程序:育种家种子生产实行单粒播种,对初始系中的典型单株按株行种植和评定,再分株鉴定、去杂、混合收获;原原种生产由育种者负责,在育种单位试验场或育种者授权的原种场进行,将育种家种子精量稀播种植、分株鉴定去杂、混合收获;原种生产由育种者或者其授权的原种生产单位负责,将原原种精量稀播生产原种;良种生产由育种者授权的种子企业负责,在良种场或特约种子基地将原种精量稀播,生产的良种直接应用于大田,大田收获的小麦不再作种子用。二是没有自己的育成品种,通过各种协议被允许繁育新品种的种子企业,不需要繁育育种家种子,多采用一圃三级的生产方法,即用"单粒点播、分株鉴定、整株去杂、混合收获"的技术规程生产原原种,采用"精量条播,整株去杂,混合收获"的方法繁殖原种。以上两种类型的种子企业是山东省目前和今后小麦良种繁育、生产和经营的主流,一般都有长期的制种基地和较为稳定的制种人员,以确保繁种质量和稳定种源。目前,有些企业或个人对某一品种在播种时没有建立基地,临时对大田播种该品种的小麦生产田去杂后回收,作为种子进行经营,种子质量一般得不到保证。

三、种子生产经营

从事种子进出口业务的种子生产经营许可证,由省、自治区、直辖市人民政府农业、林业主管部门审核,国务院农业、林业主管部门核发。

从事主要农作物杂交种子及其亲本种子、林木良种种子的生产经营以及实行选育生产经营相结合,符合国务院农业、林业主管部规定条件的种子企业的种子生产经营许可证,由生产经营者所在地县级人民政府农业、林业主管部门审核,省、自治区、直辖市人民政府农业、林业主管部门核发。

前两款规定以外的其他种子的生产经营许可证，由生产经营者所在地县级以上地方人民政府农业、林业主管部门核发。

只从事非主要农作物种子和非主要林木种子生产的，不需要办理种子生产经营许可证。

申请领取小麦常规种子生产经营许可证的企业，应当具备以下条件。

①基本设施。具有办公场所 150 米² 以上、检验室 100 米² 以上、加工厂房 500 米² 以上、仓库 500 米² 以上。

②检验仪器。具有净度分析台、电子秤、样品粉碎机、烘箱、生物显微镜、电子天平、扦样器、分样器、发芽箱等检验仪器，满足种子质量常规检测需要。

③加工设备。生产经营常规小麦种子的，成套设备总加工能力 10 吨/时以上。

④人员。具有种子生产、加工贮藏和检验专业技术人员各 2 名以上。

⑤品种。生产经营的品种应当通过审定，并具有 1 个以上审定品种；生产经营授权品种种子的，应当征得品种权人的书面同意。

⑥生产环境。生产地点无检疫性有害生物，并具有种子生产的隔离和培育条件。

⑦农业农村部规定的其他条件。

第五节　小麦品种合理布局与良种良法配套

小麦良种合理布局必须依据产区的生态因素、品种的生态特性、产区的耕作制度和生产条件、产品的利用目的进行合理安排。这不但要求良种要有一个较为合理的布局，而且还要求根据品种的特性、当地生产条件等选用对路的品种。

一、良种的合理布局与搭配

品种合理布局与搭配是两个概念，但又相互联系。品种合理布局，主要是指在一个较大范围内，根据土、肥、水、温等环境条件和品种特性，配置不同的优良品种，以达到较大范围内的稳定增产。品种搭配，是指在小范围内，除了主要（当家）品种之外，还要搭配一两个其他品种。在一个县、一个乡、一个村，往往因地势、土质、地力、灌溉条件、耕作制度不同而要求因地制宜种植不同的品种，做到高、中、低（肥力），早、中、晚（播种期）品种配套，以获得小麦生产的均衡增产。

依据 2020 年山东省农业农村厅发布的《2020 年全省小麦秋种技术意见》，山东省小麦的合理布局如下。

种植强筋专用小麦地区，重点选用品种：济麦 44、淄麦 28、泰科麦 33、徐麦 36、科农 2009、济麦 229、红地 95、山农 111、藁优 5766、济南 17、洲元 9369、师栾 02-1、泰山 27、烟农 19 等。

水浇条件较好地区，重点种植两种类型品种。一是多年推广，有较大影响品种：济麦 22、鲁原 502、山农 28、烟农 999、山农 20、青农 2 号、良星 77、青丰 1 号、良星 99、良星 66、山农 24、泰农 18、鑫麦 296；二是近几年新审定经种植展示表现较好品种：烟农 1212、山农 29、太麦 198、山农 32、山农 31、烟农 173、山农 30、菏麦 21、登海 202、济麦 23、鑫瑞麦 38、淄麦 29、鑫星 169、泰农 33、泰科麦 31 等。

水浇条件较差的旱地，主要种植品种：青麦 6 号、烟农 21、山农 16、山农 25、山农 27、烟农 0428、青麦 7 号、阳光 10 号、菏麦 17、济麦 262、红地 166、齐民 7 号、山农 34、济麦 60 等。

中度盐碱地（土壤含盐量 0.2%～0.3%），主要种植品种：济南 18、德抗 961、山融 3 号、青麦 6 号、山农 25 等。

种植特色小麦的地区，主要种植品种：山农紫麦 1 号、山农糯麦 1 号、济糯麦 1 号、济糯 116、山农紫糯 2 号等。

二、良种良法配套

良种都是在不同的自然和栽培条件下培育而成的，各具有不同的遗传特性，因而表现出不同的生育特性和性状。而这些特征、特性又是遗传性和外界条件相互作用的综合结果。另外，只有当外界条件能满足其生育要求时，它们的优良性状及其增产潜力才得以充分显现和发挥。所以，在推广良种时，必须了解和掌握所用良种的生育特点，有针对性地采取相应的栽培措施，最大限度地创造适于它生长发育所需的条件，促进其健壮地生长发育，以便获得高产、稳产和最大的经济效益。即在良种推广时，必须良种良法相配套，这就是农民常说的："良种是个宝，还须种得好；会种是个宝，不会种是根草。"

因此，良种良法配套，必须根据品种的生长发育特性，采取相应的栽培方法，以充分发挥出良种的增产潜力，达到高产、稳产、高效的目的。品种不同，生长发育特性不同，要求栽培方法也不完全相同。有些地方种植的品种更换了，可是栽培方法却没有随品种的要求而改变，仍是原来的老方法，结果增产效果不大，有的甚至减产。因此，在强调良种增产作用的同时，切不可忽视采用相配套的栽培方法。

（一）目前良种良法配套存在的主要问题

良种是农业增产的内在因素，是农业生产其他措施不可替代的重要生产资料。但是如果仅有良种，而没有配套的高产优质栽培技术，也不能充分挖掘良种增产增收潜力，往往导致良种难以推广，达不到培育良种的目的。目前一些地方在良种良法配套推广中还存在很多问题，应引起重视。

1. 品种推广与技术推广的工作配合有待深入　目前，部分地区种子推广与技术推广分属两个单位。种子推广单位认为自己的工作是把种子推广出去，推广有关技术不属于自己分内工作，所以重视品种推广，不重视配套技术推广。而技术推广单位虽然认为推广新技术是自己的本职工作，但对新品种配套技术接触很少，也就谈不上推广配套技术，这就从体制上制约了良种良法配套推广。在目前的情况下，种子推广单位在实施育、繁、推一体化的过程中，应从增强售前、售中、售后优质服务的角度出发，不仅要搞好种子推广，而且还要搞好配套技术推广，在推广新品种的同时，组织技术力量对育成品种所介绍的配套技术结合当地情况进行试验，提出更加完善的品种配套技术。在建立新品种试验、示范田的同时，建立起该品种的配套技术示范田，以明显的示范效果，让广大农民直观地认识、自觉接受良种与良法。

2. 育种研究和栽培研究的技术衔接有待融合　新品种的配套技术应该由谁来提供，当然是科研育种单位，但目前科研育种单位提供的新品种栽培技术，只是在品种介绍上标明一些大同小异的栽培技术，不能指导种植者针对品种特性而应用栽培技术。其问题出在哪儿？主要是科研育种单位急于出成果，出现了重育种轻栽培的问题，从科研育种单位内部分工来看，育种科室有人数众多、技术力量较强的队伍，而栽培科室往往技术力量单薄，有的甚至名存实亡，因为育种上出成果效果比较显著，而栽培上工作量不小，效果却不明显，出成果难度较大。因此，很多人不愿从事栽培工作，导致栽培研究工作越来越萎缩，致使良种配套技术的研究远远落后于品种审定的速度。鉴于这些问题，科研育种单位应该整合技术力量，把育种研究和栽培研究有机地结合起来，归为一个科室，既要搞新品种研究，也要对配套技术进行研究，育种成果和栽培成果均由科室全体人员共享。建议品种审定委员会对科研育种单位育成品种进行审定时，必须要求其提供相适应的详细的配套栽培技术资料，否则，不予审定，严把品种审定关，这样才能促进新品种配套技术研究工作的开展。

3. 农民对良种良法配套的认识有待加强　当前影响良种良法全面推广的障碍因素，主要来自广大农民的文化素质和认识问题。有的农民认为良种是万能的，种在什么地方都应该高产；有的农民看见别人种什么品种，自己也种同样的品种，不考虑自己的实际生产条件；有的农民购买了良种，不索取品种介绍，不阅读栽培方法，仍按"老皇历"种植；有的农民虽然舍得投入购买良种，但舍不得投入与良种配套所需的农药、肥料等。在一些地方，虽然种子推广单位、技术推广单位、科研育种单位三方协作，致力于良种良法配套推广工作，但仍不能充分发挥良种的增产增收作用，这与农民文化素质普遍不高和观念更新较慢有很大关系。农民是接受良种良法配套的主体，在良种良法推广的过程中，提高农民文化素质是一个不可忽视的重要环节。一要培养新一代青年农民，让其在家庭经营中发挥主力作用，发挥其文化素质较高、接受新事物较快的优势。二要通过电视讲座和广告宣传，既宣传新品种的特征特性，又宣传配套栽培技术，使广大农民真正认识到良种与良法同等重要。三要在农业主管部门实施的农民技术员职称评定过程中，把良种良法应用作为考核内容之一，鼓励农民良种良法配套应用，全面提高科学文化素质。

4. 新品种的推广方式有待完善 有一些地方存在个别种子经销商垄断新品种推广的问题，他们代理了哪些新品种，就说哪些新品种好，就宣传推广哪些新品种，广大种植者没有更多的选择余地，只好跟着经销商的指挥棒购买新品种。要解决好这一问题，需要种子管理部门对所辖区域的种子经销商引进的新品种，经常组织"擂台赛"，从中筛选出最适合当地种植的新品种向农民推荐，从而改变由种子经销商垄断新品种推广工作的局面。

(二) 良种良法配套应注意的几个问题

1. 品种和地力要配套 良种良法配套，首先要做到品种与地力相适应。小麦良种对应的土壤地力主要分为五档：高肥水地块、中肥水地块、旱肥地、旱薄地、盐碱地。应针对不同地力条件选择适宜的品种。高肥水品种必须在高肥水栽培条件下种植，中肥水品种在中肥水栽培条件下种植，旱地和旱薄地品种，必须在旱地或旱薄上种植，盐碱地必须种植耐盐碱的品种，才能获得理想的产量结果。旱地或旱薄地品种如鲁麦21等种在中肥水或高肥水地上，因植株较高，秸秆细软，必然导致倒伏减产；高、中肥水品种，如郯麦98、潍麦8号、临麦4号等如果种到旱薄地上，也会因肥水条件达不到其生长发育的要求不仅不能增产，反而比种旱地、旱薄地品种减产。因此引用品种，一定要考虑到种植地的地力基础、水肥条件和产量水平，选择相适应的品种种植。

2. 品种与播种期和播种量相配套 要根据品种的冬春属性及

分蘖成穗率等特点，结合茬口安排等因素，确定适宜的播种期和播种量。小麦的播种期一般是根据气温而定的，半冬性小麦品种最佳种植温度一般为 14～16℃，弱春性小麦品种的最佳种植温度一般为 12～14℃，所以应该根据选择的小麦品种来确定其播种的最佳适宜温度，在临近小麦播种期，应随时关注当地的天气情况及其温度变化，以最终确定小麦的播种时间，确定小麦播种在最佳时期。冬性强的品种春化阶段要求较低的温度，且低温持续的天数要长，因此要适时播种，促进早发生长。播种晚了，冬前生长天数不足，蘖少根弱，达不到冬前壮苗的标准，翌年难以高产。弱冬性品种前期发育快，幼穗分化早，就要求适当晚播。如果播种太早，往往发生旺长而遭受冻害。一般来说，强冬性品种，播种期要早，播种量要少；偏春性品种播种期要适当推迟，播种量适当增加。

小麦品种的分蘖特性差异较大，分蘖成穗率亦有高有低，要达到一定产量水平，必须有足够的穗数作保证，这就需要根据品种的分蘖特性进行合理密植。一般分蘖力强、低位分蘖和主茎的差距较小、分蘖成穗率高的，播种时每亩基本苗数宜适当少一些。分蘖成穗率高的品种，播种量要适当减少；分蘖成穗率低的品种，播种量要适当加大。任何一个品种，播种期偏早时，播种量要适当减少。播种期偏晚时，要适当增加播种量。一般来说，同样的地块及播种期，千粒重大的品种，播种量宜大；分蘖力弱、成穗率低的播种量宜大。同样的品种，早播的播种量宜小；地肥的宜少，地瘦的播种量宜多。从产量结构看，同品种获得高产的产量结构也不一样，也必须采取不同的种植密度，灵活掌握，进行科学管理。

3. 田间管理措施要和品种特性相结合　田间管理要适应品种特性，偏春性品种，春季肥水管理要早一些，冬性品种，要适当推迟春季水肥管理时间，防止群体过大，出现后期倒伏，影响最终产量。有的品种适应在中肥及中上肥水种植，有的适应在高肥水条件下，应掌握水肥管理，采取蹲苗晚起身，重肥促拔节，防倒增粒重的先控后促的管理措施，在不易造成贪青晚熟的前提下，对后期易于早衰的品种，最后一次追肥施用时间应比不易早衰的品种晚。

第二章

山东小麦主要品种

第一节 品种审定

一、品种试验和品种审定的定义

品种试验是指对新育成或新引进的品种，在自然条件、耕作栽培管理水平大体相同的区域内，以生产上的主要推广品种为对照进行多年多点试验，对其丰产性、适应性、抗逆性和其他经济性状进行鉴定，从中筛选出综合农艺性状优于对照并符合生产要求的品种的过程。品种试验包括区域试验和生产试验，是评价品种优劣的依据，是品种推广的基础。

品种审定是指农业农村行政主管部门设立的由同行业或相关行业专家组成的组织，按照生产的要求，根据品种在试验中的表现，结合抗性鉴定和品质分析结果，对品种进行综合评价，然后作出是否允许品种推广的决定的过程。

二、品种审定的意义

实践证明，品种审定制度，是政府降低品种使用风险，保护育种者、经营者和使用者利益，保障农业生产安全的有效措施之一。农作物品种审定委员会是从事农作物品种审定的专门机构，分为国家农作物品种审定委员会和省级农作物品种审定委员会两级。农业农村部设立国家农作物品种审定委员会，负责国家级农作物品种审定工作；省级农业农村行政主管部门设立省级农作物品种审定委员会，负责省级农作物品种审定工作。

三、品种审定程序

（一）　申请和受理

申请品种审定的单位、个人（以下简称申请者），可以直接向国家农作物品种审定委员会或省级农作物品种审定委员会提出申请。申请者可以单独申请国家级审定或省级审定，也可以同时申请国家级审定和省级审定，还可以同时向几个省、自治区、直辖市申请审定。

1. 申请审定的品种应当具备的条件

①人工选育或发现并经过改良。

②与现有品种（已审定通过或本级品种审定委员会已受理的其他品种）有明显区别。

③形态特征和生物学特性一致。

④遗传性状稳定。

⑤具有符合《农业植物品种命名规定》的名称。

⑥已完成同一生态类型区 2 个生产周期以上、多点的品种比较试验。其中，申请国家级品种审定的，比较试验每年不少于 20 个点，具备省级品种审定试验结果报告；申请省级品种审定的，品种比较试验每年不少于 5 个点。

2. 申请审定应提交的材料

①申请表。包括作物种类和品种名称，申请者名称、地址、邮政编码、联系人、电话号码、传真、国籍，品种选育的单位或者个人等内容。

②品种选育报告。包括亲本组合以及杂交种的亲本血缘关系、选育方法、世代和特性描述；品种（含杂交种亲本）特征特性描述、标准图片，建议的试验区域和栽培要点；品种主要缺陷及应当注意的问题。

③品种比较试验报告。包括试验品种、承担单位、抗性表现、品质、产量结果及各试验点数据、汇总结果等。

④转基因检测报告。

⑤品种和申请材料真实性承诺书。

3. 受理 品种审定委员会办公室在收到申请材料 45 日内作出受理或不予受理的决定，并书面通知申请者。对于符合规定应当受理的，通知申请者提供试验种子，安排品种试验；对于不符合规定的，不予受理。

（二） 品种试验

1. 区域试验 在同一生态类型区，选择能代表该地区土壤特点、气候条件、耕作制度、生产水平的地点作为试验点，以生产上的主要推广品种为对照，按照统一的试验方案和技术规程，进行多年多点试验，对参试品种的丰产性、稳产性、适应性、抗逆性或其他经济性状进行鉴定，筛选出综合农艺性状优良、符合生产要求的品种的过程。同一生态类型区域试验点，国家级不少于 10 个，省级不少于 5 个。一般为 3 次重复，随机排列，小区面积 0.02 亩。试验时间不少于两个生产周期。

2. 生产试验 在区域试验的基础上，在接近大田生产的条件下，对品种丰产性、稳产性、适应性、抗逆性或其他经济性状进行进一步验证的试验。每一个品种的生产试验点数量不少于区域试验点，每一个品种在一个试验点的种植面积不少于 300 米^2，不大于 3 000 米^2，试验时间不少于一个生产周期。

在小麦品种区域试验和生产试验同时开展抗病性、抗寒性、冬春性、抗旱性（节水组）等鉴定，进行品质检测、DNA 指纹检测、DUS 测试（品种特异性、一致性和稳定性测试）和转基因检测等。

3. 自主试验 实行选育、生产、经营相结合的种子企业（育繁推一体化企业）、品种试验联合体和特殊类型品种选育者，可以开展自有品种自主试验，对试验结果的真实性和品种的安全性与适应性负责，并接受省级农业农村主管部门监督管理。

4. 引种试验 通过省级审定的品种，品种试验数据可在同一适宜生态区的其他省、自治区、直辖市间共享互认，实现省际引种备案，引种者在拟引种区域开展不少于 1 年的适应性、抗病性试验，对品种的真实性、安全性和适应性负责。

(三) 品种审定

试验结束后，品种审定委员会办公室将试验汇总数据、鉴定意见、检测结果提交品种审定委员会专业委员会初审；初审通过的品种，由品种审定委员会办公室在同级农业农村主管部门官方网站公示；公示期满后，品种审定委员会办公室应当将初审意见和公示结果提交品种审定委员会主任委员会审核，主任委员会审核同意的，通过审定。

审定通过的品种，由品种审定委员会编号、颁发证书，同级农业农村主管部门公告。省级审定的农作物品种在公告前，应当由省级农业农村主管部门将品种名称等信息报农业农村部公示，公示后发布审定公告内容，同时报国家农作物品种审定委员会备案，颁发审定证书。

(四) 撤销审定

审定通过的品种，有下列情形之一的，应当撤销审定：在使用过程中出现不可克服严重缺陷的；种性严重退化或失去生产利用价值的；未按要求提供品种标准样品或者标准样品不真实的；以欺骗、伪造试验数据等不正当方式通过审定的。

撤销审定的品种，自撤销审定公告发布之日起停止生产、广告，自撤销审定公告发布一个生产周期后停止推广、销售。品种审定委员会认为有必要的，可以决定自撤销审定公告发布之日起停止推广、销售。

第二节　山东小麦品种发展历程

山东省是我国小麦主产大省，常年播种面积在 6 000 万亩左右，小麦种植面积和产量分别占全国总数的 16% 左右和 19% 以上。小麦也是山东省最重要的粮食作物，据统计，2019 年山东省小麦种植面积 6 002.63 万亩，总产量 2 552.92 万吨，分别占全省粮食总面积和总产量的 48.1% 和 47.7%。同时，由于小麦含有独特的麦谷蛋白和麦醇溶蛋白，能制作面包、面条、馒头、糕点等多种多样的食品，因此小麦也是山东省食品工业中的重要原料。小麦在山东省的粮食生产和人民生活中占有极为重要的位置，发展小麦生产，对促进国民经济和社会发展以及保障粮食安全和社会稳定具有十分重要的战略意义。

自 20 世纪 90 年代至今，山东省小麦平均单产持续提升，主要归因于耕作栽培技术的提高和品种改良，也就是良种和良法相结合的共同效果，一般认为小麦产量的提高，50％取决于品种的增产潜力。同时，为适应人民生活水平不断提高的需求，山东省育成、审定、推广了一批优质专用小麦品种，提高了国产优质专用小麦品种的市场占有率，促进了山东省优质小麦产业的发展。

山东省是小麦生产大省，也是小麦育种大省，自新中国成立以来山东省小麦育种工作取得了令人瞩目的成绩。

一、实现了小麦品种的十次大的更新

新中国成立以来，通过广大科研育种工作者的不断努力，小麦育种水平的不断提高，山东省选育推广了一批高产、优质、抗逆小麦新品种，尤其是自 1982 年山东省农作物品种审定委员会成立以来，小麦新品种试验审定日趋正规，根据生产需要引导山东省小麦育种方向。据统计，自 1982 年至 2020 年已累计审（认）定小麦品种 227 个。根据不同时期小麦品种表现和对生产的影响，对新中国成立后山东省推广应用的小麦品种进行了阶段分析评价，分为 10 次大的品种更新。

第一次品种更新。新中国成立初期，为尽快恢复、发展山东省小麦生产，农业部门根据农民群众反映的情况和品种综合表现，评选推出了一大批优良的农家品种和改良品种，如蚰子麦、扁穗麦、凫山半截芒、齐大 195、徐州 438、平原 50 和黄县大粒半芒等；并通过引种鉴定推广种植了碧蚂 1 号、碧蚂 4 号和早洋麦、钱交麦等。这次品种更新，对恢复和发展山东省小麦生产起到了积极作用。

第二次品种更新。20 世纪 60 年代前期，在系统选种和杂交育种的基础上，先后育成一批抗锈、丰产和适应性广的良种，如济南2 号、济南 4 号、济南 5 号，跃进 5 号、跃进 8 号，泰农 153，山农 3 号等。其中济南 2 号高抗条锈病条中 1 号、条中 8 号生理小种，及时取代了丧失抗条锈性的碧蚂 1 号、碧蚂 4 号，年最大种植面积超过 2 000 万亩。

第三次品种更新。20 世纪 60 年代后期，先后选出一批不同性能的高产、优质、抗锈品种。适应高肥水的品种有济南矮 6 号、蚰包麦和鲁滕 1 号；适应中肥水的品种有济南 8 号、济南 9 号和烟农 280；抗旱耐瘠的品种有济南 10 号、烟农 78 和济宁 3 号；早熟品种有济南 12 等。

第四次品种更新。20 世纪 70 年代，随着土、肥、水生产条件的较大改善，倒伏成为小麦高产的主要限制因素。20 世纪 70 年代初育成的泰山 1 号、泰山 4 号、泰山 5 号等，抗锈病、抗倒伏、穗大、整齐、高产，特别是泰山 1 号适应性广，在山东推广后，迅速扩大到冀南、晋南、豫北、苏北和皖北。1979 年在山东省的种植面积达到 3 000 万亩，在黄淮平原达 5 613 万亩。1978—1984 年，泰山 1 号全国累计种植面积达 2.1 亿亩，约使小麦增产 50.75 亿千克，是新中国成立以来，推广面积最大、增产最多的品种。

第五次品种更新。20 世纪 70 年代末至 80 年代初，先后育成、引进、推广了 20 多个各具特点的新品种。其中耐肥水、抗病、高产、优质的品种有济南 13、烟农 15、鲁麦 1 号、淄选 2 号、莱阳4671；适应中肥水的有山农辐 63，鲁麦 2 号、鲁麦 3 号，京华 1 号和晋麦 21 等；抗旱耐瘠的品种有昌乐 5 号、秦麦 3 号和科红 1 号；适宜晚播早熟的有城辐 752 和鲁麦 4 号、鲁麦 6 号、鲁麦 9 号。由于新品种的育成推广，及时地取代了已经丧失抗锈能力的泰山 1 号、泰山 4 号、泰山 5 号和昌潍 20 等。特别是济南 13，持续时间最长，经久不衰，当前在生产上仍然是种植面积最大的品种。1983 年以来，在山东省的种植面积一直稳定在 1 000 万亩左右，苏北 500 万亩以上。黄淮麦区 1978—1988 年累计种植面积达 1.1 亿亩，使小麦增产约 26.75 亿千克，1988 年获农业部科技进步一等奖。

进入 20 世纪 90 年代，山东省小麦育种发展较快，涌现出一批高产、优质、抗逆的新品种，至今大体分为 6 次品种更新（即第六次至第十次）。

第六次品种更新。20 世纪 80 年代末至 90 年代初，先后审定推广了 20 多个各具特点的新品种。其中高产类型代表品种有鲁麦 14、鲁麦 15、215953、莱州 953 等，耐旱代表品种有鲁麦 19，适宜晚播类型有鲁麦 20，还有山东省第一个强筋专用小麦品种 PH82-2-2。据统计，1989—2002 年鲁麦 14 全省累计推广 8 000 多万亩，全国累计推广面积 1.3 亿亩，1993 年、1996 年分别获山东省科技进步一等奖和国家科技进步二等奖。鲁麦 15 是利用太谷核不育材料育成，1989—2002 年全省累计推广 5 100 多万亩，全国累计推广面积 6 900 万亩，1994 年、1995 年、1998 年分别获山东省科技进步一等奖、国家科技进步二等奖和国家教委科技进步一等奖。这些品种的推广应用，使山东省小麦单产有较大提高，1991年全省平均亩产 300 千克，到 1995 年达到 340 千克。山东省第一个优质强筋小麦品种 PH82-2-2 审定推广，促进了山东省优质小麦育种和产业的发展，1993 年获国家技术发明二等奖。

第七次品种更新。20 世纪 90 年代中后期，以鲁麦 21、济南16 为代表的多穗型品种和以鲁麦 22、鲁麦 23 为代表的大穗型品种的审定、推广使山东省小麦单产上了一个新的台阶，到 1997 年全省平均亩产达到 370 千克。据统计，1995—2019 年鲁麦 21 全省累计推广 7 311 万亩，全国累计推广面积 8 500 多万亩，2000 年获山东省科技进步二等奖；1997—2006 年济南 16 全省累计推广 3 386万亩，2000 年获山东省科技进步一等奖。1995—2018 年鲁麦 23 全省累计推广 5 089 万亩；1995—2001 年鲁麦 22 全省累计推广 2 624万亩，1999 年获山东省科技进步一等奖。鲁麦 21 审定时为高肥水类型，但在生产中发现具有较好的抗旱性，因此在全省既可作为高产品种，又可作为旱地品种推广应用。鲁麦 23 作为大穗型品种由于抗寒性较好，受到鲁北地区农民的欢迎，推广应用效果显著。山东省优质专用小麦育种也有突破，济南 17 品质达到强筋标准、产量比对照增产 4% 以上，是山东省审定的第一个优质与高产结合的品种，1999—2019 年全省累计推广 5 601 万亩，2001 年获山东省科技进步二等奖，2003 年获国家科技进步二等奖。

　　第八次品种更新。20 世纪末至 21 世纪初，为适应市场和人民生活需求，山东省先后育成、审定一批优质专用品种和高产品种。优质专用品种主要包括烟农 19、淄麦 12、济麦 20 等，这些品种品质达到强筋专用标准而产量水平不低于对照品种，因此，一经审定就得到了较大面积的推广应用，2000—2019 年烟农 19 全省累计推广 5 956 万亩，2004 年、2007 年分别获山东省科技进步一等奖和国家科技进步二等奖；2003—2014 年济麦 20 全省累计种植面积 5 728 万亩，2007 年、2009 年分别获山东省科技进步一等奖和国家科技进步二等奖。优质品种的审定推广，加快了山东省优质小麦的生产，推动了山东省农业和粮食加工业的发展。高产品种主要代表品种有多穗型的济麦 19、泰山 23 和大穗型的潍麦 8 号、临麦 2 号等，据统计，截至 2003 年济麦 19 全省累计推广 5 100 多万亩，2003 年、2005 年分别获山东省科技进步一等奖和国家科技进步二等奖。山东省在节水高产育种方面取得了较大的进展，烟农 21 等抗旱品种的审定推广，对提高山东省干旱地区小麦产量起到了较大的推动作用。

　　第九次品种更新。2006—2015 年随着高产创建项目的深入开展，山东省小麦高产育种水平明显提升，以济麦 22、良星 99、鲁原 502、山农 28、烟农 999 为代表的多穗型品种和以泰农 18、临麦 4 号为代表的大穗型品种多次创造黄淮麦区高产纪录，其中有多个品种亩产超过 800 千克，这些品种的推广应用，促进了山东省小麦单产的不断提升，对保障粮食安全和社会稳定具有十分重要的战略意义。截至 2019 年，济麦 22 全省累计推广 22 469 万亩，2011 年、2012 年分别获山东省科技进步一等奖和国家科技进步二等奖。优质专用小麦品种主要是山东省育成的洲元 9369 和引进的藁优 9415。旱地小麦主要育成推广了青麦 6 号、山农 25 等品种。

　　第十次品种更新。2016—2020 年，品种特点和用途呈多样化，尤其是优质育种水平明显提高，特用型品种有较大突破。累计审定 69 个品种，其中高产类型 32 个、优质类型（强筋和中强筋）16 个、旱地类型 13 个（有 3 个达到强筋或中强筋）、特用品种 6 个（有色品种 2 个、糯小麦 4 个）。高产品种主要以烟农 1212、山农 29、山农 30 和太麦 198 为代表，其中烟农 1212 在 2019 年亩产实打 840.7 千克，破黄淮冬小麦高产纪录。优质小麦以济麦 44 及引进的藁优 5766 等品质指标达到国家强筋小麦标准、且稳定时间均在 15 分钟以上；以泰科麦 33、淄麦 28 等品种品质指标达到国家中强筋标准，且产量水平较高，泰科麦 33 在 2020 年实打亩产 813.62 千克，实现了优质与高产的有效结合，这些品种的推广应用，将促进山东省优质小麦产业和粮食加工产业的快速发展。特用型小麦主要是有色小麦和糯小麦，有色小麦品种有济紫麦 1 号、泰科黑麦 1 号，糯小麦品种：济糯麦 1 号、济濡 116、山农糯麦 1 号、山农紫糯 2 号等，特用小麦品种育成推广，对丰富小麦食品类型、拓宽小麦加工用途提高品种来源。

二、育成审定推广了一大批小麦新品种，满足了人民生活的不同需求

自 1949 年到 20 世纪 90 年代，为确保粮食安全，解决人民的口粮需求，山东省小麦育种目标主要是高产，因此小麦育种工作者把高产作为育种的首选性状，相继出现了 20 世纪 70 年代的亩产 500 千克和 80 年代后期亩产 600 千克的高产典型。进入 90 年代，随着小麦产量水平和人民生活水平的不断提高，育种工作者加强了小麦品质研究和品质育种探索，先后育成推广了一批优质小麦新品种。进入 21 世纪，为既能确保粮食安全又能满足人民不断提高的生活需求，山东省小麦品种呈现高层次、多用途发展趋势，既有亩产超 800 千克的高产类型，又有指标达到强筋、中强筋的优质类型，还有满足不同加工需要的特用类型。

1. 育成、审定了一大批小麦新品种

自 1982 年山东省农作物品种审定委员会成立以来，至今累计

审（认）定小麦品种 227 个。以 10 年为期，1982—1991 年累计审（认）定品种 43 个，1992—2001 年累计审（认）定品种 34 个，2002—2011 年累计审定品种 69 个，2012—2019 年累计审定品种 83 个，其中 1982—1991 年审（认）定品种既包括这期间育成的品种，还包括之前在生产上已经推广应用的品种，总体趋势审定品种数量逐年增加。主要原因：一是各级政府重视小麦育种，财政支持力度加大（现代农业产业技术体系等项目的扶持），科研、教学单位作为山东省小麦育种主导力量，依托自身科研育种优势，育成审定了一大批在全省乃至全国有较大影响力的优质高产新品种，如：山东农业大学育成的鲁麦 1 号，烟台市农业科学研究院育成的鲁麦 21，山东省农业科学院育成的优质品种济南 17、高产品种济麦 22 等。二是 2000 年《种子法》颁布实施，鼓励种子企业培育具有自主知识产权的优良品种，越来越多的种子企业和个人加入，加大了小麦育种投入，育成审定了一大批小麦新品种。据统计，2001 年以前山东省审定育成品种均为科研、教学单位，2002—2011 年审定 69 个品种，其中企业或个人育成品种 18 个，占总数的 26.1%；2012—2019 年审定 83 个品种，其中企业或个人育成品种 45 个，占总数的 54.2%。企业将逐步成为小麦育种主流。三是 2006 年修订后的《种子法》的颁布实施，主要农作物审定途径拓宽，在原来国家和省级两级审定的基础上，增加了育繁推一体化企业自主试验、联合体试验和同一生态区引种试验三种形式。四是育种技术不断提高，尤其是分子生物技术在育种上的应用，缩短了育种年限，提高了育种的成功率。

2. 小麦新品种产量不断提高，高产纪录不断突破

随着育种技术和手段的不断提升完善，山东省新育成小麦品种的产量也在不断提高，主要体现以下三方面：一是山东省审定小麦品种区域试验亩产量呈逐年上升趋势，以高产组为例，据统计，山东省 20 世纪 80 年代审定的小麦品种平均亩产 400.2 千克，20 世纪 90 年代审定品种平均亩产 473.8 千克，2001—2010 年审定品种平均亩产 542.6 千克，2010 年至今审定品种平均亩产 598.8 千克。

二是山东省审定品种区域试验增产幅度越来越大。1993 年山东省高肥组区域试验以鲁麦 14 为对照，以 5 年为周期进行对比：1996—2000 年全省审定高肥组小麦新品种 6 个，其中两年区域试验平均亩产比鲁麦 14 增加 5％以上的只有济宁 13（注：该品种平均比鲁麦 14 晚熟 4 天）；2001 年到 2005 年全省审定高肥组小麦新品种 21 个，其中两年区域试验平均亩产比鲁麦 14 增加 5％以上的有 12 个，其中临麦 2 号、泰山 23 表现突出，增产达到 10％以上。三是在大田生产，山东省小麦高产超高产成绩突出，高产纪录多次被刷新。近年来，山东省审定推广的新品种，无论是大穗类型还是中多穗类型，由于较好的协调解决产量构成因素的矛盾，充分利用小麦自动调节和互补能力，实现高产或超高产。从实打高产典型来看，小麦品种的产量潜力也不断提高。20 世纪 80 年代末，小麦主产区黄淮麦区高产田突破亩产 600 千克；1997 年山东龙口市突破亩产 700 千克；近期育成的小麦品种产量潜力获得巨大提高，多个品种的产量潜力超过 750 千克/亩，如 2009 年在山东滕州济麦 22 亩产 789.9 千克、泰农 18 亩产 787.71 千克，2014 年济麦 22、鲁原 502 和烟农 999 相继亩产超过 800 千克。

3. 小麦品质育种水平不断提高，优质小麦综合性状不断完善

为保障粮食安全，满足人民基本口粮，山东省小麦生产自新中国成立至 20 世纪 90 年代主要以提高产量为主，由于小麦生产的长期持续稳定发展，小麦产量不断提高，到 1998 年普通小麦出现积压卖难的现象。同时，由于人民生活水平的提高和食品工业的发展，人们由"吃得饱"转向"吃得好"，要求以面粉为原料的食品生产专业化、精细化、保健多样化和营养化，这就要求生产面粉的小麦品质专一化、多样化和营养化。但是此时我国优质专用小麦产量仅满足国内需求的 10％左右，从而形成了一方面生产的普通小麦因品质差，销路不畅，各地粮食库存超容严重，市场价格下降；另一方面优质专用小麦供不应求，需花费大量外汇进口，严重影响了农业和农村经济的健康发展。为适应小麦生产发展和市场对优质专用小麦需求的变化，20 世纪 80 年代山东省加强了优质专用小麦品种的选育和审定，1992 年育成审定的 PH82-2-2 品质指标达到强筋专用面粉指标但产量较低未能大面积推广。直到济南 17、烟农 19、济麦 20、淄麦 12、洲元 9369 等强筋小麦品种的育成审定，由于较好地协调了优质与高产的矛盾，山东省优质小麦生产得到了迅猛发展，推动了山东省农业和粮食加工业的快速、健康发展，提高了国产优质专用小麦的市场占有率。1999 年以前山东省优质专用小麦面积仅有 800 万亩，以后逐年增加，2006 年达到 2 928 万亩，占全省小麦种植面积的 49.5%。其后，为确保粮食安全，国家加大了小麦生产扶持力度，出台了一系列政策鼓励农民的种粮积极性，山东省相继实施了现代农业生产发展资金粮食产业项目、高产创建以及粮王大赛等项目，极大地提高了农民种粮的积极性，单产连创历史新高。同时，随着济麦 22、良星 99、鲁原 502 等品种的审定，由于这些品种丰产性、稳产性、适应性好，一经审定迅速推广，优质专用小麦比例逐年下降，至 2017 年山东省强筋专用小麦面积占全省面积的 5%。近期，山东省优质小麦育种有较大突破，济麦 44 等品种品质指标达到国家强筋小麦标准、且稳定时间均在 15 分钟以上；泰科麦 33、淄麦 28 等品种品质指标达到国家中强筋标准，且丰产性、适应性较好，这些品种的推广应用，将促进山东省优质小麦产业和粮食加工产业的快速发展。

4. 小麦抗病性育种有较大发展，提升了防治效果，减少了环境污染

山东省的小麦病害种类较多，每年条锈病、白粉病、纹枯病发生面积较大，危害较重。近年来，随着气候变暖和玉米秸秆还田面积的增大，赤霉病的发生频率和区域不断增大，由过去的偶发病害逐步发展成为常发病害。茎基腐病近期日趋严重，黄花叶病每年在不同区域时有发生。这些病害对山东省主产区的小麦生产和食品安全造成了严重威胁。采用农药防治不仅污染环境还增加小麦生产成本。因此，迫切需要进一步加强小麦品种抗病性遗传改良，推广应用抗病品种和提高小麦品种的抗病性，是防治小麦病害的最基本和最重要途径。针对山东省麦区主要病害，利用分子标记选择技术，获得优良抗病虫基因的聚合，实现了小麦品种综合抗病虫特性的提高。针对山东省小麦生产主要病害，育成了一批抗病性较好的品种。经区域试验国家抗病性鉴定单位接种鉴定结果：抗条锈病的品种有：泰山 21、泰山 22、泰山 23、济麦 21、烟农 24、济宁 16、聊麦 19、菏麦 17、泰科麦 33、泰科麦 31、裕田麦 119、徐麦 36、齐民 8 号、临麦 9 号、圣麦 102、鑫瑞麦 29、菏麦 21、鑫星 169、红地 176、阳光 18、山农 34、齐民 11、清照 17、菏麦 25 等；抗叶锈病的品种有：烟农 2415、青丰 1 号、汶农 14、菏麦 17、太麦 198、青农 7 号、岱麦 366 等；抗白粉病的品种有：鲁麦 22、济麦 19、潍麦 8 号、山农 8355、山农 12、良星 99、泰麦 1 号、良星 66、泰山 27、山农 28、山农 27、山农 29、山农 31、山农 32、泰科麦 31、良星 68、临麦 9 号、菏麦 25、泰农 108、青农 7 号、圣麦 918 等；抗纹枯病的鲁麦 22、山农 16 等；中抗赤霉病的品种有：洲元 9369、泰农 18、烟 0428、山农 17、齐麦 1 号、太麦 198、齐民 7 号等。这些抗病品种的审定推广，增加了山东省小麦生产对病害的缓冲能力，减少了生产应用风险。同时，为以后小麦育种提供了抗性资源。

5. 小麦品种多样性发展，拓展了用途，丰富了人民生活

适应山东省生态特点、种植习惯和人民生活需求，山东省育成小麦品种在用途上呈现多元化。本着审定工作服务于育种又引导育种，服务于生产又促进生产的原则，山东省农作物品种审定委员会适时调整试验组别和选拔标准，审定了一批适宜山东省生产和生活需要的特色新品种：一是适应鲁南、鲁西南麦棉套种植模式，山东省设置了晚播早熟区域试验，1990—2010 年累计审定晚播早熟品种 11 个，其中济宁 16 自 2004 年审定至 2009 年在山东省累计推广 1 260 万亩；二是适应德州、滨州、东营等盐碱地生产，设置耐盐碱区域试验，试验审定了 4 个适宜盐碱度 0.3%～0.5%的地块种植新品种，其中包括利用生物技术将牧草 DNA 导入小麦品系育成的济南 18；用细胞融合技术将长穗偃麦草染色体小片段导入小麦品系育成的山融 3 号；将小麦杂交后经 γ 射线照射，突变体筛选育成的 H6756。这些品种的推广应用增加了山东省盐碱地小麦产量，扩大了小麦种植区域。三是适应人民生活和育种需要，安排设置了紫色小麦品种试验，2010 年审定了山东省第一个紫色小麦品种山农紫麦 1 号，2018 年、2019 年连续两年相继审定有色小麦品种有济紫麦 1 号、泰科黑麦 1 号。糯小麦品种：山农糯麦 1 号、山农紫糯 2 号、济糯 116 和济糯麦 1 号等 6 个特用品种。特用小麦品种育成推广，对丰富小麦食品类型、拓宽小麦加工用途提高品种来源。

三、山东省小麦育种理论与技术研究进展

新中国成立以来，山东省先后开展了小麦诱变育种技术研究、太谷核不育小麦育种技术研究、转基因育种技术研究和小麦分子标记辅助育种技术等，均取得显著成绩。20 世纪 80 年代至 90 年代，山东省小麦诱变育种研究进入快速发展阶段，在技术上由辐照处理小麦风干种子、杂交种发展到辐照处理小麦的活体植株、雌雄胚子，育成了山农辐 63、鲁麦 4 号、鲁麦 5 号、鲁麦 6 号、鲁麦 8 号、鲁麦 11、鲁麦 16、鲁麦 20 和鲁 215953 等品种。自 1980 年引进太谷核不育小麦育种技术，从群体改良、新品种选育、定向筛选等应用技术上进行了深入探索，先后育成了鲁麦 15、济南 16、山农 22、山农 23、山农 24、山农 36 等新品种。山东省农业科学院、山东农业大学等在小麦花药培养的理论和技术上开展了深入系统的研究，使小麦花药培养绿苗分化率由 2% 左右提高到 5% 以上，并筛选获得莱州 953 等一批具有高花培能力的小麦新品种（系）；德州市农业科学院与中国农业科学院合作，利用花药培养技术育成了耐盐小麦品种德抗 961。山东大学生命科学学院利用小麦与高冰草原生质体对称融合获得了类似高冰草的杂种植株，建立了小麦体细胞杂交技术体系，利用细胞融合技术将长穗偃麦草的染色体小片段导入济南 177，育成耐盐小麦品种山融 3 号；山东省农业科学院将高麦草和簇毛草全 DNA 导入普通小麦，育成抗旱耐盐碱小麦新品种济南 18。山东省农业科学院利用分子标记辅助选择育成济麦 23。

第三节　主要品种介绍

一、目前骨干品种

1. 济麦 22 ［原代号（名称）：**984121**］

【育成者】 山东省农业科学院作物研究所。

【亲本组合】 935024/935106，系统选育。

【审/认定】 2006 年通过山东省农作物品种审定委员会审定，审定编号：鲁农审 2006050 号。

【特征特性】 半冬性，抗冻性一般。幼苗半直立。两年区域试验结果平均：生育期比鲁麦 14 晚熟 2 天；株高 71.6 厘米，株型紧凑，抽穗后茎叶蜡质明显，较抗倒伏，熟相较好；亩最大分蘖数 100.7 万，亩有效穗数 41.6 万，分蘖成穗率 41.3%，分蘖力强，成穗率高；穗粒数 36.3 粒，千粒重 43.6 克，容重 785.2 克/升；穗长方形，长芒、白壳、白粒，硬质，籽粒较饱满。2006 年中国农业科学院植物保护研究所接种抗病鉴定结果：中抗至中感条锈病，中抗白粉病，感叶锈病、赤霉病和纹枯病，中感至感秆锈病。

【品质表现】 2005—2006 年生产试验统一取样，经农业部谷物品质监督检验测试中心（泰安）测试：籽粒蛋白质含量 13.2%，湿面筋含量 35.2%，沉淀值 30.7 毫升，出粉率 68%，面粉白度 73.3，吸水率 60.3%，形成时间 4.0 分钟，稳定时间 3.3 分钟。

【产量表现】 在 2003—2005 年山东省小麦品种中高肥组区域试验中，两年平均亩产 537.04 千克，比对照品种鲁麦 14 增产 10.85%；在 2005—2006 年中高肥组生产试验中，平均亩产 517.24 千克，比对照品种济麦 19 增产 4.05%。

【种植应用】 适宜全省中高肥水地块种植利用。

【栽培要点】 适宜播种期为 9 月 28 日至 10 月 15 日。适宜播种量为每亩基本苗 12 万左右。及时防治蚜虫，适时收获，机械收获适期为完熟期。

2. 鲁原 502

【育成者】山东省农业科学院原子能农业应用研究所、中国农业科学院作物科学研究所。

【亲本组合】以 9940168 为母本、济麦 19 为父本杂交，系统选育而成。

【审/认定】2012 年通过山东省农作物品种审定委员会审定，审定编号：鲁农审 2012048 号。

【特征特性】半冬性，幼苗半直立。株型稍松散，较抗倒伏，熟相较好。两年区域试验结果平均：生育期比济麦 22 早熟近 1 天；株高 76.0 厘米，亩最大分蘖数 113.1 万，亩有效穗数 40.6 万，分蘖成穗率 35.9%；穗粒数 38.6 粒，千粒重 43.8 克，容重 769.8 克/升；穗长方形，长芒、白壳、白粒，籽粒饱满度中等、硬质。2012 年中国农业科学院植物保护研究所接种抗病鉴定结果：慢条锈病，中抗纹枯病，高感叶锈病、白粉病。抗寒性中等。

【品质表现】2010 年、2011 年区域试验统一取样，经农业部谷物品质监督检验测试中心（泰安）测试结果平均：籽粒蛋白质含量 13.1%，湿面筋含量 36.2%，沉淀值 28.0 毫升，吸水率 66.0%，稳定时间 2.6 分钟，面粉白度 74.6。

【产量表现】在 2009—2011 年山东省小麦品种高肥组区域试验中，两年平均亩产 575.34 千克，比对照品种济麦 22 增产 4.99%；在 2011—2012 年高肥组生产试验中，平均亩产 554.85 千克，比对照品种济麦 22 增产 2.68%。

【种植应用】适宜全省高肥水地块种植利用。

【栽培要点】适宜播种期为 10 月 1—10 日，每亩基本苗 13 万～18 万。注意防治叶锈病和白粉病，预防赤霉病。其他管理措施同一般大田。

3. 山农 28

【育成者】山东农业大学、淄博禾丰种子有限公司。

【亲本组合】以济麦 22 为母本、6125 为父本杂交，系统选育而成。

【审/认定】2014年通过山东省农作物品种审定委员会审定，审定编号：鲁农审2014036号。

【特征特性】半冬性，幼苗半直立。株型半紧凑，叶色浓绿，叶片窄短上挺，较抗倒伏，熟相好。两年区域试验结果平均：生育期比济麦22早熟近1天；株高75.1厘米，亩最大分蘖数98.7万，亩有效穗数46.3万，分蘖成穗率46.9%；穗粒数32.7粒，千粒重43.9克，容重794.8克/升；穗纺锤形，长芒、白壳、白粒，籽粒饱满度中等、硬质。2014年中国农业科学院植物保护研究所接种抗病鉴定结果：高抗白粉病，中感赤霉病、纹枯病和条锈病，高感叶锈病。越冬抗寒性中等。

【品质表现】2011年、2012年区域试验统一取样，经农业部谷物品质监督检验测试中心（泰安）测试结果平均：籽粒蛋白质含量14.5%，湿面筋含量36.6%，沉淀值33.3毫升，吸水率59.9%，稳定时间3.1分钟，面粉白度74.1。

【产量表现】在2011—2013年山东省小麦品种高肥组区域试验中，两年平均亩产577.95千克，比对照品种济麦22增产6.07%；在2013—2014年高肥组生产试验中，平均亩产618.46千克，比对照品种济麦22增产6.45%。

【种植应用】适宜全省高肥水地块种植利用。

【栽培要点】适宜播种期为10月5—10日，每亩基本苗12万~15万。注意防治蚜虫和叶锈病。其他管理措施同一般大田。

4. 山农29

【育成者】山东农业大学。

【亲本组合】以临麦6号为母本、J1781为父本杂交选育而成。

【审/认定】2016年通过山东省农作物品种审定委员会审定，审定编号：鲁农审2016002号。

【特征特性】冬性，幼苗半直立。株型半紧凑，叶色浓绿，叶片短小，旗叶上冲，较抗倒伏，熟相好。两年区域试验结果平均：生育期与济麦22相当；株高77.6厘米，亩最大分蘖数103.8万，亩有效穗数 43.8 万，分蘖成穗率 42.2％；穗粒数 35.2 粒，千粒重 43.7 克，容重 780.0 克/升；穗长方形，长芒、白壳、白粒，籽粒饱满、半硬质。2015 年中国农业科学院植物保护研究所接种抗病鉴定结果：高抗白粉病，中感叶锈病和纹枯病，高感条锈病和赤霉病。越冬抗寒性好。

【品质表现】2013 年、2014 年区域试验统一取样，经农业部谷物品质监督检验测试中心（泰安）测试结果平均：籽粒蛋白质含量 13.7％，湿面筋含量 32.0％，沉淀值 30.5 毫升，吸水率 57.8％，稳定时间 4.3 分钟，面粉白度 73.9。

【产量表现】在 2012—2014 年山东省小麦品种高肥组区域试验中，两年平均亩产 595.85 千克，比对照品种济麦 22 增产 5.93％；在 2014—2015 年高肥组生产试验中，平均亩产 591.73 千克，比对照品种济麦 22 增产 6.58％。

【种植应用】适宜全省高肥水地块种植利用。

【栽培要点】适宜播种期为 10 月 5—10 日，每亩基本苗 15 万。注意防治病虫草害。其他管理措施同一般大田。

5. 烟农 1212

【育成者】烟台市农业科学研究院。

【亲本组合】烟 5072 与石 94-5300 杂交后选育而成。

【审/认定】2018 年通过山东省农作物品种审定委员会审定，审定编号：鲁审麦 20180004。

【特征特性】半冬性，幼苗半匍匐，株型半紧凑，叶色深绿，叶片上冲，抗倒伏性较好，熟相好。两年区域试验结果平均：生育期与对照品种济麦 22 相当；株高 76.2 厘米，亩最大分蘖数 96.2 万，亩有效穗数 41.5 万，分蘖成穗率 43.7％；穗粒数 38.9 粒，千粒重 43.7 克，容重 795.5 克/升；穗棍棒形，长芒、白壳、白粒，籽粒半硬质。2016 年中国农业科学院植物保护研究所接种抗病鉴定结果：慢条锈病，中感叶锈病和白粉病，高感纹枯病和赤霉病。越冬抗寒性较好。

【品质表现】2015 年、2016 年区域试验统一取样，农业部谷物品质监督检验测试中心（泰安）测试结果平均：籽粒蛋白质含量 12.4%，湿面筋含量 32.1%，沉淀值 27.6 毫升，吸水率 55.9%，稳定时间 4.0 分钟，面粉白度 78.9。

【产量表现】 在 2014—2016 年山东省小麦品种高肥组区域试验中，两年平均亩产 604.8 千克，比对照品种济麦 22 增产 4.1%；在 2016—2017 年高产组生产试验中，平均亩产 605.4 千克，比对照品种济麦 22 增产 5.4%。

【种植应用】 适宜全省高肥水地块种植利用。

【栽培要点】 适宜播种期为 10 月 5—15 日，每亩基本苗 15 万左右。注意防治纹枯病和赤霉病。其他管理措施同一般大田。

6. 烟农 999

【育成者】 烟台市农业科学研究院。

【亲本组合】 以（烟航选 2 号/临 9511）F_1 为母本、烟 BLU14-15 为父本杂交，系统选育而成。

【审/认定】 2011 年通过山东省农作物品种审定委员会审定，审定编号：鲁农审 2011032 号。

【特征特性】 半冬性，幼苗半直立。株型较紧凑，较抗倒伏，叶片上冲，熟相较好。两年区域试验结果平均：生育期与济麦 22 相当；株高 79.1 厘米，亩最大分蘖数 78.6 万，亩有效穗数 38.2 万，分蘖成穗率 48.7%；穗粒数 38.1 粒，千粒重 43.6 克，容重 788.0 克/升；穗纺锤形，长芒、白壳、白粒，籽粒饱满，半硬质。2011 年中国农业科学院植物保护研究所接种抗病鉴定结果：中抗叶锈病，中感纹枯病，高感条锈病和白粉病。

【品质表现】 2008—2010 年区域试验统一取样，经农业部谷物品质监督检验测试中心（泰安）测试：籽粒蛋白质含量 12.8%，湿面筋含量 32.5%，沉淀值 35.7 毫升，吸水率 58.7%，稳定时间 5.0 分钟，面粉白度 78.8。

【产量表现】 在 2008—2010 年山东省小麦品种高肥组区域试验中，2008—2009 年平均亩产 558.78 千克，比对照品种济麦 19 增产 5.81%；2009—2010 年平均亩产 546.29 千克，比对照品种济麦

22 增产 7.32％；在 2010—2011 年高肥组生产试验中，平均亩产 577.42 千克，比对照品种济麦 22 增产 2.85％。

【种植应用】适宜全省高肥水地块种植利用。

【栽培要点】适宜播种期为 10 月 1—10 日，每亩基本苗 15 万～18 万。注意防治条锈病、白粉病和赤霉病。其他管理措施同一般大田。

7. 泰科麦 33

【育成者】泰安市农业科学研究院。

【亲本组合】郑麦 366 与淮阴 9908 杂交后选育而成。

【审/认定】2018 年通过山东省农作物品种审定委员会审定，审定编号：鲁审麦 20180001。

【特征特性】半冬性，幼苗半匍匐，株型半紧凑，叶色深绿，叶片上冲，抗倒伏性中等，熟相好。两年区域试验结果平均：与对照品种济麦 22 熟期相当；株高 79.2 厘米，亩最大分蘖数 87.1 万，亩有效穗数 41.8 万，分蘖成穗率 49.4％；穗粒数 37.8 粒，千粒重 43.4 克，容重 804.6 克/升；穗长方形，长芒、白壳、白粒，籽粒硬质。2016 年中国农业科学院植物保护研究所接种抗病鉴定结果：高抗条锈病，中感白粉病，高感叶锈病、纹枯病和赤霉病。越冬抗寒性较好。

【品质表现】2015 年、2016 年区域试验统一取样，经农业部谷物品质监督检验测试中心（泰安）测试结果平均：籽粒蛋白质含量 14.7％，湿面筋含量 34.6％，沉淀值 38.0 毫升，吸水率 63.3％，稳定时间 7.6 分钟，面粉白度 75.5。

【产量表现】在 2014—2016 年山东省小麦品种高肥组区域试验中，两年平均亩产 602.8 千克，比对照品种济麦 22 增产 5.2％；在 2016—2017 年高产组生产试验中，平均亩产 585.9 千克，比对照品种济麦 22 增产 2.0％。

【种植应用】适宜全省高肥水地块种植利用。

【栽培要点】适宜播种期为 10 月 5—15 日，每亩基本苗 15 万左右。注意防治叶锈病、纹枯病和赤霉病。其他管理措施同一般大田。

8. 济麦 23

【育成者】山东省农业科学院作物研究所、中国农业科学院作物科学研究所、山东鲁研农业良种有限公司。

【亲本组合】豫麦 34 与济麦 22 杂交后回交并利用分子标记辅助选择育成。

【审/认定】2016 年通过山东省农作物品种审定委员会审定,审定编号:鲁审麦 20160060。

【特征特性】半冬性,幼苗半匍匐。株型半紧凑,叶耳白色,旗叶微卷上举,抗倒伏性一般,熟相好。两年区域试验结果平均:生育期与对照济麦 22 相当;株高 83 厘米,亩最大分蘖数 104.5 万,亩有效穗数 46.1 万,分蘖成穗率 44.1%;穗粒数 33.0 粒,千粒重 48.0 克,容重 813.4 克/升;穗长方形,长芒、白壳、白粒,籽粒硬质。2016 年中国农业科学院植物保护研究所接种抗病鉴定结果:高抗叶锈病,慢条锈病,中感白粉病和纹枯病,高感赤霉病。越冬抗寒性较好。

【品质表现】2014 年、2015 年区域试验统一取样,经农业部谷物品质监督检验测试中心(泰安)测试结果平均:籽粒蛋白质含量 14.4%,湿面筋含量 34.7%,沉淀值 36.6 毫升,吸水量 66.3%,稳定时间 6.7 分钟,面粉白度 72.7。

【产量表现】在 2013—2015 年山东省小麦品种高肥组区域试验中,两年平均亩产 608.7 千克,比对照品种济麦 22 增产 4.8%;在 2015—2016 年高肥组生产试验中,平均亩产 617.7 千克,比对照品种济麦 22 增产 3.4%。

【种植应用】适宜全省中高肥水地块种植利用。

【栽培要点】适宜播种期为 10 月 5—15 日,每亩基本苗 12 万~15 万。其他管理措施同一般大田。注意防治赤霉病。

9. 山农 25

【育成者】山东农业大学。

【亲本组合】以 J1697 为母本、烟农 19 为父本杂交,系统选育而成。

【审/认定】2014 年通过山东省农作物品种审定委员会审定，审定编号：鲁农审 2014040 号。

【特征特性】冬性，幼苗半直立。株型半紧凑，叶色浓绿，较抗倒伏，熟相好。两年区域试验结果平均：生育期比鲁麦 21 晚熟 1 天；株高 69.7 厘米，亩最大分蘖数 99.3 万，亩有效穗数 39.9 万，分蘖成穗率 40.2%；穗粒数 34.9 粒，千粒重 37.9 克，容重 769.6 克/升；穗长方形、长芒、白壳、白粒，籽粒饱满、硬质。2014 年中国农业科学院植物保护研究所接种抗病鉴定结果：中抗条锈病，中感白粉病和赤霉病，高感叶锈病和纹枯病。越冬抗寒性较好，抗旱性强。

【品质表现】2011 年、2012 年区域试验统一取样，经农业部谷物品质监督检验测试中心（泰安）测试结果平均：籽粒蛋白质含量 14.0%，湿面筋含量 30.2%，沉淀值 40.2 毫升，吸水率 58.5%，稳定时间 11.0 分钟，面粉白度 76.6。

【产量表现】在 2011—2013 年山东省小麦品种旱地组区域试验中，两年平均亩产 475.71 千克，比对照品种鲁麦 21 增产 4.96%；在 2013—2014 年旱地组生产试验中，平均亩产 455.06 千克，比对照品种鲁麦 21 增产 5.94%。

【种植应用】适宜全省旱肥地种植利用。

【栽培要点】适宜播种期为 10 月 5—10 日，每亩基本苗 15 万左右。注意防治蚜虫、叶锈病和纹枯病。其他管理措施同一般旱地大田。

10. 济南 17

【育成者】山东省农业科学院作物研究所。

【亲本组合】以临汾 5064 为母本、鲁麦 13 为父本杂交选育而成。

【审/认定】1999 年通过山东省农作物品种审定委员会审定，审定编号：鲁种审字第 0262-2 号。

【特征特性】冬性，幼苗半匍匐。叶片上冲，株型紧凑，株高

77 厘米；分蘖力强，成穗率高；穗纺锤形，顶芒、白壳、白粒，籽粒硬质。千粒重 36 克，容重 748.9 克/升，较抗倒伏；中感条锈病、叶锈病和白粉病。落黄性一般。品质优良，达到了国家面包小麦标准。

【产量表现】 在 1996—1998 年在山东省高肥乙组区域试验中，两年平均亩产 502.9 千克，比对照品种鲁麦 14 增产 4.52%，居第一位；在 1998 年生产试验中，平均亩产 471.25 千克，比对照鲁麦 14 增产 5.8%。

【种植应用】 适宜全省中高肥水地块作优质面包小麦品种推广利用。

【栽培要点】 适宜播种期：鲁西南和鲁南地区以 10 月 5—15 日为宜；鲁西北及鲁北地区以 10 月上旬为宜；每亩基本苗 8 万～12 万。注意防治蚜虫和白粉病。

11. 济麦 44

【育成者】 山东省农业科学院作物研究所。

【亲本组合】 系 954072 与济南 17 杂交后选育而成。

【审/认定】 2018 年通过山东省农作物品种审定委员会审定，审定编号：鲁审麦 20180018。

【特征特性】 冬性，幼苗半匍匐。株型半紧凑，叶色浅绿，旗叶上冲，抗倒伏性较好，熟相好。两年区域试验结果平均：生育期比对照济麦 22 早熟 2 天；株高 80.1 厘米，亩最大分蘖数 102.0 万，亩有效穗数 43.8 万，分蘖成穗率 44.3%；穗粒数 35.9 粒，千粒重 43.4 克，容重 788.9 克/升；穗长方形，长芒、白壳、白粒，籽粒硬质。2017 年中国农业科学院植物保护研究所接种抗病鉴定结果：中抗条锈病，中感白粉病，高感叶锈病、赤霉病和纹枯病。越冬抗寒性较好。

【品质表现】 2016 年、2017 年区域试验统一取样，经农业部谷物品质监督检验测试中心（泰安）测试结果平均：籽粒蛋白质含量 15.4%，湿面筋含量 35.1%，沉淀值 51.5 毫升，吸水率 63.8%，稳定时间 25.4 分钟，面粉白度 77.1，属强筋品种。

【产量表现】在 2015—2017 年山东省小麦品种高肥组区域试验中，两年平均亩产 603.7 千克，比对照品种济麦 22 增产 2.3%；在 2017—2018 年高产组生产试验中，平均亩产 540.0 千克，比对照品种济麦 22 增产 1.2%。

【种植应用】适宜全省高产地块种植利用。

【栽培要点】适宜播种期为 10 月 5—15 日，每亩基本苗 15 万～18 万。注意防治叶锈病、赤霉病和纹枯病。其他管理措施同一般大田。

12. 山农 30

【育成者】山东农业大学。

【亲本组合】泰农 18 与临麦 6 号杂交后选育而成。

【审/认定】2017 年通过国家农作物品种审定委员会审定，审定编号：国审麦 20170019。

【特征特性】半冬性。与对照品种良星 99 熟期相当；幼苗半匍匐，叶色中绿，抗寒性好，分蘖力中等；株高 82 厘米，株型半紧凑，旗叶上举，茎秆较硬，抗倒性一般；穗近长方形，白壳、长芒、白粒，籽粒半角质，饱满度较好，容重 824 克/升；亩穗数 36.6 万，穗粒数 39.7 粒，千粒重 47.8 克。抗病性鉴定，中抗条锈病，中感纹枯病，高感叶锈病、白粉病、赤霉病。

【品质表现】籽粒蛋白质含量 12.98%，湿面筋含量 27.1%，稳定时间 4.2 分钟。

【产量表现】在 2013—2014 年度黄淮冬麦区北片水地组品种区域试验中，平均亩产 595.4 千克，比对照品种良星 99 增产 2.7%；在 2014—2015 年度续试中，平均亩产 587.2 千克，比对照品种良星 99 增产 4.8%；在 2015—2016 年度生产试验中，平均亩产 608.1 千克，比对照品种良星 99 增产 5.6%。

【种植应用】适宜黄淮冬麦区北片的山东省、河北省中南部、山西省南部水肥地块种植。

【栽培要点】适宜播种期为 10 月上中旬，高水肥地每亩适宜基本苗 18 万左右，晚播应适当增加播种量。注意防治蚜虫、赤霉病、叶锈病、白粉病和纹枯病等病虫害。

13. 太麦 198

【育成者】泰安市泰山区久和作物研究所。

【亲本组合】良星 619 与山农 2149 杂交后选育而成。

【审/认定】2016 年通过山东省农作物品种审定委员会审定，审定编号：鲁审麦 20160056。

【特征特性】冬性，幼苗半直立。株型半紧凑，叶色深绿，叶片上挺，较抗倒伏，熟相好。两年区域试验结果平均：生育期与对照济麦 22 相当；株高 73 厘米，亩最大分蘖数 99.2 万，亩有效穗数 43.5 万，分蘖成穗率 43.9%；穗粒数 36.5 粒，千粒重 43.6 克，容重 786.8 克/升；穗长方形，长芒、白壳、白粒，籽粒硬质。2016 年中国农业科学院植物保护研究所接种抗病鉴定结果：高抗叶锈病，中抗赤霉病，中感白粉病和纹枯病，高感条锈病。越冬抗寒性较好。

【品质表现】2014 年、2015 年区域试验统一取样，经农业部谷物品质监督检验测试中心（泰安）测试结果平均：籽粒蛋白质含量 13.0%，湿面筋含量 33.1%，沉淀值 30.2 毫升，吸水量 61.9%，稳定时间 4.4 分钟，面粉白度 76.3。

【产量表现】在 2013—2015 年山东省小麦品种高肥组区域试验中，两年平均亩产 599.9 千克，比对照品种济麦 22 增产 5.4%；在 2015—2016 年高肥组生产试验中，平均亩产 634.3 千克，比对照品种济麦 22 增产 6.2%。

【种植应用】适宜全省高肥水地块种植利用。

【栽培要点】适宜播种期为 10 月 1—10 日，每亩基本苗 15 万左右。其他管理措施同一般大田。注意防治条锈病。

14. 青农 2 号

【育成者】山东省青丰种子有限公司。

【亲本组合】鲁麦 14 与烟农 15 杂交后，再与矮秆麦杂交选育而成。

【审/认定】2010 年通过山东省农作物品种审定委员会审定，

审定编号：鲁农审 2010070 号。

【特征特性】半冬性，幼苗半直立。叶片略窄，叶色深绿，茎秆蜡质多，株型稍松散，抗倒性中等，熟相较好。两年区域试验结果平均：生育期与济麦 19 相当；株高 77.8 厘米，亩最大分蘖数 95.9 万，亩有效穗数 42.0 万，分蘖成穗率 43.9%；穗粒数 36.7 粒，千粒重 41.1 克，容重 788.0 克/升；穗纺锤形、长芒、白壳、白粒，籽粒较饱满，硬质。2009 年中国农业科学院植物保护研究所抗病性鉴定结果：中抗条锈病，中感叶锈病和白粉病，高感赤霉病和纹枯病。

【品质表现】2009—2010 年生产试验统一取样，经农业部谷物品质监督检验测试中心（泰安）测试：籽粒蛋白质含量 10.7%，湿面筋含量 32.0%，沉淀值 32.8 毫升、吸水率 59.4%、稳定时间 3.9 分钟，面粉白度 75.1。

【产量表现】在山东省小麦品种高肥组区域试验中，2007—2008 年平均亩产 571.42 千克，比对照品种潍麦 8 号增产 5.18%；2008—2009 年平均亩产 562.42 千克，比对照品种济麦 19 增产 5.97%；2009—2010 年生产试验平均亩产 571.07 千克，比对照品种济麦 22 增产 8.61%。

【种植应用】适宜全省高肥水地块种植利用。

【栽培要点】适宜播种期为 10 月 1—10 日，每亩基本苗 15 万。注意防治赤霉病、纹枯病。

15. 良星 77

【育成者】山东良星种业有限公司。

【亲本组合】济 991102 与济 935031 杂交后系选育而成。

【审/认定】2010 年通过山东省农作物品种审定委员会审定，审定编号：鲁农审 2010069 号。

【特征特性】半冬性，幼苗半直立。两年区域试验结果平均：生育期与济麦 19 相当；株高 74.0 厘米，叶色深绿，旗叶上冲，株型紧凑，抗倒伏，熟相较好；亩最大分蘖数 107.3 万，亩有效穗数 42.3 万，分蘖成穗率 39.6%；穗粒数 33.3 粒，千粒重 44.1 克，容重 789.9 克/升；穗纺锤形、长芒、白壳、白粒，籽粒较饱满、硬质。2009 年中国农业科学院植物保护研究所抗病性鉴定结果：中抗条锈病，叶锈病近免疫，中感白粉病和纹枯病，高感赤霉病。

【品质表现】2009—2010 年生产试验统一取样，经农业部谷物品质监督检验测试中心（泰安）测试：籽粒蛋白质含量 12.9%，湿面筋含量 38.1%，沉淀值 34.5 毫升，吸水率 63.0%，稳定时间 3.3 分钟，面粉白度 76.7。

【产量表现】在山东省小麦品种高肥组区域试验中，2007—2008 年平均亩产 570.15 千克，比对照品种潍麦 8 号增产 4.95%；2008—2009 年平均亩产 589.18 千克，比对照品种济麦 19 增产 6.50%；2009—2010 年生产试验平均亩产 564.94 千克，比对照品种济麦 22 增产 7.44%。

【种植应用】适宜全省高肥水地块种植利用。

【栽培要点】适宜播种期为 10 月 5—10 日，每亩基本苗 15 万～18 万。注意防治赤霉病。

16. 青丰 1 号 ［原代号（名称）：954(5)-4］

【育成者】山东省青丰种子有限公司、山东农业大学农学院。

【亲本组合】鲁麦 14/烟农 15，系统选育。

【审/认定】2006 年通过山东省农作物品种审定委员会审定，审定编号：鲁农审 2006054 号。

【特征特性】半冬性，幼苗半匍匐。两年区域试验结果平均：生育期比鲁麦 14 晚熟 1 天；株高 78.9 厘米，茎秆蜡质明显，株型紧凑，较抗倒伏，熟相好；亩最大分蘖数 96.1 万，亩有效穗数 39.2 万，分蘖成穗率 40.8%，分蘖成穗率较高；穗粒数 34.8 粒，千粒重 41.0 克，容重 783.0 克/升；穗纺锤形、长芒、白壳、白粒，籽粒饱满、半硬质。2006 年中国农业科学院植物保护研究所接种抗病鉴定结果：抗叶锈病，中感纹枯病，感条锈病、白粉病和赤霉病。

【品质表现】2005—2006 年生产试验统一取样，经农业部谷物品质监督检验测试中心（泰安）测试：籽粒蛋白质含量 11.4%，湿面筋含量 30.6%，沉淀值 27.6 毫升，出粉率 75.8%，面粉白度 73.4，吸水率 60.5%，形成时间 3.9 分钟，稳定时间 3.6 分钟。

【产量表现】在 2003—2005 年山东省小麦中高肥组区域试验中，两年平均亩产 528.29 千克，比对照品种鲁麦 14 增产 8.02%；在 2005—2006 年中高肥组生产试验中，平均亩产 530.29 千克，比对照品种济麦 19 增产 6.67%。

【种植应用】适宜全省中高肥水地块种植利用。

【栽培要点】适宜播种期为 10 月 1—10 日，每亩基本苗 10 万～12 万。及时防治蚜虫，浇足灌浆水。

17. 师栾 02-1

【育成者】河北师范大学、栾城县原种场。

【亲本组合】9411/9430 系统选育而成。

【审/认定】2007 年 12 月 7 日经第二届国家农作物品种审定委员会第一次会议审定通过，审定编号：国审麦 2007016。

【特征特性】半冬性，幼苗匍匐。中熟，成熟期比对照品种石4185 晚 1 天左右；株高 72 厘米左右，株型紧凑，叶色浅绿，叶小上举，穗层整齐；茎秆有蜡质，弹性好，抗倒伏；平均亩穗数45.0 万，分蘖力强，成穗率高；穗粒数 33.0 粒，千粒重 35.2 克；穗纺锤形，护颖有短茸毛，长芒、白壳、白粒、籽粒饱满、角质。2006 年中国农业科学院植物保护研究所抗病性鉴定结果：中抗纹枯病，中感赤霉病，高感条锈病、叶锈病、白粉病、秆锈病。抗寒性中等。

【品质表现】2005 年、2006 年分别测定混合样：容重 803 克/升、786 克/升，蛋白质含量 16.30%、16.88%，湿面筋含量 32.3%、33.3%，沉降值 51.7 毫升、61.3 毫升，吸水率 59.2%、59.4%，稳定时间 14.8 分钟、15.2 分钟，最大抗延阻力 654E. U、700E. U，拉伸面积 163 厘米²、180 厘米²，面包体积 760 厘米²、828 厘米²，面包评分 85 分、92 分。

【产量表现】在 2004—2005 年度黄淮冬麦区北片水地组品种区域试验中，平均亩产 491.7 千克，比对照品种石 4185 增产

0.14%；在 2005—2006 年度续试中，平均亩产 491.5 千克，比对照品种石 4185 减产 1.21%；在 2006—2007 年度生产试验中，平均亩产 560.9 千克，比对照品种石 4185 增产 1.74%。

【种植应用】适宜在黄淮冬麦区北片的山东中部和北部、河北中南部、山西南部中高水肥地种植。

【栽培要点】适宜播种期为 10 月上中旬，每亩适宜基本苗 10 万～15 万。后期注意防治条锈病、叶锈病、白粉病等。

18. 临麦 4 号

【育成者】临沂市农业科学院。

【亲本组合】鲁麦 23/临 9015，系统选育。

【审/认定】2006 年通过山东省农作物品种审定委员会审定，审定编号：鲁农审 2006046 号。

【特征特性】半冬性。幼苗半直立。两年区域试验结果平均：生育期与潍麦 8 号相当；株高 78.9 厘米，株型半紧凑，叶片上举，茎叶蜡质明显，抗倒性中等，熟相中等；亩最大分蘖数 82.4 万，有效穗数 31.8 万，分蘖成穗率 38.6%，分蘖成穗率中等；穗粒数 44.3 粒，千粒重 45.8 克，容重 776.3 克/升；穗棍棒形、长芒、白壳、白粒，籽粒饱满、半硬质。2006 年委托中国农业科学院植物保护研究所进行抗病性鉴定：中抗至抗叶锈病，中感纹枯病，感条锈病、白粉病和赤霉病。

【品质表现】2005—2006 年生产试验统一取样，经农业部谷物品质监督检验测试中心（泰安）测试：籽粒蛋白质含量 13.2%，湿面筋含量 36.1%，出粉率 64.0%，沉淀值 20.7 毫升，吸水率 55.8%，形成时间 2.2 分钟，稳定时间 1.3 分钟，面粉白度 82.4。

【产量表现】在 2004—2006 年山东省小麦品种高肥组区域试验中，两年平均亩产 580.45 千克，比对照品种潍麦 8 号增产 7.31%；在 2005—2006 年高肥组生产试验中，平均亩产 561.17 千克，比对照品种潍麦 8 号增产 6.20%。

【种植应用】适宜全省高肥水地块种植利用。

【栽培要点】施足基肥，适宜播种期为 10 月 5—15 日，每亩基本苗 15 万～18 万。及时防治病虫害，适时收获。

19. 菏麦 19

【育成者】山东省菏泽市科源种业有限公司。

【亲本组合】以烟农 19 为母本、临汾 139 为父本杂交选育而成。

【审/认定】2016 年通过山东省农作物品种审定委员会审定，审定编号：鲁农审 2016003 号。

【特征特性】冬性，幼苗半直立。株型稍松散，叶色深绿，抗倒伏性一般，熟相好。两年区域试验结果平均：生育期比济麦 22 晚熟近 1 天；株高 78.3 厘米，亩最大分蘖数 100.8 万，亩有效穗数 42.9 万，分蘖成穗率 42.6%；穗粒数 35.2 粒，千粒重 44.7 克，容重 790.0 克/升；穗长方形、长芒、白壳、白粒，籽粒饱满度中等、硬质。2015 年中国农业科学院植物保护研究所接种抗病鉴定结果：中抗白粉病，高感条锈病、叶锈病、赤霉病和纹枯病。越冬抗寒性好。

【品质表现】2013 年、2014 年区域试验统一取样，经农业部谷物品质监督检验测试中心（泰安）测试结果平均：籽粒蛋白质含量 14.5%，湿面筋含量 33.1%，沉淀值 32.8 毫升，吸水率 59.6%，稳定时间 4.0 分钟，面粉白度 75.8。

【产量表现】在 2012—2014 年山东省小麦品种高肥组区域试验中，两年平均亩产 598.68 千克，比对照品种济麦 22 增产 5.93%；在 2014—2015 年高肥组生产试验中，平均亩产 586.01 千克，比对照品种济麦 22 增产 5.55%。

【种植应用】适宜全省高肥水地块种植利用。

【栽培要点】适宜播种期为 10 月 5—10 日，每亩基本苗 15～18 万。注意防治病虫草害。其他管理措施同一般大田。

20. 临麦 9 号

【育成者】临沂市农业科学院。

【亲本组合】临 044190 与泰山 23 杂交后选育而成。

【审/认定】2018 年通过山东省农作物品种审定委员会审定，

审定编号：鲁审麦 20180012。

【特征特性】半冬性，幼苗半匍匐。株型紧凑，旗叶上冲，抗倒伏性中等，熟相较好。两年区域试验结果平均：生育期与对照品种鲁麦 21 熟期相当；株高 74.5 厘米，亩最大分蘖数 94.2 万，亩有效穗数 39.1 万，分蘖成穗率 41.5%；穗粒数 34.0 粒，千粒重 42.3 克，容重 793.6 克/升；穗长方形，长芒、白壳、白粒，籽粒硬质。2016 年中国农业科学院植物保护研究所抗病接种鉴定结果：条锈病和白粉病免疫，高感叶锈病、纹枯病和赤霉病。越冬抗寒性好。

【品质表现】2015 年、2016 年区域试验统一取样，农业部谷物品质监督检验测试中心（泰安）测试结果平均：籽粒蛋白质含量 15.0%，湿面筋含量 38.1%，沉淀值 32.5 毫升，吸水率 64.2%，稳定时间 4.9 分钟，面粉白度 72.9。

【产量表现】在 2014—2016 年山东省小麦品种旱地组区域试验中，两年平均亩产 465.3 千克，比对照品种鲁麦 21 增产 5.2%；在 2016—2017 年旱地组生产试验中，平均亩产 486.6 千克，比对照品种鲁麦 21 增产 5.7%。

【种植应用】适宜全省旱肥地种植利用。

【栽培要点】适宜播种期为 10 月 5—15 日，每亩基本苗 15 万左右。注意防治叶锈病、纹枯病和赤霉病。其他管理措施同一般大田。

21. 山农 111

【审定编号】鲁审麦 20180020。

【育种者】山东农业大学。

【品种来源】常规品种，系 93-95-5 与复合多倍体［是四倍体小麦（AABB）与方穗山羊草（DD）杂交，经染色体加倍成六倍体（AABBDD）的后代中选育的高度可育的一个大粒育种材料］杂交后选育。

【特征特性】冬性，幼苗半匍匐。株型半紧凑，叶色深绿，叶片上冲，抗倒伏性中等，熟相中等。两年区域试验结果平均：生育

期比对照济麦 22 早熟 1 天；株高 79.1 厘米，亩最大分蘖数 90.8
万，亩有效穗数 42.3 万，分蘖成穗率 46.6%；穗粒数 38.8 粒，
千粒重 41.6 克，容重 791.1 克/升；穗长方形，长芒、白壳、白
粒，籽粒硬质。2017 年中国农业科学院植物保护研究所接种鉴定
结果：中感叶锈病，高感条锈病、白粉病、赤霉病和纹枯病。越冬
抗寒性较好。

【品质表现】2016 年、2017 年区域试验统一取样，经农业部谷
物品质监督检验测试中心（泰安）测试结果平均：籽粒蛋白质含量
13.9%，湿面筋含量 32.0%，沉淀值 39.8 毫升，吸水率 61.5%，
稳定时间 16.5 分钟，面粉白度 75.7，属中强筋品种。

【产量表现】在 2015—2017 年山东省小麦品种高肥组区域试验
中，两年平均亩产 583.0 千克，比对照品种济麦 22 减产 0.4%；
在 2017—2018 年高产组生产试验中，平均亩产 535.4 千克，比对
照品种济麦 22 增产 0.3%。

【种植应用】全省高产地块种植利用。

【栽培要点】适宜播种期 10 月 5—15 日，每亩基本苗 18 万左
右。注意防治条锈病、白粉病、赤霉病和纹枯病。其他管理措施同
一般大田。

22. 良星 66

【育成者】山东省良星种业有限公司。

【亲本组合】以济 91102 为母本、935031 为父本杂交，系统选
育而成。

【审/认定】2008 年通过山东省农作物品种审定委员会审定，
审定编号：鲁农审 2008057 号。

【特征特性】半冬性，幼苗半直立。两年区域试验结果平均：
生育期比潍麦 8 号早熟 2 天；株高 78.2 厘米，抗倒性中等，熟相
好；亩最大分蘖数 103.2 万，亩有效穗数 45.3 万，分蘖成穗率
43.9%；穗粒数 36.7 粒，千粒重 40.1 克，容重 791.5 克/升；穗
长方形，长芒、白壳、白粒，籽粒较饱满、硬质。2008 年中国农
业院植物保护研究所抗病性鉴定结果：高抗白粉病，中感赤霉病和

纹枯病，慢条锈病，高感叶锈病。

【品质表现】2007—2008 年生产试验统一取样，经农业部谷物品质监督检验测试中心（泰安）测试：籽粒蛋白质含量 13.4%、湿面筋含量 35.8%、沉淀值 33.9 毫升、吸水率 60.9%、稳定时间 2.8 分钟，面粉白度 74.5。

【产量表现】该品种参加了 2005—2007 年山东省小麦品种高肥组区域试验，两年平均亩产 571.42 千克，比对照品种潍麦 8 号增产 8.69%；在 2007—2008 年高肥组生产试验中，平均亩产 565.21 千克，比对照品种潍麦 8 号增产 7.24%。

【种植应用】适宜全省高肥水地块种植利用。

【栽培要点】适宜播种期 10 月 5—15 日，每亩适宜基本苗 10 万～12 万。

23. 济麦 262

【育成者】山东省农业科学院作物研究所。

【亲本组合】以临麦 2 号为母本、烟农 19 为父本杂交选育而成。

【审/认定】2016 年通过山东省农作物品种审定委员会审定，审定编号：鲁农审 2016010 号。

【特征特性】冬性，幼苗半直立。株型半紧凑，旗叶宽大、下披，较抗倒伏，熟相中等。两年区域试验结果平均：生育期比鲁麦 21 晚熟 1 天；株高 67.2 厘米，亩最大分蘖数 74.8 万，亩有效穗数 32.7 万，分蘖成穗率 43.7%；穗粒数 37.5 粒，千粒重 44.7 克，容重 750.9 克/升；穗长方形，长芒、白壳、白粒，籽粒饱满、粉质。2015 年中国农业科学院植物保护研究所接种抗病鉴定结果：中抗条锈病，中感白粉病和纹枯病，高感叶锈病和赤霉病。越冬抗寒性好，抗旱性好。

【品质表现】2013 年、2014 年区域试验统一取样，经农业部谷物品质监督检验测试中心（泰安）测试结果平均：籽粒蛋白质含量 15.0%，湿面筋含量 35.2%，沉淀值 28.9 毫升，吸水率 54.9%，稳定时间 2.3 分钟，面粉白度 80.2。

【产量表现】在 2012—2014 年山东省小麦品种旱地组区域试验中，两年平均亩产 454.35 千克，比对照品种鲁麦 21 增产 6.44%；在 2014—2015 年旱地组生产试验中，平均亩产 492.97 千克，比对照品种鲁麦 21 增产 4.92%。

【种植应用】适宜全省旱肥地块种植利用。

【栽培要点】适宜播种期为 10 月 5—10 日，每亩基本苗 15 万。注意防治病虫草害。其他管理措施同一般旱地大田。

24. 山农 20

【育成者】山东农业大学。

【亲本组合】以 PH82-2-2 为母本，以 954072 为父本进行有性杂交，系谱法结合分子标记辅助选择育成。

【审/认定】2010 年通过国家农作物品种审定委员会审定，审定编号：国审麦 2011012。

【特征特性】半冬性、中晚熟品种，平均比对照品种石 4185 晚熟 1 天左右；幼苗匍匐，分蘖力较强。区域试验田间试验记载越冬抗寒性较好；春季发育稳健，两极分化快，抽穗稍晚，亩成穗多，穗层整齐；株高 78 厘米，株型紧凑，旗叶上举、叶色深绿；抗倒性较好，后期成熟落黄正常；穗纺锤形，长芒，白壳，白粒，籽粒角质、较饱满。亩穗数 43.3 万，穗粒数 35.1 粒，千粒重 41.4 克。抗寒性较差。2009 年委托中国农业科学院植物保护研究所进行抗病性鉴定：高感赤霉病、纹枯病，中感白粉病，慢条锈病，中抗叶锈病。

【品质表现】2009 年、2010 年品质测定结果分别为：籽粒容重 828 克/升、808 克/升，硬度指数 67.7（2009 年），蛋白质含量 13.53%、13.3%；面粉湿面筋含量 30.3%、29.7%，沉降值 30.3 毫升、28 毫升，吸水率 64.1%、59.8%，稳定时间 3.2 分钟、2.9 分钟，最大抗延阻力 256E.U、266E.U，延伸性 133 毫米、148 毫米，拉伸面积 47 厘米^2、56 厘米^2。

【种植应用】适宜在黄淮冬麦区北片的山东省，河北省中南部，山西省南部高水肥地块种植。

【栽培要点】适宜播种期为 10 月上中旬，每亩适宜基本苗 15 万～20 万。

25. 泰农 18

【育成者】泰安市泰山区瑞丰作物育种研究所、山东农业大学农学院。

【亲本组合】以莱州 137 为母本，烟 369-7 为父本杂交，系统选育而成。

【审/认定】2008 年通过山东省农作物品种审定委员会审定，审定编号：鲁农审 2008056 号。

【特征特性】半冬性，幼苗半直立。两年区域试验结果平均：生育期比潍麦 8 号早熟 1 天；株高 73.7 厘米，叶片上举，抗倒性较好，熟相一般；亩最大分蘖数 83.8 万，亩有效穗数 32.9 万，分蘖成穗率 39.2%；穗粒数 43.6 粒，千粒重 40.8 克，容重 795.4 克/升；穗长方形，长芒、白壳、白粒，籽粒较饱满、半硬质。2008 年中国农业科学院植物保护研究所抗病性鉴定结果：中抗赤霉病，中感白粉病和纹枯病，高感条锈病和叶锈病。

【品质表现】2007—2008 年生产试验统一取样，经农业部谷物品质监督检验测试中心（泰安）测试：籽粒蛋白质含量 12.3%，湿面筋含量 30.4%，沉淀值 33.1 毫升，吸水率 59.7%，稳定时间 6.2 分钟，面粉白度 77.3。

【产量表现】该品种参加了 2006—2008 年山东省小麦品种高肥组区域试验，两年平均亩产 572.56 千克，比对照品种潍麦 8 号增产 8.64%；2007—2008 年高肥组生产试验，平均亩产 570.57 千克，比对照品种潍麦 8 号增产 8.25%。

【种植应用】适宜全省高肥水地块种植利用。

【栽培要点】适宜播种期为 10 月 1—10 日，适宜播种量每亩基本苗 15 万～18 万。

26. 山农 24 号

【育成者】山东农业大学，山东银兴种业股份有限公司。

【亲本组合】从创建的 Ta1（Ms2）小麦轮选群体中选择可育

株，多代选择育成。

【审/认定】2013 年通过山东省农作物品种审定委员会审定，审定编号：鲁农审 2013047 号。

【特征特性】半冬性，幼苗半直立。叶色深绿，株型稍松散，穗层不齐，抗倒性中等，熟相好。两年区域试验结果平均：生育期与济麦 22 相当；株高 75.4 厘米，亩最大分蘖 103.4 万，亩有效穗 43.8 万，分蘖成穗率 42.4%；穗粒数 38.9 粒，千粒重 41.3 克，容重 788.4 克/升；穗纺锤形，长芒、白壳、白粒，籽粒较饱满、硬质。2013 年中国农业科学院植物保护研究所接种抗病鉴定结果：中抗条锈病，中感白粉病和赤霉病，高感叶锈病和纹枯病。越冬抗寒性好。

【品质表现】两年区域试验统一取样，经农业部谷物品质监督检验测试中心（泰安）测试结果平均：籽粒蛋白质含量 13.1%，湿面筋含量 34.6%，沉淀值 36.4 毫升，吸水率 66.0%，稳定时间 4.9 分钟，面粉白度 76.6。

【产量表现】在 2009—2011 年山东省小麦品种高肥组区域试验中，两年平均亩产 581.08 千克，比对照品种济麦 22 增产 5.80%；2012—2013 年高肥组生产试验，平均亩产 537.41 千克，比对照品种济麦 22 增产 3.72%。

【种植应用】适宜全省高肥水地块种植利用。

【栽培要点】适宜播种期为 10 月 5—15 日，每亩基本苗 12 万～15 万。注意防治蚜虫、叶锈病和纹枯病，预防倒伏。其他管理措施同一般大田。

27. 良星 99

【育成者】山东省良星种业有限公司。

【亲本组合】91102/鲁麦 14//PH85-16，系统选育。

【审/认定】2006 年通过山东省农作物品种审定委员会审定，审定编号：鲁农审 2006049 号。

【特征特性】半冬性，抗冻性较强。幼苗半直立。两年区域试验结果平均：生育期比鲁麦 14 晚熟 1 天；株高 75.6 厘米，株型紧凑，旗叶上冲，较抗倒伏，熟相中等；亩最大分蘖数 94.5 万，亩有效穗数 40.6 万，分蘖成穗率 43.0%，分蘖力强，成穗率高；穗粒数 35.4 粒，千粒重 43.3 克，容重 789.4 克/升；穗长方形，长芒、白壳、白粒，硬质，籽粒较饱满。2006 年委托中国农业科学院植物保护研究所进行抗病性鉴定：抗白粉病，中抗至慢条锈病，感叶锈病，中感纹枯病，中感至感秆锈病。

【品质表现】2005—2006 年生产试验统一取样，经农业部谷物品质监督检验测试中心（泰安）测试：籽粒蛋白质含量 13.1%，湿面筋含量 34.9%，沉淀值 31.8 毫升，出粉率 73.1%，面粉白度 75.2，吸水率 63.4%，形成时间 3.3 分钟，稳定时间 2.9 分钟。

【产量表现】在 2003—2005 年山东省小麦品种中高肥组区域试验中，两年平均亩产 540.89 千克，比对照品种鲁麦 14 增产 11.44%；在 2005—2006 年中高肥组生产试验中，平均亩产 524.80 千克，比对照品种济麦 19 增产 5.57%。

【种植应用】适宜全省中高肥地块种植利用。

【栽培要点】适宜播种期为 10 月上旬，精播每亩基本苗 10 万～12 万，半精播 15 万～18 万。及时防治蚜虫和病害，适时收获。

28. 烟农 5158［原代号（名称）：烟 5158］

【育成者】烟台市农业科学研究院。

【亲本组合】烟航选 2 号为母本，烟农 15 为父本杂交，经空间诱变处理，系统选育而成。

【审/认定】2007 年通过山东省农作物品种审定委员会审定，审定编号：鲁农审 2007042 号。

【特征特性】半冬性，幼苗半匍匐。两年区域试验结果平均：生育期与济麦 19 相当；株高 77.0 厘米，株型较紧凑，叶色深绿，叶片上举，较抗倒伏，熟相好；亩最大分蘖 101.9 万，有效穗 40.4 万，分蘖成穗率 39.7%，分蘖成穗率较高；穗粒数 36.4 粒，千粒重 40.4 克，容重 797.0 克/升；穗纺锤形，长芒、白壳、白粒，籽粒较饱满、粉质。2007 年中国农业科学院植物保护研究所抗病性鉴定结果：高抗秆锈病，中抗纹枯病，中感条锈病、白粉病，高感赤霉病。

【品质表现】2006—2007 年生产试验统一取样，经农业部谷物品质监督检验测试中心（泰安）测试：籽粒蛋白质含量 13.5%，湿面筋含量 30.6%，沉淀值 24.7 毫升，吸水率 58.7%，稳定时间 5.7 分钟，面粉白度 80.1。

【产量表现】该品种参加了 2004—2006 年山东省小麦品种中高肥 B 组区域试验，2004—2005 年平均亩产 537.98 千克，比对照品种鲁麦 14 增产 11.62%；2005—2006 年平均亩产 510.21 千克，比对照品种济麦 19 增产 0.54%；在 2006—2007 年中高肥组生产试验中，平均亩产 489.74 千克，比对照品种济麦 19 增产 7.25%。

【种植应用】适宜全省中高肥水地块种植利用。

【栽培要点】适宜播种期为 10 月 5—10 日，适宜播种量每亩基本苗 8 万～12 万。

29. 峰川 9 号

【育成者】菏泽市丰川农业科学技术研究所。

【亲本组合】烟农 19//935031/淄麦 12 复合杂交后选育。

【审/认定】2016 年通过山东省农作物品种审定委员会审定，审定编号：鲁审麦 20160059。

【特征特性】半冬性，幼苗半直立。株型半紧凑，叶色深绿，叶片上冲，较抗倒伏，熟相好。两年区域试验结果平均：生育期比对照济麦 22 晚熟 1 天；株高 79 厘米，亩最大分蘖 106.3 万，亩有效穗数 44.6 万，分蘖成穗率 42.0%；穗粒数 36.3 粒，千粒重 44.8 克，容重 790.6 克/升；穗长方形，长芒、白壳、白粒，籽粒硬质。2016 年中国农业科学院植物保护研究所接种抗病鉴定结果：慢条锈病，中抗白粉病，中感纹枯病，高感叶锈病和赤霉病。越冬抗寒性较好。

【品质表现】2014 年、2015 年区域试验统一取样，经农业部谷物品质监督检验测试中心（泰安）测试结果平均：籽粒蛋白质含量 13.5%，湿面筋含量 36.5%，沉淀值 31.1 毫升，吸水量 64.4%，稳定时间 4.3 分钟，面粉白度 74.9。

【产量表现】在 2013—2015 年山东省小麦品种高肥组区域试验中，两年平均亩产 596.2 千克，比对照品种济麦 22 增产 4.7%；2015—2016 年高肥组生产试验，平均亩产 631.1 千克，比对照品种济麦 22 增产 5.6%。

【种植应用】适宜全省高肥水地块种植利用。

【栽培要点】适宜播种期为 10 月 1—10 日，每亩基本苗 18 万左右。其他管理措施同一般大田。注意防治叶锈病和赤霉病。

30. 烟农 24 [原代号（名称）：烟 475]

【育成者】烟台市农业科学研究院。

【亲本组合】以陕 229 为母本、安麦 1 号为父本有性杂交，系统选育而成。

【审/认定】2004 年通过山东省农作物品种审定委员会审定，审定编号：鲁农审字［2004］024 号。

【特征特性】半冬性。幼苗半直立。区域试验结果平均：生育期比对照晚熟 1 天，熟相好；株高 79.8 厘米，株型紧凑，较抗倒伏；亩最大分蘖数 106.6 万，亩有效穗数 38.9 万，分蘖力强，成穗率较高；穗粒数 36.3 粒，千粒重 41.9 克，容重 776.1 克/升；穗纺锤形、顶芒、白壳、白粒，籽粒较饱满，粉质。2003—2004 年中国农业科学院植物保护研究所抗病性鉴定结果：高抗条锈病，中抗叶锈病，中感白粉病和纹枯病。

【品质表现】2003—2004 年生产试验统一取样，经农业部谷物品质监督检验测试中心（哈尔滨）测试：粗蛋白质含量 12.86%，湿面筋含量 28.6%，出粉率 69.0%，沉降值 23.8 毫升，面粉白度 95.28，吸水率 53.3%，形成时间 2.7 分钟，稳定时间 3.4 分钟，软化度 122FU。

【产量表现】2001—2003 年参加了山东省小麦高肥甲组区域试验，两年平均亩产 520.14 千克，比对照品种鲁麦 14 增产 8.45%；2003—2004 年进行生产试验，平均亩产 503.46 千克，比对照品种鲁麦 14 增产 7.82%。

【种植应用】适宜全省中高肥水地块推广种植。

【栽培要点】适宜播种期为 9 月 25 日至 10 月 5 日，每亩基本苗 10 万～15 万。施足基肥，足墒播种，控制越冬肥、返青肥，重施、巧施拔节肥，浇好拔节水。

31. 鑫麦 296

【育成者】山东鑫丰种业有限公司。

【亲本组合】以 935031 为母本，鲁麦 23 为父本杂交，系统选育而成。

【审/认定】2013 年通过山东省农作物品种审定委员会审定，审定编号：鲁农审 2013046 号。

【特征特性】半冬性，幼苗半直立。叶色深绿，株型半紧凑，较抗倒伏，熟相好。两年区域试验结果平均：生育期与济麦 22 相当；株高 76.0 厘米，亩最大分蘖数 103.5 万，亩有效穗数 42.0 万，分蘖成穗率 40.6%；穗粒数 38.8 粒，千粒重 40.2 克，容重 795.3 克/升；穗长方形，长芒、白壳、白粒，籽粒饱满度中等、硬质。2013 年中国农业科学院植物保护研究所接种抗病鉴定结果：中抗条锈病和白粉病，高感叶锈病、纹枯病和赤霉病。越冬抗寒性中等。

【品质表现】两年区域试验统一取样，经农业部谷物品质监督检验测试中心（泰安）测试结果平均：籽粒蛋白质含量 14.6%，湿面筋含量 35.7%，沉淀值 34.3 毫升，吸水率 65.5%，稳定时间 2.9 分钟，面粉白度 74.7。

【产量表现】在 2010—2012 年山东省小麦品种高肥组区域试验中，两年平均亩产 587.25 千克，比对照品种济麦 22 增产 5.52%；2012—2013 年高肥组生产试验，平均亩产 544.99 千克，比对照品种济麦 22 增产 5.18%。

【种植应用】适宜全省高肥水地块种植利用。

【栽培要点】适宜播种期 10 月 5—15 日，每亩基本苗 15 万～18 万。注意防治蚜虫、叶锈病、纹枯病和赤霉病。其他管理措施同一般大田。

二、历史功勋品种

(一) 第一次品种更新：新中国成立初期

1. 扁穗麦

【品种来源】 1942年由山东省文登县高村农民于青绥夫妇从当地品种红秃头中选出的变异单株培育而成，经过文登县农场试验鉴定推广。

【特征特性】 强冬性，耐寒，抗霜能力较差；幼苗半匍匐，分蘖力稍弱；株高90厘米左右，茎秆粗硬，抗倒伏；抗条锈病、秆锈病，易感秆黑粉病、腥黑穗病、散黑穗病、线虫病；穗椭圆形，扁平，侧面宽，无芒，红壳，穗长5厘米左右，小穗着生较密，每穗结实小穗15个左右，不孕小穗1~2个，中部小穗结实3~4粒；穗轴脆，麦壳松，成熟时遇大风易折穗落粒，遇阴雨天易穗发芽；晚熟；椭圆形白粒，短小，腹沟较深，千粒重25克左右，品质差。

【产量表现】 1951年于山东省乳山县和福山县试验，比当地品种大白芒、莱阳秋分别增产27%和43%；1950—1953年莱阳专区农场试验，4年产量均居首位；1952—1953年胶州专区农场试验，较地方品种紫秸白增产10.9%。

【推广应用】 首先在文登专区普及，以后在临沂、烟台专区推广。1957年全省种植面积达355.05万亩。

2. 凫山半截芒

【品种来源】 又名葫芦头（金乡县）和秃头麦（单县），是山东省西南部栽培历史悠久的农家品种。

【特征特性】 弱冬性，耐寒性强，比较耐春霜冻害；中晚熟；幼苗匍匐，苗叶短，宽度中等，返青生长缓慢；株高90~120厘米，秆紫色；穗粒数25~30粒；穗纺锤形，侧面与正面等宽，短芒，穗长4.5~6.0厘米，卵形白粒，较小；千粒重25~28克，容重735克/升左右；耐旱力强，尤其对生长后期大气干旱有较高的抵抗力；抗条锈病和秆锈病，易感染叶锈病、秆黑粉病，高感腥黑穗病，对吸浆虫缺乏抵抗力。

【产量表现】产量比较高且稳定，比一般地方品种亩增产 10%~20%。1955 年山东省农业科学研究所试验，产量与蚰子麦相当；12 处济宁专区旱地试验，平均产量比徐州 438 增产 12.8%~13.7%。

【推广应用】主要分布在山东省西南部的济宁、菏泽专区各县和微山湖附近以及昌潍和临沂专区。1956 年山东省种植面积达 150 万亩左右，1960 年仍有 100 万亩。

3. 齐大 195

【品种来源】齐鲁大学农事试验场于 1931 年从山东省历城县龙山镇附近麦田中选择单穗培育而成。

【特征特性】冬性，耐寒、耐旱力强，耐瘠薄，耐盐碱；幼苗匍匐，分蘖力强；成熟期中等；株高 100 厘米左右，秸秆软，易倒伏；抗秆黑粉病能力强，易感锈病、腥黑穗病及黑颖病；穗纺锤形，长芒，白壳，口紧；穗长 6~7 厘米，小穗排列稀疏，卵圆形白粒，千粒重 27 克左右，出粉率较高。

【产量表现】1950—1955 年在山东省各地 49 处试验中，41 处比白秃头、红秃头、小白芒等地方品种增产 0.3%~49.6%；1958 年在济南旱地试验，亩产 62.5 千克，比碧蚂 4 号增产 11.9%；在历城牛旺公社岭地试验，亩产 94.5 千克，比碧蚂 4 号增产 73.3%。适于一般旱地种植。

【推广应用】是 20 世纪 50 年代山东省小麦主栽品种之一，在昌潍、惠民、德州、聊城、泰安等地普遍种植；在河北省中南部干旱地区也有大面积种植。1955 年山东省种植面积达 480 余万亩，1957 年 645 万亩，1958 年超过 650 万亩，1960 年降至 15 万亩左右。

4. 徐州 438

【品种来源】徐州麦作试验场于 1928 年在苏北邳县八义集采集当地品种的单穗选育而成，自 1937 年在萧县一带种植。

【特征特性】冬性，耐寒、耐春霜与耐旱性均较强；中熟；幼苗匍匐，深绿色，秆紫色，分蘖力强，成穗数多；株高 100~110 厘米；轻感条锈病，发病晚而轻，有一定的耐病力或抵抗力，轻微感染叶锈病，极易感染秆黑粉病、散黑穗病、腥黑穗病、白粉病和线虫病，不抗吸浆虫；穗纺锤形，长芒，穗长 6～8 厘米，小穗数 14～18 个，卵形白粒，皮薄，硬质；穗粒数 25 粒左右，千粒重 28 克左右，容重 770～810 克/升，出粉率高，面粉品质好。

【产量表现】一般亩产 100～150 千克，产量与品质均表现良好；在中等肥沃地块种植增产显著，产量可达 300 千克/亩以上。

【推广应用】新中国成立前山东省年最大种植面积曾超过 700 万亩；新中国成立初期也是主栽品种之一，主要在临沂、菏泽、济宁、聊城、昌潍等地区种植；1957 年种植面积 485.25 万亩；1959 年后面积迅速下降。

5. 平原 50

【品种来源】原名白秃头，是河南省修武、温县、武陟等地的农家品种。1950 年华北地区条锈病大发生时，经华北农业科学研究所在修武鉴定为抗锈丰产品种，定名为平原 50。

【特征特性】弱冬性，耐寒性中等，春季如有晚霜冻害则受害较重，但受霜害后恢复力较强；耐旱性中等；幼苗半匍匐，苗叶较宽，分蘖力中等偏弱；株高 100 厘米左右，茎秆较粗，耐肥力较强，抗倒伏；中熟；抗条锈病，中度感染叶锈病，易感染秆黑粉病和腥黑穗病；穗长方形，短曲芒，护颖白色，穗长 6～8 厘米，小穗着生中等偏密，每穗小穗 15～18 个，不实小穗 2～3 个，口松易落粒；短椭圆形红粒，皮厚，软质或半硬质，腹沟较深；穗粒数 35～40 粒，千粒重 28 克左右，容重 750～800 克/升，品质较差。

【产量表现】丰产潜力较大，在水、肥充足的灌溉地区产量高而稳定，亩产 150～200 千克，一般比地方品种增产 15%～20%；在中等地力旱地和轻碱地，产量表现较一般地方品种好。

【推广应用】主要在山东省菏泽、聊城、济宁、淄博等专区种植。1957 年收获面积 117.6 万亩；1956—1960 年年均种植面积超过 100 万亩。

6. 黄县大粒半芒

【品种来源】1947 年由山东省黄县楼西涧村农民仲维芳夫妇从

地方品种小粒半芒中选择单穗育成。

【特征特性】冬性，耐寒、耐霜及耐旱力均弱；晚熟；幼苗半直立，叶片宽而长，分蘖力较弱；植株 110 厘米左右，秆硬、耐肥水；高抗秆黑粉病，抗条锈病，高感秆锈病和腥黑穗病；穗纺锤形，芒较短，白壳，穗长 6～8 厘米，小穗密度中等，每穗结实小穗 16 个左右，不孕小穗 2～3 个；白粒，粉质；穗粒数 30 粒左右，千粒重 33 克左右。

【产量表现】1952 年山东省黄县 9 处水浇地、7 处旱地试验，平均产量比小粒半芒分别增产 19.1% 和 14.2%；1954—1958 年于黄县农场试验，平均产量比蚰子麦增加 5% 左右。

【推广应用】该品种主要分布在烟台专区各县，昌潍、淄博、聊城专区也有零星种植。1952 年黄县种植面积约 1.95 万亩；1953 年种植面积 30 万亩左右；1956—1957 年全省累计种植面积 1 045 万亩。

（二）第二次品种更新：20 世纪 60 年代前期

1. 济南 2 号

【品种来源】以碧蚂 4 号为母本、早洋麦为父本，有性杂交系谱选育，于 1959 年由山东省农业科学院作物研究所育成。

【特征特性】冬性，越冬性良好；中熟，较耐干热风；幼苗匍匐，叶色深绿，分蘖较强；株高 100 厘米，茎秆较硬，较耐肥水，抗倒伏；抗条锈病，轻感叶锈病、秆锈病和白粉病；穗长方形，小穗着生较密；红粒，椭圆形，皮厚，千粒重 36 克左右，出粉少。

【产量表现】1960—1962 年连续 3 年在山东省各地 23 次品种比较试验中，有 20 次较对照品种增产，平均增产 14.3%；1961 年参加黄淮麦区小麦良种联合区域试验，比对照品种碧蚂 1 号增产 12.0%～30.2%；在旱地组试验，比对照品种碧蚂 1 号增产 8.5%～55.8%；1964—1965 年在山东省生产示范试验中，平均增产 17.24%。适于 125～300 千克/亩地力水平种植，也适于一般肥水地、山岭薄地及盐碱涝洼地种植。

【推广应用】黄淮麦区最大年种植面积达 3 000 万亩左右。

1967 年山东省种植面积近 2 000 万亩；1962—1963 年河南省东部、北部地区推广面积达 100 万亩；1973 年河北省推广面积为 129 万亩；1975—1977 年甘肃庆阳地区种植面积达 90 多万亩。

【获奖情况】该品种于 1978 年获山东省科学大会科技成果奖。

2. 济南 4 号

【品种来源】山东省农业科学院作物研究所于 1955 年以碧蚂 4 号为母本、早洋麦为父本杂交，经系谱法选育，并于 1962 年育成。

【特征特性】冬性，耐寒性良好；幼苗匍匐，叶色浓绿，分蘖力较强，生长繁茂，成穗率较高；株高 100 厘米，秸秆韧性好，较耐肥水；耐条锈病，轻感秆锈病，不抗叶锈病；穗纺锤形，长芒，白壳；中熟，后期较耐干热风，落黄性良好；白粒，品质好，千粒重 35 克左右。

【产量表现】1962 年品比试验以碧蚂 4 号为对照，比对照品种增产 21.8%；1963 年全省 13 处试验中，12 处平均增产 23.1%；1964 年全省 9 处水浇地试验，8 处平均增产 26.2%；13 处旱地试验平均增产 21.8%。适于中等肥水地种植。

【推广应用】在鲁北、鲁西、鲁西北、鲁中南地区大面积种植，推广应用至 20 世纪 70 年代末，1973 年山东省种植面积 800 万亩。

3. 跃进 8 号

【品种来源】由山东省农业科学院作物研究所从引自河北省农业科学研究所的 3037/蚰子麦组合的杂种后代中选择单株，经系统选育，于 1958 年育成。

【特征特性】冬性，耐寒性较强，耐旱性差；幼苗半匍匐，叶片卷曲较长；株高 90 厘米左右；抗病性较好；穗棍棒形，多花多实性好，口松易落粒；中熟；卵形白粒，角质，饱满，千粒重 34 克左右。

【产量表现】1960 年在品比试验中较对照品种碧蚂 4 号增产 5.56%，亩产 315.2 千克；1961 年品比试验中，在晚霜冻害较重的情况下较对照品种碧蚂 4 号增产 13.2%，亩产达 321.55 千克。适宜在亩产 200～300 千克的一般水浇地种植。

【推广应用】该品种主要分布在烟台、潍坊、惠民、德州等地区，1972 年种植面积达 100 万亩；1975 年超过 113 万亩。

4. 泰农 153

【品种来源】该品种由泰安专区农场技术员王石庵等于 1950 年从泗水三八麦中选出单穗，系统选育法育而成。

【特征特性】耐寒性较差，易受冻害；幼苗半匍匐，淡绿色，叶片短而宽，茎和叶上有白色蜡粉，分蘖力较弱；植株高 95～110 厘米，茎秆较硬，耐肥水，不耐干旱；抗条锈病、白粉病、秆黑粉病、腥黑穗病及线虫病等多种病害，特别是抗腥黑穗病的能力较强；穗棍棒形，无芒，白壳，麦壳较紧，穗长 6 厘米左右，每穗结实小穗 12～14 个，每小穗结实 2～3 粒，穗粒数 22～26 粒；成熟期中等偏早；白粒，大而饱满，很硬，有光泽，品质好，千粒重 36 克左右。

【产量表现】1953 年及 1954 年山东省泰安专区农场品种比较试验，比泗水三八麦和当地白芒蝈子头分别增产 19.54％和 9.5％；在临淄、历城、胶县等县对比试验中，比泗水三八麦、红秃头、蝼蛄腚等品种增产 5.5％～26.6％；1955 年在益都进行晚播品种试验（10 月 20 日播种），比泗水三八麦和蚰子麦分别增产 21.2％和 4.3％，产量为 306.75 千克/亩。适宜在水肥条件较好和较肥沃的旱地种植。

【推广应用】主要分布在泰安、潍坊及莱芜、章丘、临淄等。1961 年全省种植 199.95 万亩。

（三）　第三次品种更新：20 世纪 60 年代后期

1. 济南矮 6 号

【品种来源】山东省农业科学院作物研究所于 1964 年从济南 6 号中选择矮秆单株，经过 3 年系统选择，并于 1967 年育成。

【特征特性】冬性，抗寒性强；幼苗匍匐，叶色深绿，春季起身拔节偏晚，分蘖力强，成穗率较高；株高 90 厘米左右，茎秆较硬，较抗倒伏；抗条锈病，感白粉病；穗层整齐，穗纺锤形，长芒，白壳，口紧不易落粒，晚播穗易干尖，成熟时遇雨易穗发芽；

中晚熟，不耐后期高温和干热风，适期早播落黄尚好；白粒，半角质，千粒重 35 克左右。

【产量表现】1970 年在山东省农业科学院作物研究所高肥品种比较试验中居参试品种第一位，产量 350 千克/亩；在桓台县赵家等 3 处试验比对照品种济南 8 号增产 0.14%～24.7%，产量 301.45～342.25 千克/亩。1971 年在山东省 69 处品比试验中有 27 处产量居前 3 位；在昌潍地区 6 处示范中，有 4 处平均增产 8.55%。适宜在山东省北部、中部、西南部种植。

【推广应用】是山东省 20 世纪 60 年代至 70 年代初的高产品种。自育成后，在山东中部的水浇地上种植面积不断扩大，1973 年种植面积达 164.4 万亩，1974 年超过 200 万亩。

2. 蚰包麦

【品种来源】烟台市农业科学研究所 1958 年以蚰子麦为母本，包打三百炮为父本杂交，于 1963 年育成。白蚰包麦是 1967 年从红蚰包麦中选出的白粒变异单株培育而成，除粒色外其他性状基本相似。

【特征特性】冬性，耐寒性好，以穗原基初生期越冬；不耐旱、不耐瘠薄；对光温反应较为敏感，早春播种一般不能抽穗；幼苗匍匐，叶色深绿，分蘖力强，成穗率高；叶片较窄，浓绿而挺直，有蜡粉；株型紧凑呈杯形，透光性良好；株高 85～90 厘米，节间短，茎壁厚，茎中空隙小，具有耐肥、抗倒伏特性；中抗秆锈病，易感条锈病、叶锈病和白粉病；穗纺锤形，顶芒，白壳，口紧不易落粒，小穗排列较密，穗长 8 厘米左右；中熟，落黄中等，抗干热风能力差，容易早衰；卵形籽粒，腹沟浅，千粒重 34～38 克。在高产栽培条件下，每亩穗数 50 万～55 万，不倒伏，在每亩穗数达到 55 万左右、叶面积指数达到 7 时，底层光照仍在补偿点以上。

【产量表现】1964—1977 年在烟台地区农业科学研究所连续 14 年 18 次试验，较泰山 1 号、关东矮、阿夫、淄选 2 号、泰山 4 号、济南 9 号等增产 8.5%～44.7%，产量 410～550 千克/亩；1966—1977 年在烟台地区连续 12 年 565 处试验，较对照品种平均增产

17.6%；1972—1974 年连续 3 年在全省 14 处地（市）农业科学研究所品种联合试验，较对照品种增产 3.9%～26%；1972 年、1973 年两年黄淮麦区联合试验，较对照品种增产 4.9%～61.2%。1972 年莱阳南关大队种植 8 亩，平均亩产 534.95 千克；安丘县石埠公社中孙家村种植 12 亩，平均产量 540 千克/亩；陵县高家大队 60 亩平均产量 540 千克/亩。1976 年在烟台地区有 26 358.45 亩创出超过 500 千克/亩的高产。

【推广应用】主要在山东、河北等省及江苏省北部、辽宁省大连市南部地区推广应用。1976 年全国年推广种植面积 705 万亩，1977 年山东省最大种植面积 502 万亩。

【获奖情况】1978 年获国家、省、烟台地区三级科学大会奖。

3. 鲁滕 1 号

【育成者】滕县龙阳公社史村。

【亲本组合】用 ^{60}Co-γ 射线辐照辉县红小麦风干种子，后代经 3 年选育，于 1963 年育成。

【审/认定】1983 年通过山东省农作物品种审定委员会认定，认定文号：鲁农审（83）第 5 号。

【特征特性】冬性，耐春寒能力较强，耐旱，适应性好；幼苗半匍匐，苗期长势弱，起身较晚，分蘖力中等；株高 90 厘米左右，抗倒性强；对当时流行条锈病生理小种有一定的耐病能力，不抗条锈病，中感叶锈病及秆锈病，在不同年份表现轻微至中感白粉病；穗椭圆形，无芒，红色护颖，无茸毛，小穗着生密度中等均匀，穗下茎有一自然弯曲度，口紧不易落粒；中熟，灌浆好，落黄较好；卵圆形白粒，腹沟较浅，籽粒较饱满，千粒重 35～38 克。

【产量表现】在滕县史村大队经 5 年品比试验，比对照品种亩增产 7%～31%，有 4 年产量列首位，是 20 世纪 70 年代鲁南地区首创 500 千克/亩的优良品种。

【种植应用】适宜济宁、枣庄等习惯种植地区（市）的低肥旱地条件下逐步压缩利用。主要在山东省南部地区推广应用，北方冬麦区其他省也有引种种植。1975 年全国推广种植面积 367.1 万亩，

1980 年后仅在鲁南地区中下肥水地块有零星种植。

4. 济南 8 号

【品种来源】山东省农业科学院作物研究所 1958 年以碧蚂 4 号为母本、苏早 1 号为父本杂交，系谱法选育，于 1965 年育成。

【特征特性】冬性；抗旱性较差；幼苗半匍匐，分蘖力中等，生长势强，成穗率较高；叶片较宽，成株叶色较深，旗叶微披；株高 100 厘米左右，茎秆较粗硬，微带蜡粉，耐肥水，较抗倒伏；抗条锈病，感白粉病；穗层整齐，穗长方形，长芒、白壳，成熟时遇雨易穗发芽；中熟，落黄较好；白粒，半角质，千粒重 40 克左右。

【产量表现】1963—1965 年在济南连续 3 年试验，比碧蚂 4 号增产 33.9%，比济南 2 号增产 1.17%～10.2%；1965—1966 年参加山东省小麦良种区域试验，10 处水浇地有 8 处比对照碧蚂 4 号平均增产 20.3%；1971 年全省 57 处示范试验，有 20 处名列前 3 位，增产幅度为 4.84%～47%。适宜山东中部和北部较肥沃水浇地种植。

【推广应用】曾是山东省中、北部高肥水地区主栽品种之一，1972 年全省种植面积 700 万亩。

5. 济南 9 号

【品种来源】山东省农业科学院作物研究所 1957 年以辛石 3 号为母本、早洋麦为父本杂交，经系谱选育，于 1965 年育成。

【特征特性】冬性，耐寒性中等；幼苗半匍匐，生长势强，分蘖力中等，成穗率较高；成株叶色浓绿，旗叶稍披；株高 105 厘米左右，秸秆较硬，较耐肥水，但抗倒伏能力不及济南 8 号；高抗条锈病，轻感秆锈，中感条锈病；穗长方形，长芒、白壳，成熟时遇雨易穗发芽；中熟，较耐干热风，落黄性较好；白粒，质佳，千粒重 42 克左右。

【产量表现】1971 年栖霞县 7 处中肥组品种比较试验，6 处平均比蚰包麦增产 9.9%，平均产量为 230.35 千克/亩；在旱薄地产量不及济南 2 号高；在高肥水条件下，产量不及蚰包麦高。适宜在中上等肥水地种植。最大分蘖数控制在每亩 100 万左右。

【推广应用】该品种 1972 年在山东省种植面积 1 000 万亩。

【获奖情况】1978 年获山东省科学大会科技成果奖。

6. 济南 10 号

【品种来源】山东省农业科学院作物研究所 1958 年以石家庄 407 为母本，早洋麦/碧蚂 4 号的杂交稳定后代为父本杂交，于 1968 年育成。

【特征特性】冬性，耐寒性较好；耐干旱；幼苗半匍匐，分蘖力强，成穗率较高；生长较整齐，叶宽中等，较长，蜡质轻；株高 105 厘米左右，秸秆较软，不抗倒伏；耐条锈病，中感叶锈病，轻感白粉病和秆锈病；穗纺锤形，长芒，白壳，穗长 8～9 厘米；中早熟，落黄较好；卵形白粒，角质，腹沟浅，饱满度好，千粒重 37～40 克。

【产量表现】1964 年、1965 年品种比较鉴定比对照品种济南 2 号增产 5%～15%；1967 年 6 处示范中有 5 处比对照品种平均增产 16%；1971 年栖霞县 11 处旱地试验有 7 处比对照品种济南 2 号平均增产 11.8%，平均亩产 131.3 千克；淄博地区 8 处一般肥水地试验，有 7 处产量居前 4 位，其中有 4 处居首位；1972 年历城县仲宫公社东泉大队种植 350 亩，平均亩产达 225 千克。适于旱地、丘陵薄地及盐碱地种植，也可在一般水肥地种植。

【推广应用】20 世纪 60 年代末开始在生产上应用，70 年代初、中期在烟台、昌潍、惠民、菏泽、聊城等地有一定种植面积。1974—1976 年在山东省种植面积超过 100 万亩，70 年代末被新品种所更换。

7. 烟农 78

【育成者】烟台地区农业科学研究所。

【亲本组合】以关东矮为母本，东方小麦为父本杂交，于 1967 年育成。

【审/认定】1983 年通过山东省农作物品种审定委员会认定，认定文号：鲁农审（83）第 5 号。

【特征特性】冬性，耐寒；耐旱，耐瘠，耐阴湿；幼苗匍匐，叶片较窄，分蘖力强，成穗率高；株高 100 厘米左右，秆硬、细，有弹性；高抗三锈病，中抗白粉病；穗纺锤形，下垂，穗码稀，长芒，白壳；中晚熟，抗干热风，落黄好；红粒，种子休眠期长，遇雨不发芽，千粒重 38～45 克。

【产量表现】1968—1969 年烟台地区农业科学研究所试验，较对照品种济南 2 号增产 10％～22.2％，产量为 330～378 千克/亩。1970—1977 年在全地区连续 8 年 568 次试验，较对照品种济南 2 号、济南 10 号、烟农 280、泰山 1 号、济宁 3 号、昌乐 5 号等增产 2.6％～15.6％。其中，旱薄地 166 次试验较对照品种泰山 1 号、昌乐 5 号、济南 9 号、济南 10 号增产 2.6％～18.6％，产量 61.3～303.8 千克/亩；肥水地有 112 次试验较对照品种济南 9 号、济宁 3 号、烟农 280 增产 6.1％～15.6％；中肥水地有 290 次试验，较对照品种烟农 13、泰山 1 号、济南 9 号、烟农 280 增产 4.3％～11％。

【种植应用】适宜山东省东部低肥旱薄地逐步压缩利用。1971—1985 年在烟台地区种植，20 世纪 70 年代中期烟台全区历年种植面积在 240 万亩左右，占全区小麦播种面积的 40％；1979 年种植面积最大为 279 万亩。

【获奖情况】1978 年获山东省及烟台市科学大会奖。

8. 济宁 3 号

【育成者】济宁地区农业科学研究所。

【亲本组合】济南 2 号/阿勃杂交组合的第三代材料，经继续选育而成。

【审/认定】1983 年通过山东省农作物品种审定委员会认定，认定文号：鲁农审（83）第 5 号。

【特征特性】半冬性，抗冬春冻害；较耐干旱，耐盐碱和耐渍力较好；幼苗匍匐，浓绿色，分蘖力较弱；叶片较窄，拔节后叶片下披，叶鞘及叶片蜡质较厚；株高 100 厘米左右，秸秆较硬，较抗倒伏；抗叶锈病，对条中 23 号、条中 24 号生理小种表现免疫至轻感，感染条中 25 号生理小种；穗纺锤形，无芒，白壳；中熟，抗干热风，成熟时色泽黄亮，落黄好；红粒，粉质，千粒重 37 克左右。

【产量表现】1967—1969 年济宁地区农业科学研究所试验，比对照品种济南 8 号平均增产 12.8%；1976 年济宁五里屯大队种植 800 亩，平均亩产 390 千克；1978 年在济宁地区农业科学研究所试验场种植 70 亩平均 425 千克/亩。

【种植应用】适宜济宁等习惯种植地区中肥水条件下，作为搭配品种推广利用。全国累计推广面积 900 万亩，1978—1987 年山东省累计推广面积 542.33 万亩。

（四）　第四次品种更新：20 世纪 70 年代

1. 泰山 1 号

【育成者】山东省农业科学院作物研究所。

【亲本组合】碧蚂 4 号与早熟 1 号杂交后代为母本，欧柔为父本杂交选育而成的小麦品种。

【审/认定】1982 年通过山东省农作物品种审定委员会认定，认定文号：(82) 鲁农审字第 4 号。

【特征特性】弱冬性，耐寒性好，适应性广；幼苗匍匐，生长缓慢，叶色深绿，叶片宽、短、厚、挺，叶耳紫红色，分蘖力中等，成穗率较高；拔节后生长迅速，基部节间较长，抽穗期易发生早期倒伏；对肥水反应敏感；中熟；株高 90 厘米左右，较耐肥水，较抗倒伏；穗长方形，穗大整齐，长芒，白壳，卵形白粒，千粒重 40 克左右；高抗条锈病，感染叶锈病和白粉病；种子休眠期短，易穗发芽；黑胚较高，品质中等。

【产量表现】1971—1972 年在山东省高肥品比试验中，比对照品种济南矮 6 号增产 11.36%，居 20 个参试品种之首，产量达 464.4 千克/亩；1972—1973 年山东省 13 个地市联合区域试验点，比对照品种平均增产 17.49%；1973 年全国北方冬麦区联合区域试验，6 处试验有 5 处居首位；1974 年全国区域试验 9 处试验都增产，平均增产 19.0%；1973—1975 年在河北省中、南部试验，比对照品种石家庄 54 等增产 11%~19%；1978 年山东昌潍农校、章丘县绣惠公社、安徽省宿县地区农业科学研究所等创出 551.25 千克/亩的高产纪录。适于中等及较高肥水地块种植。

【种植应用】 适宜全省种植利用。1975 年全国种子工作会议上被列为重点推广良种之一，是 20 世纪 70 年代末、80 年代初黄淮冬麦区主栽品种之一，遍及山东全省、河北省中南部、河南省中部和北部、苏北、淮北、陕西、山西、天津、甘肃、安徽等省市。1973—1985 年全国累计种植面积达 2.1 亿亩，其中，1979 年全国种植面积达 5 613 万亩，至 1986 年种植面积下降至 100 万亩以下。

【获奖情况】 1978 年获全国科学大会科技成果奖、山东省科学大会科技成果奖，1986 年获国家科学技术进步一等奖。

2. 泰山 4 号

【育成者】 山东省农业科学院作物研究所。

【亲本组合】 辉县红为母本，阿勃为父本进行杂交选育，于 1971 年育成。

【审/认定】 1982 年通过山东省农作物品种审定委员会认定，认定文号：（82）鲁农审字第 4 号。

【特征特性】 冬性；幼苗半匍匐，苗期叶片窄挺，抽穗后旗叶长披；分蘖力和成穗率中等，小分蘖死亡慢，麦脚不利落；株高 85～90 厘米，秸秆矮而坚韧，基部节间较短，抗倒伏能力强；耐肥水，耐旱性差；穗纺锤形，穗层不整齐，无芒，红壳，穗长码稀，口紧不易落粒；中晚熟，落黄较好；椭圆形白粒，角质，品质佳，千粒重 40 克左右；抗条锈病，轻感叶锈病及白粉病，易感秆锈病。

【产量表现】 1972—1973 年山东省小麦品种高肥区域试验 10 处有 8 处比对照品种增产 2.1%～52.5%，49 处示范有 37 处增产 0.5%～99.9%；1973—1974 年全省 51 处品种比较试验有 50 处增产 3.9%～36%；1974—1975 年全国北方冬麦区高肥组联合试验，9 处试验有 7 处增产 0.6%～31%。适于较高肥水地块种植。

【种植应用】 适宜在德州、聊城、菏泽高肥水条件下种植利用。1976 年山东省种植面积达 677.25 万亩；1979 年江苏北部种植面积约 80 万亩，安徽淮北地区种植 63 万亩；1982 年后播种面积下降至 100 万亩以下。

【获奖情况】 获全国科学大会科技成果奖和山东省科学大会科技成果奖。

3. 泰山 5 号

【育成者】 山东省农业科学院作物研究所。

【亲本组合】 辉县红与阿勃的稳定杂种后代为母本、欧柔白为父本配制杂交组合，系谱法选育，于 1974 年育成。

【审/认定】 1983 年通过山东省农作物品种审定委员会认定，认定文号：鲁农审（83）第 5 号。1984 年通过国家农作物品种审定委员会审定，审定编号：GS02017-1984。

【特征特性】 弱冬性，耐寒性中等；幼苗半匍匐，叶片短小挺直；分蘖力中等，年前分蘖多，年后分蘖少，大蘖多，成穗率高，麦脚利落；株型紧凑，长相好，旗叶窄挺上举，抽穗前略有卷曲，蜡质轻；株高 85 厘米左右，茎秆较硬，喜肥水，较抗倒伏；抗病性较差，感染条、叶锈病和白粉病；穗纺锤形，长芒，白壳；中早熟，抗干热风，落黄性好；椭圆形白粒，半角质，千粒重 40 克左右。

【产量表现】 1974—1975 年山东省 13 处试验，8 处比对照品种泰山 1 号、泰山 4 号、蚰包麦等增产 2％～42％；1975 年肥城、桓台、莱阳、泰安等 6 县 7 处试验 5 处增产 2.5％～12.6％；山东省农业科学院作物研究所高产试验，比对照品种泰山 4 号增产 11.4％，平均产量 497.3 千克/亩。

【种植应用】 适宜原种植地区作为中早熟品种逐步压缩利用。1981 年山东省夏收面积 437.3 万亩；1980 年河北省种植面积曾达 204.5 万亩。

【获奖情况】 获全国科学大会科技成果奖和山东省科学大会科技成果奖。

（五）　第五次品种更新：20 世纪 70 年代末、80 年代初

1. 济南 13

【育成者】 山东省农业科学院作物研究所。

【亲本组合】用欧柔白作母本，辉县红/阿勃作父本杂交系统选育，1977 年育成而成。

【审/认定】1982 年通过山东省农作物品种审定委员会认定，认定文号：（82）鲁农审字第 4 号。

【特征特性】弱冬性；中熟偏晚，比泰山 1 号晚熟 2～3 天；幼苗匍匐，叶片窄长，叶色浓绿，生长茂盛，分蘖力强，成穗率中等；株高 85 厘米左右（株高 95 厘米左右），株型紧凑；穗纺锤形、顶芒、白壳、无茸毛；穗长 9 厘米左右，每穗有小穗 16～19 个，其中不孕小穗 2 个左右，小穗密度中等，排列均匀，全穗结实 26 粒左右；籽粒白色，卵形，千粒重 50 克左右，半角质；茎秆基部节间较硬，有一定的韧性，耐肥水，较抗倒伏；耐旱；抗条锈病，轻感叶锈病和白粉病；落黄较好。

【产量表现】1978—1980 年全省高肥组区域试验，平均亩产 426.6 千克，比对照品种泰山 1 号增产 10.7%；1979—1980 年全省高肥组生产试验，平均亩产 420.5 千克，比对照品种泰山 1 号增产 9.2%。该品种适于全省中上肥水条件下种植。

【种植应用】适宜全省种植利用。是 20 世纪 80 年代山东省主体品种和推广应用年限最长的品种，在江苏、安徽、河北等省大面积种植，在河南、山西和陕西等省也有部分种植，是 20 世纪 80 年代黄淮麦区的第二大品种。1979—2002 年全国累计推广面积 1.35 亿亩。1983—1989 年山东省年种植面积稳定在 1 000 万亩左右。1985 年在全国及山东的种植面积分别为 2 088 万亩和 1 446 万亩，是当年全国和山东种植面积最大的品种。

【获奖情况】1979 年获山东省科研成果三等奖；1988 年获农业部科技进步一等奖；1989 年获国家科技进步二等奖。

【栽培要点】适宜在亩产 300～400 千克肥水条件下种植。山东省大部分地区以国庆节前后播种为宜，一般基本苗 11 万左右。

2. 烟农 15

【育成者】烟台地区农业科学研究所。

【亲本组合】以蚰包麦作母本，St2422/464 作父本进行杂交后系统选育。

【审/认定】1982 年通过山东省农作物品种审定委员会认定，认定文号：（82）鲁农审字第 4 号。

【特征特性】冬性，中早熟品种（半冬性，抗寒性较好）；幼苗半匍匐，叶色深绿，叶片宽大挺直；株高 75～80 厘米，株型紧凑；属多穗型，穗圆锥形，顶芒、白壳、白粒、卵圆形；穗小、粒小，千粒重较低，一般 31～35 克；容重较高，850～860 克/升；后期叶片易干尖；分蘖力强，成穗率高，每亩成穗高达 50 万以上；茎秆粗壮，耐肥水，抗倒性强；抗寒性强；抗小麦条锈病，轻感小麦叶锈、白粉病；落黄好；不耐干旱，不耐瘠薄，播种过早易感小麦土传花叶病、丛矮病及黄矮病。

【品质表现】品质好，蛋白质含量 17.2%，湿面筋含量 37.4%，沉降值 45 毫升，稳定时间 9.3 分钟，面包评分 81 分。

【产量表现】1978—1979 年全省高肥组区域试验，平均亩产 427.6 千克，比对照品种泰山 1 号增产 12.8%，每亩增产 48.4 千克；1979—1980 年全省区域试验，平均亩产 406.4 千克，比对照品种增产 4.3%，每亩增产 16.7 千克。两年平均亩产 426 千克，比对照品种增产 7.8%，每亩增产 30 千克。1978—1980 年全省生产试验，平均亩产 426 千克，产量幅度 315～512.8 千克。

【种植应用】适宜烟台、青岛等地、市高肥水条件下利用。1979—2008 年在山东省累计种植面积 4 993.17 万亩，其中，1991—2002 年均种植面积超过 200 万亩。

【获奖情况】1980 年获山东省科技进步三等奖；1982 年 10 月获全国农业博览会优质小麦银奖。

【栽培要点】对土、肥、水条件要求高，选择土质肥沃、排灌条件好的田块种植，才能获得高产。在烟台市适宜的播种期为 9 月 25 日—10 月 5 日，基本苗 10 万～15 万。

3. 鲁麦 1 号［原代号（名称）：775-1，矮 V-31］

【育成者】山东农学院。

【亲本组合】以矮丰 3 号//（孟县 201/牛朱特）F_1 杂交育成。

【审/认定】1983 年通过山东省农作物品种审定委员会审定，审定编号：鲁种审字第 0001 号。1989 年全国农作物品种审定委员会审定，审定编号：GS02005-1989。

【特征特性】弱冬性；有较好的抗干旱能力；幼苗半匍匐，分蘖力中等，成穗率高；起身拔节期生长势明显转旺，叶色淡绿，叶片较大；抽穗后长相好，穗下节间长，顶三叶较大，略上冲，分布均匀；根系发达，活力强；株高 80～85 厘米，茎秆蜡粉多；基部节间短而充实粗壮，秆壁较厚而有韧性，耐肥水，抗倒伏能力强；高抗三种锈病和白粉病，对条中 22～28 号生理小种近免疫或高抗，不抗条中 29 号生理小种，蚜虫危害较轻；穗形介于纺锤形和圆锥形之间，长芒，白壳，穗长 8～9 厘米；中熟偏晚，后期不早衰，耐干热风，落黄好；长卵圆形白粒，腹沟浅，粉质，千粒重 45 克左右。

【产量表现】在 1981—1982 年两年省高肥组区域试验中，平均单产 437.5 千克，居第一位。尤其是鲁中南、鲁西南表现较好，比对照品种济南 13 平均增产 14.6%。

【种植应用】适宜济南、泰安、枣庄、菏泽、济宁、临沂等中上肥水地块作中茬麦，在 300～500 千克产量水平的肥水条件下种植，尤以 400 千克左右肥水条件为佳。在鲁西南、鲁南地区以及苏北、皖北、豫东等地作为主体品种利用。1982—2006 年全国累计推广面积 1.371 亿亩。

【获奖情况】1983 年获山东省优秀科技成果三等奖；1991 年获国家教委科技进步三等奖。

4. 淄选 2 号

【品种来源】淄博市临淄区路山公社光明大队农科队王福林 1968 年从山东省农业科学院作物研究所引进的阿勃/辉县红杂交后代 685005 中系统选育，于 1972 年育成。

【特征特性】冬性；幼苗半匍匐，叶色深绿；分蘖力中等，成穗率较高；旗叶较窄挺直，与茎秆夹角小，蜡质重；株高 80～90 厘米，秆硬抗倒，耐肥水；抗条锈病；穗层整齐，穗长方形，无芒，白壳；中熟，落黄较差；籽粒角质，千粒重 38～39 克。

【产量表现】一般产量在 300～400 千克/亩，高产栽培能达
500 千克/亩以上。1976 年淄博市全市产量过 550 千克/亩的 18 个
大队、生产队的 6 000 亩小麦田中，该品种占 70％以上。宜在肥沃
地种植。

【推广应用】1974—1984 年该品种在山东累计推广面积 800 多
万亩，其中 1980 年夏收面积 151.69 万亩。

5. 莱阳 4671

【育成者】莱阳县农业科学研究所。

【亲本组合】以（蚰包/欧柔）/蚰包作母本，L227/4 作父本杂
交选育而成。

【审/认定】1984 年通过山东省农作物品种审定委员会认定，
认定文号：(84) 鲁农审字第 10 号。

【特征特性】冬性，抗冻性好；对光温反应较敏感；幼苗匍匐，
叶色深绿，叶片下披；分蘖力强，成穗率高；株高 100 厘米，株型
松散；抗倒性优于济南 13；穗纺锤形、无芒、白壳、白粒，千粒
重 40 克左右；较抗锈病，感白粉病；穗纺锤形，无芒，无茸毛，
护颖白色，口紧不落粒；中熟，落黄好；卵形白粒，半角质，籽粒
饱满，千粒重 40 克左右。

【产量表现】1980—1982 年参加全省高肥组区域试验，两年平
均分别比对照品种减产 3.5％和 5.8％。但在潍坊、烟台、临沂沿
海地区表现较好，比对照品种济南 13 平均增产 5.16％。

【种植应用】适宜烟台西部、潍坊东部、临沂东部种植应用。
1983—1998 年累计推广面积 1 083 万亩，其中 1985 年推广面积达
168.5 万亩。

【栽培要点】适宜在 300～500 千克左右的肥水条件下种植。高
产栽培，冬前群体不宜过大。该品种是披叶品种，叶色浓绿，栽培
时节勿将叶披误认为是旺长，从而过于控制。

6. 山农辐 63

【育成者】山东农学院。

【亲本组合】用 ^{60}Co-γ 射线处理蚰包/欧柔杂种第四代的一个

株系选育而成，1978年育成。

【审/认定】1982年通过山东省农作物品种审定委员会认定，认定文号：（82）鲁农审字第4号。1991年全国农作物品种审定委员会认定。品种登记号：GS02016-1990。

【特征特性】弱冬性；中早熟，全生育期244天左右，比泰山1号早熟2天；幼苗半匍匐，叶色深绿，叶片前期较宽短、直立，拔节后叶片与茎秆夹角较小；株型较紧凑，分蘖较多，成穗率高；株高90～95厘米；穗长方形，长7厘米左右；每穗有小穗17～19个，其中不孕小穗2～3个；长芒、白壳；籽粒白色，椭圆形，千粒重50克以上，半角质；中感小麦条锈、叶锈和白粉病；抗冻性较差；穗、粒、重三个产量结构较协调，适应性广，灌浆速度快，落黄好；种子休眠期短，成熟时遇雨易发芽。

【产量表现】1978—1980年全省高肥组区域试验，平均亩产431千克，比对照品种泰山1号增产13％；中肥组区域试验，平均亩产400千克，比对照品种泰山1号增产20％；生产试验，平均亩产438千克，比对照品种泰山1号增产15.3％。

【种植应用】适于全省中等肥水条件下种植，在沿海和叶锈病常发地区注意控制面积。自1980年开始在全省推广以来，种植面积迅速扩大，至1983年已达1 673万亩，占小麦播种面积的28％。自1984年以后，有逐年下降的趋势，是我国小麦诱变育种上推广面积最大、社会经济效益最显著的品种。在山东、苏北、皖北、河南、山西及陕西关中地区都有种植，累计推广面积超过6 500万亩。1981—1985年山东省累计推广面积4 185万亩。

【获奖情况】1981年获山东省科技进步三等奖；1985年获国家技术发明四等奖。

【栽培要点】该品种适宜亩产200～350千克的产量水平种植。因其抗冻性较差，应适期晚播。因其籽粒较大，要适当增加播种量，一般应掌握中等肥力麦田每亩播种量7.5～8.5千克。每亩基本苗15万左右。

7. 鲁麦 2 号 [原代号（名称）：785019]

【育成者】山东农业科学院作物研究所。

【亲本组合】泰山 1 号/洛夫林 13 杂交系统选育而成。

【审/认定】1983 年通过山东省农作物品种审定委员会审定，审定编号：鲁种审字第 0019 号。

【特征特性】冬性，耐寒性好；中晚熟，成熟期比泰山 1 号略晚 1～2 天；幼苗半匍匐，拔节后叶片较窄，深绿色，旗叶长披；株高 90 厘米左右，具韧性；芽鞘、叶耳绿色，叶蜡质轻，无茸毛，穗棍棒形、长芒、白壳、丘肩；穗长 7 厘米左右，小穗着生中密，每穗有小穗 18 个，其中不实小穗 2～3 个；每穗 27 粒左右，籽粒白色，卵圆形，腹沟深度中等，冠毛少，千粒重 40 克左右，角质；分蘖力较强，成穗率中等；抗病性较强，在接种条件下，对当前山东省主要流行的条中 17、条中 23、条中 24、条中 25、条中 22、条中 19 生理小种免疫，对叶中 1 号、叶中 2 号、叶中 3 号生理小种，植 17（山东 A 型）、洛 10 类型等均表现免疫或中抗；抗白粉病；落黄较好。

【品质表现】品质较好，籽粒蛋白质含量 14.65%，容重 790 克/升左右。

【产量表现】1981—1983 年山东省区域试验，平均比对照品种泰山 1 号增产 6.1%，在胶东增产 8.7%；在鲁中增产 6.8%。1982—1983 年山东省区域试验在胶东增产 17.6%；在鲁中增 16.8%。

【种植应用】可在胶东、鲁中地区中肥水条件下推广利用，适宜在每亩 250～400 千克的肥水条件下种植。至 1987 年累计种植面积 133.36 万亩。

【栽培要点】成熟偏晚，要适期早播。在胶东以 9 月中下旬为宜。该品种植株偏高，注意控制肥水，防止倒伏。由于分蘖力较强，旗叶长披，可适当减少播种量，每亩 5 千克为宜，并放宽行距，行距 25 厘米左右为宜。

8. 鲁麦 3 号 [原代号（名称）：聊 80-3]

【育成者】聊城地区农业科学研究所。

【亲本组合】洛夫林 10/矮丰 3 号杂交育成。

【审/认定】1983 年通过山东省农作物品种审定委员会审定，审定编号：鲁种审字第 0020 号。

【特征特性】冬性，抗寒性较强；中熟偏晚，生育期较泰山 1 号晚熟 1～2 天；幼苗半匍匐，苗色浅绿，芽鞘淡绿色，叶片稍大略有卷曲，长势强，株型较紧凑；株高 90 厘米左右，茎秆细韧富有弹性，抗倒能力较强；穗纺锤形，长芒；护颖白色，无茸毛；穗长 7 厘米左右，小穗着生较密，每穗有小穗 18～20 个，其中不实小穗 5～6 个，全穗结实 28 粒左右；籽粒白色，椭圆形，腹沟浅，冠毛少；千粒重 40 克左右，半角质，容重每升 740 克左右；分蘖力中等，成穗率较高，穗层整齐；成熟时穗黄而茎秆和上部叶片呈黄绿色，不早衰，抗干热风，落黄好；耐旱，适应性广；对当前条锈病主要流行生理小种免疫至高抗，抗秆锈病、叶锈病和白粉病。

【产量表现】1981—1983 年省中肥组区域试验，分别比对照品种泰山 1 号增产 5％、13.7％，均居首位；1982—1983 年在省旱地组区域试验中，较对照品种昌乐 5 号增产 28.6％，亦居首位；1982—1984 年全国黄淮北片水地中肥组区域试验，比对照品种泰山 1 号增产 7.5％，平均亩产 361.9 千克，居试验第一位；1983 年在聊城市大面积示范种植，较对照品种泰山 1 号、辐 63 增产 10％～20％，一般 400 千克/亩左右。适宜中等、中上等肥水地和旱肥地种植。

【种植应用】可在全省亩产 200～350 千克产量水平下推广利用。1983—1994 年山东省累计种植面积 2 729.7 万亩，其中 1987 年为最大面积年份，夏收面积 533.10 万亩。

【获奖情况】1990 年获山东省科技进步三等奖；1986 年"黄淮海夏秋粮开发（鲁麦 3 号和聊玉 5 号）"获山东省科技进步一等奖，1987 年获农业部二等奖。

【栽培要点】适宜中等肥水和旱地种植。因系冬性，抗寒力强，成熟偏晚，可适期早播。如在聊城，一般 10 月 1 日前后为最佳播种期。一般每亩基本苗 12 万～15 万。防贪青晚熟。

9. 昌乐 5 号

【**育成者**】昌乐县种子站。

【**亲本组合**】从济南 4 号选出变异单株，经系统选育于 1970 年育成。

【**审/认定**】1982 年通过山东省农作物品种审定委员会认定，认定文号：（82）鲁农审字第 4 号。

【**特征特性**】冬性，耐寒力强，越冬性较好；成熟期中等，全生育期 245 天左右；幼苗匍匐，深绿色，芽鞘绿色；分蘖力中等，成穗率较高；株高 100 厘米左右，茎秆有韧性；穗长方形，稀植条件下，有时呈棍棒状，口松易落粒；长芒，白壳，无茸毛；穗长 7～8 厘米，每穗有小穗 25 个左右，其中不孕小穗 2～3 个，全穗结实 26～30 粒；籽粒白色，椭圆形，腹沟浅，千粒重 36 克左右；抗旱性强，耐瘠薄能力强，耐后期干热风；较耐锈病，轻感白粉病。

【**产量表现**】1975 年后连续参加全省低肥组区域试验，比对照品种济南 10 号平均增产 16.8％～22.0％；1971 年昌乐县 26 处试验，均比对照品种济南 4 号增产，平均增产 19.4％。高崖公社丁家庄大队科学实验队连续 4 年试验，比对照品种济南 4 号增产 26.1％，平均亩产 289.65 千克；1975 年后山东省低肥组区域试验，比对照品种济南 10 号平均增产 16.8％～22.0％。适宜产量 100～250 千克/亩的旱地及盐碱地种植。

【**种植应用**】适宜在全省旱薄地种植。是山东省 20 世纪 70—80 年代低肥旱地主要推广品种，是影响较大的抗旱耐瘠冬小麦品种。1972—1996 年在山东省累计种植面积为 6 500 万亩，其中 1979—1983 年每年种植面积均在 450 万亩以上，最大秋播面积为 1982 年的 826.35 万亩，1984 年秋播面积已降至 443 万亩，1991 年后种植面积下降到 100 万亩以下。

【**获奖情况**】1978 年获全国科学大会奖；1983 年获国家发明三等奖。

【**栽培要点**】适宜亩产 100～250 千克旱田及盐碱地种植。基本苗 15 万左右。一般田及旱薄地，要重施基肥。有水浇条件的，肥水管理的重点应放在起身后，防止施肥灌水过早，植株生长过高，造成倒伏。

（六） 第六次品种更新： 20 世纪 80 年代末、 90 年代初

1. 鲁麦 14 号［原代号（名称）：烟 1604］

【育成者】烟台市农业科学研究所。

【亲本组合】用 C149/F4530 复合杂交育成。

【审/认定】1990 年通过山东省农作物品种审定委员会审定，审定编号：鲁种审字第 0120 号。1993 年通过国家农作物品种审定委员会审定，审定编号：GS02001-1992。

【特征特性】冬性；比济南 13 早熟 2 天；幼苗匍匐，叶色深绿，苗期叶片细窄，随着植株的增大而变宽，叶片上冲，茎叶表面微带蜡粉；分蘖力强，成穗率高，有效穗数多，属多穗型品种；株高 79 厘米左右，较抗倒伏；落黄一般；穗纺锤形，长芒、白壳、白粒，籽粒品质中等，千粒重 40 克左右，容重 765 克/升；抗条锈病、叶锈病、白粉病。

【产量表现】在山东省 1987—1989 年小麦高肥组区域试验和 1989—1990 年生产试验中，两年区域试验 22 点次平均亩产 451.6 千克，比对照品种济南 13 增产 11.2%，居首位；生产试验 10 点次平均亩产 441.63 千克，比对照品种济南 13 增产 23.8%。

【种植应用】可在全省亩产 350～450 千克产量水平下推广利用。先后在山东、山西、江苏、安徽、河北、河南等六省高、中肥水条件下种植。1989—2002 年全国累计推广面积 1.3 亿亩，其中 1994 年全国年最大收获面积为 2 154.05 万亩；1992—1996 年推广面积均在 1 100 万亩以上，其中 1993 年夏收面积达 1 478.2 万亩。

【获奖情况】1993 年获山东省科技进步一等奖；1996 年获国家科技进步二等奖。

2. 鲁麦 15 ［原代号（名称）：太 836214］

【育成者】山东农业大学太谷小麦课题组。

【亲本组合】从（Tai 扬麦 1 号 B$_1$/757318）F$_1$/104-14 复合杂交的 F$_1$ 中分离出来的可育株，采用系谱法育成。

【审/认定】1990年通过山东省农作物品种审定委员会审定，审定编号：鲁种审字第0121号。1998年通过国家农作物品种审定委员会审定，审定编号：国审麦980010。

【特征特性】半冬性；比济南13早熟3天；幼苗半匍匐，芽鞘淡绿，叶片色较淡，苗期生长势强；叶片上冲，旗叶小，穗下节间长；株高78厘米左右，较抗倒伏；分蘖力较强，成穗率较高；穗层整齐一致，穗长方形，穗长10～11.5厘米，小穗排列较稀，每穗小穗数18～20个；长芒、白壳、白粒，籽粒半角质，千粒重41.4克，容重771克/升；抗条锈病、叶锈病，中感白粉病；熟相好。

【产量表现】参加了山东省1987—1989年小麦高肥组区域试验和1989—1990年生产试验，两年区域试验22点次平均亩产438.5千克，比对照品种济南13增产8.0%；生产试验10点次平均亩产427.24千克，比对照品种济南13增产19.7%。

【种植应用】可在鲁中、鲁南、鲁西南地区亩产350～450千克产量水平推广种植，也可用于麦、棉套作地种植利用。在山东、江苏、安徽、河南、河北等地种植。1989—2000年全国累计推广面积6 900万亩。

【获奖情况】1996年被国家科委列为"九五"国家科技成果重点推广计划项目；1994年获山东省科技进步一等奖；1995年获国家科技进步二等奖；1998年获教育部科技进步一等奖。

3. 215953

【育成者】山东农业大学小麦育种研究室。

【亲本组合】矮孟牛Ⅳ/辐66杂交后系统选育而成。

【审/认定】1989年通过山东省农作物品种审定委员会审定，审定编号：(89)鲁种审字第0003号。

【特征特性】冬性；幼苗匍匐，苗叶浓绿；分蘖力强，成穗率较高；旗叶上冲，株型紧凑；株高75～80厘米，茎秆矮且粗壮，耐高肥水，抗倒伏能力强；穗长方形，长芒，穗长7～8厘米，遇雨易穗发芽；抽穗较早，灌浆期长，中熟偏晚，根系活力强，抗干热风,熟相好;椭圆形白粒,半硬质至硬质,千粒重 50～55 克,黑胚率高;高抗条锈病,中抗白粉病,感纹枯病较重。

【产量表现】1985—1987 年山东省高肥组区域试验,在鲁南、鲁西南地区比对照品种济南 13 平均增产 12.34%,在胶东地区增产 10.9%。

【种植应用】该品种在山东、河南、河北、苏北、皖北等累计推广面积 3 400 万亩左右。1991 年种植面积 500.19 万亩;1992 年种植面积 963.42 万亩,其中在山东省种植 827.07 万亩;1995 年后种植面积降至 100 万亩以下。

【获奖情况】1991 年获国家计委、国家科委、财政部联合颁发的国家"七五"科技攻关重大成果奖。

4. 莱州 953

【育成者】莱州市农业科学研究所。

【亲本组合】以(旱 5/掖 1)F$_1$ 作母本、7832110-1 作父本杂交经系统选育而成。

【审/认定】1994 年通过山东省农作物品种审定委员会认定,认定文号:(94)鲁农审字第 4 号。

【特征特性】冬性,耐寒性较强;幼苗匍匐,分蘖力强,成穗率偏低;株高 88 厘米,株型紧凑,叶片中宽、挺直,生长整齐,抗倒伏;穗长方形,穗头偏大,长芒、白壳,每穗粒数 45 粒左右;长卵形白粒,硬质,饱满度好,千粒重 48～52 克;熟相好;中抗条锈病、叶锈病和白粉病。

【产量表现】在 1989—1991 年度山东省小麦新品种(系)高肥组区域试验中,两年平均亩产 439.6 千克,比对照品种鲁麦 14 减产 1.7%。

【种植应用】在全省高肥地块种植应用。1992—2001 年全省累计推广面积 1 871.5 万亩。其中,1997 年种植面积最大,为 827.7 万亩。

【获奖情况】1997 年获山东省科技进步二等奖。

5. 鲁麦 19 [原代号(名称):济旱 044]

【育成者】山东省农业科学院作物研究所。

【亲本组合】以 7014/中苏 681//F16-71 育成。

【审/认定】1993 年通过山东省农作物品种审定委员会审定，审定编号：鲁种审字第 0143 号。1996 年通过国家农作物品种审定委员会审定，审定编号：GS02001-1995。

【特征特性】冬性；幼苗匍匐，叶片宽绿无蜡质；株高 95 厘米左右，株型较好；穗纺锤形、较大，长芒、白粒、籽粒饱满，穗粒数 25～30 粒，千粒重 39.7 克，容重 788 克/升，品质较好；中熟，分蘖力较强，成穗率较高；抗寒抗旱，较耐瘠薄；较抗条、叶锈病，感白粉病，落黄好。

【产量表现】在 1989—1991 年全省小麦新品种（系）旱地组区域试验中，两年 16 点次平均亩产 297.0 千克，比对照品种鲁麦 3 号增产 7.4%，居第二位；1991—1992 年生产试验平均亩产 302.9 千克，比省内旱薄地主栽品种科红 1 号增产 28.1%，居第一位；1987—1988 年黄淮冬麦区旱地品种区域试验，比对照品种渭麦 5 号增产 13.5%，平均 379.2 千克/亩，居第二位。

【种植应用】适宜全省旱薄地亩产 300 千克左右生产水平推广种植。该品种在山东、陕西、山西等一般旱地有较大面积种植，在甘肃、宁夏、河北等省（自治区）也有一定种植面积。1991—2005 年累计推广面积 831.6 万亩。

【获奖情况】1997 年获山东省科技进步三等奖。

6. 鲁麦 20 ［原代号（名称）：321E］

【育成者】山东省农业科学院原子能应用研究所。

【亲本组合】用 CO_2 激光与快中子复合处理 70-4-92-1 小麦干种子，然后选出早熟系，再经 $^{60}Co-\gamma$ 射线辐照花粉诱变选育而成的特早熟品种。

【审/认定】1993 年通过山东省农作物品种审定委员会审定，审定编号：鲁种审字第 0144 号。

【特征特性】春化反应迟钝，具有弱冬性和春性品种双重特点；晚播早熟，生育期比鲁麦 15 早 4 天左右；幼苗半匍匐，浅绿色，叶片稍披；株高 80 厘米左右，株型紧凑，秆细而韧；穗纺锤形，长芒、红壳、白粒；品质好，千粒重 39 克，容重 741 克/升；抽穗早，以穗多取胜；抗条锈病，感白粉病；落黄好。

【产量表现】在 1989—1991 年全省小麦新品种（系）晚播早熟组区域试验中，两年 14 点次平均亩产 337.7 千克，比对照品种晋麦 21 增产 21.0%，居第二位（第一位中 15 晚熟）；1991—1992 年生产试验，7 点次平均亩产 269.5 千克，比对照麦棉套主栽品种鲁麦 15 减产 4.2%，不显著。

【种植应用】适宜棉区麦棉两熟或晚茬麦亩产 300 千克左右中肥水条件推广种植。1991—1996 年累计推广面积 806.5 万亩。其中，1996 年最大面积为 282 万亩，占全山东省晚茬麦面积的 28.2%。

7. PH82-2-2

【育成者】山东农业大学植物生理研究室。

【亲本组合】由（Ro）F_3 经多年系统选育而成。

【审/认定】1992 年通过山东省农作物品种审定委员会认定，认定文号：（92）鲁农审字第 4 号。

【特征特性】冬性；早熟；株高 85 厘米左右；分蘖力强，成穗率高；纺锤形穗，小穗排列紧密，穗粒数 30 粒左右；白粒，琥珀色，角质率 97%，千粒重 40～42 克，容重为 810～830 克/升；高抗条锈病和秆锈病；籽粒品质好，但未达到产量相当于对照的品种选拔标准，且植株整齐度较差。

【品质表现】粗蛋白质含量 15%～17.1%；湿面筋含量 40%～45%，沉淀值 54.5 毫升，百克面粉面包体积为 827～880 厘米^3，比我国颁布的一级面包小麦品种的标准高 100 厘米^3 左右，面包综合评分 99 分。近几年由于商品经济的发展，农民种植该品种，籽粒在市场上销售，比其他小麦效益高，面粉经有关单位试用，做高级主食面包，不亚于进口粉，有一定种植利用价值。

【产量表现】1987—1989 年山东省小麦新品种（系）中肥组区域试验中，两年平均亩产 341.9 千克，比对照品种山农辐 63 减产

6.5％；1990—1992 年在东阿县 20 万亩示范田，平均亩产 400 千克左右。

【种植应用】可在适宜地区继续扩大利用。1990 年山东省秋播面积 28 万亩；1993 年和 1994 年秋播面积都在 56 万亩左右；1998—2000 年每年种植面积 10 万～20 万亩。

【获奖情况】1993 年获国家技术发明二等奖。

（七）第七次品种更新：20 世纪 90 年代中后期

1. 鲁麦 21［原代号（名称）：烟 886059］

【育成者】烟台市农业科学研究所。

【亲本组合】以烟中 144 作母本，宝丰 7228 作父本杂交育成。

【审/认定】1996 年通过山东省农作物品种审定委员会审定，审定编号：鲁种审字第 0199 号。

【特征特性】半冬性；多穗型品种，分蘗成穗率较高；株高 83 厘米，叶片较窄短、上举，株型较紧凑；穗纺锤形、长芒、白壳；白粒，粉质，饱满，穗粒数 34 粒左右，千粒重 39.1 克；抗寒性较强，抗旱能力强，产量稳定，适应性广；熟相和品质好于对照，熟期稍晚于对照；经抗性接种鉴定，对条锈病、叶锈病、白粉病的抗性接近对照；抗干热风能力强，落黄好。

【产量表现】参加了全省小麦新品种（系）1993—1995 年高肥乙组区域试验和 1994—1995 年生产试验。两年区域试验平均亩产 486.87 千克，比对照品种鲁麦 14 增产 3.65％，居第一位；生产试验平均亩产 453.34 千克，比对照品种鲁麦 14 增产 2.15％。

【种植应用】适宜全省亩产 450 千克左右栽培条件下推广利用。1995—2005 年全国累计推广面积 8 515.5 万亩；1996—2008 年山东省累计推广面积 6 195.59 万亩。

【获奖情况】2000 年获山东省科技进步二等奖。

2. 鲁麦 22［原代号（名称）：泰港 83(3)-113］

【育成者】泰安市郊区农作物种子科学研究所。

【亲本组合】（泰山 2 号变异株/烟农 15）F_1//京花 1 号复合杂交育成。

【审/认定】1996 年通过山东省农作物品种审定委员会审定，审定编号：鲁种审字第 0200 号。

【特征特性】半冬性，抗寒性中等；大穗型品种，分蘖成穗率较低；熟期比鲁麦 14 晚 2 天；穗纺锤形，穗大粒多，穗粒数 40 粒左右，千粒重 47.8 克；长芒、白壳、白粒；株高 87 厘米，旗叶挺直，株型紧凑，秆硬抗倒，增产潜力较大；经抗性接种鉴定，对条锈病、叶锈病主要流行生理小种表现中抗或轻感，对白粉病具有较高的抗性。

【产量表现】参加了全省小麦新品种（系）1993—1995 年高肥甲组区域试验和 1994—1995 年生产试验，两年区域试验平均亩产 477.36 千克，比对照品种鲁麦 14 增产 1.44%，居第一位；生产试验平均亩产 454.32 千克，比对照增产 2.37%。在两年区域试验亩产 500 千克以上的 11 个点次中，平均亩产 525.20 千克，比对照增产 4.14%，具有亩产 500~600 千克的产量潜力。

【种植应用】适宜鲁中、鲁南地区亩产 500 千克以上的高产地块推广种植。1996—2006 年全国累计推广种植面积 2 583 万亩，其中 1997 年种植面积达 729.7 万亩，1998 年种植 366 万亩。

【获奖情况】1999 年获山东省科技进步一等奖。

3. 济南 16［原代号（名称）：54368］

【育成者】山东省农业科学院作物研究所。

【亲本组合】利用受显性单基因控制的太谷核不育小麦作母本与辐 63 杂交，再与 775-1 复合杂交，F_1 代分离出的可育株中选优良单株，系谱选育而成。

【审/认定】1998 年通过山东省农作物品种审定委员会审定，审定编号：鲁种审字第 0253 号。

【特征特性】半冬性；幼苗半匍匐，分蘖力强，成穗率高；旗叶上冲，倒 2 叶偏大；株高 80 厘米左右；穗长方形，长芒、白壳、白粒、粉质，穗粒数 35 粒左右，千粒重 38.9 克，容重 759.1 克/升；感条锈病和白粉病，中抗叶锈病。抗干热风，落黄好，熟期中熟偏晚。

【产量表现】1995—1996 年在全省小麦高肥组预备试验中，平均亩产 462.83 千克，比对照品种鲁麦 14 减产 3.47%；1996—1997 年区域试验，平均亩产 556.2 千克，比对照品种鲁麦 14 增产 7.8%，居第一位。

【种植应用】适宜全省中高肥水条件下推广利用。1997 年度省内示范种植面积 440.9 万亩。1993—2006 年山东省累计种植面积达 4 350.31 万亩，其中 1998 年和 1999 年的种植面积分别为 1 027.2 万亩和 1 151.6 万亩。

【获奖情况】2000 年获山东省科技进步一等奖。

4. 鲁麦 23 ［原代号（名称）：滨洲 89-2］

【育成者】胜利油田滨南马坊农场。

【亲本组合】从鲁麦 8 号/高赖小麦后代选育而成。

【审/认定】1996 年通过山东省农作物品种审定委员会审定，审定编号：鲁种审字第 0201 号。

【特征特性】冬性，抗寒性能强；熟期比鲁麦 14 晚 2 天；幼苗匍匐，叶色墨绿，叶片大小适中，株型紧凑；株高 88 厘米，株硬抗倒伏；大穗型品种，分蘖成穗率低；穗纺锤形，穗大粒多，穗粒数 44 粒左右；长芒、白壳，下部芒较短而弯曲，白粒，千粒重 46.5 克；经抗性接种鉴定，对条锈病、叶锈病主要流行生理小种中感，对白粉病中抗。

【产量表现】参加了山东省小麦新品种（系）1993—1995 年高肥甲组区域试验和 1994—1995 年生产试验，两年区域试验平均亩产 466.93 千克，产量相当于对照品种鲁麦 14；在两年区域试验亩产 500 千克以上的 11 个点次中，平均亩产 521.80 千克，比对照品种增产 3.46%；生产试验平均亩产 461.17 千克，比对照品种鲁麦 14 增产 3.91%。具有亩产 500~600 千克的产量潜力。

【种植应用】适宜鲁北、鲁西北地区亩产 500 千克以上的高产地块推广种植。1995—2008 年全国累计种植面积 4 586.19 万亩；1995—2005 年山东省夏收累计种植面积 4 247.19 万亩。

（八）第八次品种更新：20世纪末、21世纪初

1. 烟农19 [原代号（名称）：烟优361]

【育成者】烟台市农业科学研究院。

【亲本组合】以烟1933为母本，陕82-29为父本杂交系统选育而成。

【审/认定】2001年通过山东省农作物品种审定委员会审定，审定编号：鲁农审字 [2001] 001号。

【特征特性】冬性；中晚熟，生育期245天；幼苗半匍匐，叶片深黄绿色，株型较紧凑；分蘖力强，成穗率中等；株高84.1厘米，抗倒性一般；穗纺锤形，长芒、白壳、白粒、硬质；穗粒数40粒左右，千粒重36.4克，容重766.0克/升；经抗病性鉴定，中感条锈、叶锈病，高感白粉病。

【品质表现】1999—2000年生产试验取样测试，品质优良，粗蛋白质含量15.1%，湿面筋含量33.5%，沉降值40.2毫升，吸水率57.24%，稳定时间13.5分钟，断裂时间14.2分钟，公差指数19B.U，弱化度24B.U，评价值61；面包烘烤品质：重量160克，百克面包体积825厘米^3，烘烤评分88.8。品质达到强筋品种标准。

【产量表现】在1997—1999年全省小麦高肥乙组区域试验中，两年平均亩产483.6千克，比对照品种鲁麦14减产0.3%；1999—2000年生产试验平均亩产497.4千克，比对照品种鲁麦14增产1.3%。

【种植应用】适宜全省亩产400～500千克地块作为强筋专用小麦品种推广种植。山东省2001—2008年累计推广5 146万亩。2001—2003年被农业部和山东省作为优质专用小麦品种重点推广种植；2002—2004被列入国家黄淮冬麦区优质组展示品种。

【获奖情况】2004年获山东省科技进步一等奖；2007年获国家科技进步二等奖。

【栽培要点】适宜播种的高肥水地块，一般每亩基本苗7万～8万；中等肥力地块，一般每亩基本苗12万～14万。对群体过大地

块，春季肥水管理适当推迟，以防倒伏。

2. 济麦 19［原代号（名称）：935031］

【育成者】山东省农业科学院作物研究所。

【亲本组合】以鲁麦 13 为母本，临汾 5064 为父本杂交系统选育而成。

【审/认定】2001 年通过山东省农作物品种审定委员会审定，审定编号：鲁农审字［2001］002 号。

【特征特性】冬性；生育期 244 天；幼苗半匍匐，叶片浓绿色，株型较紧凑，分蘖力强，成穗率较高；旗叶短宽挺立，粒叶比高；株高 82.9 厘米，抗倒性一般；穗长方形，长芒、白壳、白粒、硬质，穗粒数 35 粒左右，千粒重 39.4 克，容重 764.6 克/升；抗病性鉴定结果：高感条锈病，中感叶锈病，高抗白粉病。

【品质表现】1999—2000 年生产试验取样测试品种，粗蛋白质含量 13.69%，湿面筋含量 31.2%，沉降值 32.8 毫升，吸水率 59.34%，稳定时间 3.9 分钟，断裂时间 5.8 分钟，公差指数 44B.U，弱化度 62B.U，评价值 52。做面条品质评分 81.5 分。

【产量表现】在 1997—1999 年在全省小麦高肥乙组区域试验中，两年平均亩产 512.7 千克，比对照品种鲁麦 14 增产 5.7%，居第一位；1999—2000 年生产试验平均亩产 508.6 千克，比对照品种鲁麦 14 增产 7.5%，居第一位。

【种植应用】适宜全省亩产 400～500 千克地块推广种植。1999—2008 年全国累计种植面积 6 132 万亩，2002 年山东省夏收面积 1 212 万亩。

【获奖情况】2003 年获山东省科技进步一等奖；2005 年获国家科技进步二等奖。

【栽培要点】适期播种的高肥水地块，一般每亩基本苗 10 万左右；中等肥力地块，一般每亩基本苗 15 万左右。对群体过大地块，春季肥水管理适当推迟，以防倒伏。

3. 济麦 20［原代号（名称）：955159］

【育成者】山东省农业科学院作物研究所。

【亲本组合】鲁麦 14 为母本，鲁 884187 为父本有性杂交，系统选育而成。

【审/认定】2003 年通过山东省农作物品种审定委员会审定，审定编号：鲁农审字〔2003〕029 号。2004 年通过国家农作物品种审定委员会审定。

【特征特性】冬性；生育期 237 天，熟相中等；幼苗半直立，苗色深绿，叶片较窄、上冲，叶耳紫色，旗叶中长、挺直，节片较窄，抽穗后茎、叶、穗蜡质较重；株高 76.8 厘米，株型紧凑；分蘖力强，成穗率高，亩最大分蘖数 102.7 万，亩有效穗数 44.0 万，成穗率 42.8%；穗粒数 33 粒，千粒重 38.6 克，容重 781.1 克/升；穗层整齐，穗纺锤形，长芒、白壳、白粒，籽粒饱满度较好，硬质；抗倒伏性中等；2002 年中国农业科学院植物保护研究所抗性鉴定结果：中感条锈病，高抗叶锈，感白粉病。

【品质表现】2002—2003 年生产试验统一取样，经农业部谷物品质监督检验测试中心（哈尔滨）测试：粗蛋白质含量 13.23%，湿面筋含量 29.3%，沉降值 37.1 毫升，面粉白度 94.88，吸水率 58.4%，形成时间 8.0 分钟，稳定时间 14.9 分钟，软化度 30FU。

【产量表现】2000—2002 年山东省小麦高肥乙组区域试验中，两年平均亩产 507.05 千克，比对照品种鲁麦 14 减产 0.78%；2002—2003 年山东省小麦高肥组生产试验中，平均亩产 513.37 千克，比对照品种鲁麦 14 增产 8.69%；2001 年 6 月山东省菏泽市种植 20 亩，实打亩产 606.89 千克。

【种植应用】适宜全省中高肥水条件下推广种植。2002—2008 年全国累计种植面积 7 152 万亩，其中，山东省累计种植面积 5 549万亩；2005—2008 年山东省连续 4 年种植面积均在 1 000 万亩以上，其中，2007 年种植面积最大，为 1 570 万亩。

【获奖情况】2007 年获山东省科技进步一等奖；2009 年获国家科技进步二等奖。

【栽培要点】施足基肥，适宜播种期 10 月上旬，亩基本苗 10 万左右。施足基肥，浇好灌浆水，及时防治病虫害。

4. 潍麦 8 号［原代号（名称）：潍 62036］

【育成者】潍坊市农业科学院。

【亲本组合】88-3149 为母本，Aus621108 为父本有性杂交，系统选育而成。

【审/认定】2003 年通过山东省农作物品种审定委员会审定，审定编号：鲁农审字［2003］028 号。

【特征特性】冬性；生育期 238 天；幼苗半直立，根系发达，叶色浓绿，叶片上冲，株型紧凑，冠层结构合理，通风透光性好，绿叶功能期长；分蘖力较强，成穗率较低，亩最大分蘖数 107.5 万，亩有效穗数 27.0 万，成穗率 25.1%；株高 84.5 厘米，穗粒数 43 粒，千粒重 48.7 克，容重 780.2 克/升；穗长方形、长芒、白壳、白粒，籽粒饱满度较好，半硬质；茎秆粗壮，抗倒伏；高产潜力大，稳产性好；熟相好，活秆成熟，抗干热风，落黄好；中抗条锈病、叶锈病，高抗白粉病。

【品质表现】2002—2003 年生产试验统一取样，经农业部谷物品质监督检验测试中心（哈尔滨）测试：粗蛋白质含量 15.34%，湿面筋含量 33.0%，沉降值 34.1 毫升，面粉白度 94.9，吸水率 58.3%，形成时间 3.7 分钟，稳定时间 3.5 分钟，软化度 109FU。

【产量表现】该品种 2000—2002 年参加了山东省小麦高肥甲组区域试验，两年平均亩产 535.46 千克，比对照品种鲁麦 14 增产 6.57%；2002—2003 年参加了山东省小麦高肥组生产试验，平均亩产 531.28 千克，比对照品种鲁麦 14 增产 12.48%。

【种植应用】适宜全省高肥水条件下推广种植。2002—2008 年累计种植面积 1 864 万亩，其中，2005 年、2006 年种植面积均超过 400 万亩。

【获奖情况】2008 年获山东省科技进步二等奖。

【栽培要点】选择土壤肥沃，高肥水地块种植。施足基肥，适宜播种期 9 月 25 日至 10 月 10 日，亩基本苗 15 万～18 万。春季肥水管理宜早，促多穗，防贪青晚熟。及时防治病虫害。

5. 泰山 23 [原代号（名称）：泰山 008]

【育成者】泰安市农业科学院。

【亲本组合】以 881414 为母本，876161 为父本有性杂交，系统选育而成。

【审/认定】2004 年通过山东省农作物品种审定委员会审定，审定编号：鲁农审字 [2004] 023 号。

【特征特性】半冬性；生育期 240 天，熟相较好；幼苗半直立；株高 74.6 厘米，株型紧凑，叶片上冲，抗倒伏；亩最大分蘖数 101.6 万，亩有效穗数 41.2 万，分蘖力较强，成穗率高；穗粒数 32.5 粒，千粒重 45.7 克，容重 762.3 克/升；穗纺锤形，长芒、白壳、白粒，籽粒较饱满，半硬质；高抗条锈病，高感叶锈病、白粉病，中感纹枯病。

【品质表现】2003—2004 年生产试验统一取样，经农业部谷物品质监督检验测试中心（哈尔滨）测试：粗蛋白质含量 14.47%，湿面筋含量 33.6%，出粉率 71.9%，沉降值 31.7 毫升，面粉白度 94.98，吸水率 54.8%，形成时间 3.2 分钟，稳定时间 2.0 分钟，软化度 150FU。

【产量表现】2002—2004 年参加了山东省小麦高肥乙组区域试验，两年平均亩产 538.14 千克，比对照品种鲁麦 14 增产 11.38%；2003—2004 年进行生产试验，平均亩产 506.23 千克，比对照品种鲁麦 14 增产 8.41%。

【种植应用】适宜全省中高肥水地块推广种植。2004—2008 年在山东省累计植株面积 749 万亩，其中 2007 年种植面积最大，种植面积达 322 万亩。

【栽培要点】适宜播种期 10 月 1—10 日，每亩基本苗 8 万～10 万，晚播应适当增加播种量。注意防治蚜虫，及时收获。

6. 淄麦 12

【育成者】淄博市农业科学研究所。

【亲本组合】以 917065 为母本，910292 为父本杂交选育而成。

【审/认定】2001 年通过山东省农作物品种审定委员会审定，

审定编号：鲁农审字〔2001〕030 号。

【特征特性】冬性；生育期 243 天；幼苗半匍匐，株高 82.4 厘米，株型较紧凑，抗倒伏；分蘖力较强，成穗率高；有效穗数32.3 万，分蘖成穗率 28.7%，穗长方形，长芒、白壳、白粒、硬质；穗粒数 41 粒，千粒重 42.9 克，籽粒较饱满；经抗病性接种鉴定，高感条锈病，中感叶锈病，高感白粉病，有黑胚现象；熟相中等。

【品质表现】2001 年省种子站统一在生产试验点取样，经农业部谷物品质监督检验测试中心测试：容重 798 克/升，水分 11.0%，粗蛋白质含量 14.46%，白度 75.6%，湿面筋含量 33.0%，干面筋含量 11.0%，沉降值 49.0 毫升，吸水率 61.8%，形成时间 6.0分钟，稳定时间 12.0 分钟，断裂时间 14.0 分钟，软化度 45B.U，评价值 66。加工品质：面包重量 154 克，面包体积 900 厘米^3，面包评分 95.5。属优质强筋专用小麦品种。

【产量表现】1998—2000 年参加了山东省小麦高肥甲组区域试验，两年平均亩产 533.45 千克，比对照品种鲁麦 14 增产 2.43%；2000—2001 年生产试验，平均亩产 541.18 千克，比对照品种鲁麦14 增产 7.21%。

【种植应用】适宜全省高肥水条件下作为强筋专用小麦品种推广利用。2000—2008 年山东省累计推广种植面积 2 204 万亩，其中2002 年种植面积最大，面积 478 万亩。

【获奖情况】2005 年获山东省科技进步三等奖。

【栽培要点】培肥地力，足墒播种。适宜播种期为 10 月上旬，每亩基本苗 15 万左右，生长期间注意防治病虫害。

7. 临麦 2 号

【育成者】临沂市农业科学研究所。

【亲本组合】以鲁麦 23 为母本，临 90-15 为父本有性杂交，系统选育而成。

【审/认定】2004 年通过山东省农作物品种审定委员会审定，审定编号：鲁农审字〔2004〕021 号。

【特征特性】半冬性；生育期 241 天，熟相中等；幼苗半直立，群体生长稳健，丰产性突出；株高 78.6 厘米，株型紧凑，茎秆粗壮，抗倒伏，叶色中绿；亩最大分蘖数 97.1 万，亩有效穗数 35.5 万，分蘖成穗率中等；穗粒数 43.8 粒，千粒重 44.2 克，容重 769.3 克/升；穗棍棒形，长芒、白壳、白粒，籽粒饱满度较好，半硬质，有黑胚现象；中感条锈病，中感至高感叶锈病，感白粉病和纹枯病。

【品质表现】2003—2004 年生产试验统一取样，经农业部谷物品质监督检验测试中心（哈尔滨）测试：粗蛋白质含量 14.14%，湿面筋含量 32.0%，出粉率 70%，沉降值 20.3 毫升，面粉白度 94.7，吸水率 57.1%，形成时间 2.0 分钟，稳定时间 0.8 分钟，软化度 248FU。

【产量表现】该品种 2002—2004 年参加了山东省小麦高肥甲组区域试验，两年平均亩产 549.93 千克，比对照品种鲁麦 14 增产 12.38%；2003—2004 年进行生产试验，平均亩产 510.11 千克，比对照品种鲁麦 14 增产 9.24%。

【种植应用】适宜全省高肥水地块推广种植。2004—2008 年累计推广面积 474 万亩，其中，2008 年种植面积达 161 万亩。

【栽培要点】适宜播种期 10 月 5—10 日，每亩基本苗 14 万～16 万。及时防治病虫害。适时收获。

8. 烟农 21 [原代号（名称）：烟 96266]

【育成者】烟台市农业科学院。

【亲本组合】烟 1933 为母本，陕 82-29 为父本杂交，系统选育而成。

【审/认定】2002 年通过山东省农作物品种审定委员会审定，审定编号：鲁农审字 [2002] 023 号。2004 年通过国家农作物品种审定委员会审定。

【特征特性】冬性；生育期 239 天；幼苗半匍匐，叶片长、宽，叶灰绿色，成株期茎叶颜色灰绿，叶片无茸毛，茎叶蜡质多；株高 72 厘米，株型较紧凑，抗倒伏性中等，分蘖成穗率中等；亩最大分蘖数 92.7 万，亩有效穗数 40.4 万，成穗率 41%；穗长方形，长芒、白壳、白粒，硬质，籽粒饱满度好；穗粒数 31 粒，千粒重 40.1 克，容重 780.4 克/升；抗旱性强；成熟期秆色黄，熟相较好；中抗条锈病、叶锈病、轻感白粉病。

【品质表现】粗蛋白质含量 13.51%，湿面筋含量 31.7%，干面筋含量 10.5%，沉降值 37.9 毫升。吸水率 63.28%，形成时间 2.5 分钟，稳定时间 4.4 分钟。

【产量表现】1999—2001 年参加了山东省小麦旱地组区域试验，两年平均亩产 380.64 千克，比对照品种鲁麦 21 增产 3.14%；2001—2002 年山东省小麦旱地生产试验平均亩产 442.3 千克，比对照品种鲁麦 21 增产 6.8%；2002—2004 年国家黄淮冬麦区旱地组区域试验，比对照品种晋麦 47 增产 5.6%，平均 343.6 千克/亩；2003—2004 年黄淮冬麦区旱地生产试验，比对照品种增产 7.5%，平均 356.8 千克/亩。

【种植应用】适宜全省旱肥地条件下推广利用。2003、2004 和 2005 年在山东省种植面积分别为 1.5 万亩、2.28 万亩和 9.4 万亩；2003—2008 年在山东、安徽及江苏累计推广种植面积 570 万亩。

【栽培要点】施足基肥，适宜播种期为 9 月 25 日至 10 月 5 日，亩基本苗 15 万左右；及时防治病虫害。

（九）第九次品种更新：20 世纪末、21 世纪初

1. 济麦 22〔原代号（名称）：984121〕

【育成者】山东省农业科学院作物研究所。

【亲本组合】935024/935106，系统选育。

【审/认定】2006 年通过山东省农作物品种审定委员会审定，审定编号：鲁农审 2006050 号。2007 年通过国家农作物品种审定委员会审定。

详情见骨干品种介绍。

2. 良星 99

【育成者】山东省良星种业有限公司。

【亲本组合】91102/鲁麦 14//PH85-16，系统选育。

【审/认定】2006 年通过山东省农作物品种审定委员会审定，审定编号：鲁农审 2006049 号。

详情见骨干品种介绍。

3. 鲁原 502

【育成者】山东省农业科学院原子能农业应用研究所、中国农业科学院作物科学研究所。

【亲本组合】以 9940168 为母本，济麦 19 为父本杂交，系统选育而成。

【审/认定】2012 年通过山东省农作物品种审定委员会审定，审定编号：鲁农审 2012048 号。

详情见骨干品种介绍。

4. 泰农 18

【育成者】泰安市泰山区瑞丰作物育种研究所、山东农业大学农学院。

【亲本组合】以莱州 137 为母本，烟 369-7 为父本杂交，系统选育而成。

【审/认定】2008 年通过山东省农作物品种审定委员会审定，审定编号：鲁农审 2008056 号。

详情见骨干品种介绍。

5. 临麦 4 号

【育成者】临沂市农业科学院。

【亲本组合】鲁麦 23/临 9015，系统选育。

【审/认定】2006 年通过山东省农作物品种审定委员会审定，审定编号：鲁农审 2006046 号。

详情见骨干品种介绍。

6. 山农 28

【育成者】山东农业大学、淄博禾丰种子有限公司。

【亲本组合】以济麦 22 为母本，6125 为父本杂交，系统选育而成。

【审/认定】2014 年通过山东省农作物品种审定委员会审定，

审定编号：鲁农审 2014036 号。

详情见骨干品种介绍。

7. 烟农 999

【育成者】烟台市农业科学研究院。

【亲本组合】以（烟航选 2 号/临 9511）F_1 为母本，烟 BLU14-15 为父本杂交，系统选育而成。

【审/认定】2011 年通过山东省农作物品种审定委员会审定，审定编号：鲁农审 2011032 号。

详情见骨干品种介绍。

8. 洲元 9369

【育成者】山东洲元种业股份有限公司。

【亲本组合】PH82-2-2 为母本，866-34 为父本杂交，系统选育而成。

【审/认定】2007 年通过山东省农作物品种审定委员会审定，审定编号：鲁农审 2007040 号。

【特征特性】半冬性；幼苗半匍匐；比潍麦 8 号早熟 1 天；株高 72.4 厘米，株型紧凑，叶片上举，较抗倒伏，熟相好；亩最大分蘖数 95.1 万，亩有效穗数 35.7 万，分蘖成穗率 37.5%，分蘖成穗率中等；穗长方形，穗粒数 48.3 粒，千粒重 35.4 克，容重 799.6 克/升；长芒、白壳、白粒，籽粒饱满、硬质；经中国农业科学院植物保护研究所抗病性鉴定结果：中抗条锈病、白粉病、赤霉病和纹枯病，高感秆锈病。

【品质表现】2006—2007 年生产试验统一取样，经农业部谷物品质监督检验测试中心（泰安）测试：籽粒蛋白质含量 14.9%，湿面筋含量 32.5%，沉淀值 34.4 毫升，吸水率 64.1%，稳定时间 8.6 分钟，面粉白度 75.1，主要品质指标达到强筋专用标准。

【产量表现】该品种参加了 2004—2006 年山东省小麦品种高肥组区域试验，两年平均亩产 544.20 千克，比对照品种潍麦 8 号增产 0.54%；2006—2007 年高肥组生产试验，平均亩产 548.75 千克，比对照品种潍麦 8 号增产 4.84%。

【种植应用】适宜全省高肥水地块作为强筋专用小麦品种种植利用。2008 年秋播面积 58 万亩。

【栽培要点】适宜播种期 10 月 5—15 日，适宜播种量每亩基本苗 8 万～12 万。

9. 青麦 6 号［原代号（名称）：莱农 0301］

【育成者】青岛农业大学（原莱阳农学院）。

【亲本组合】莱州 137 为母本，978009 为父本杂交，系统选育而成。

【审/认定】2007 年通过山东省农作物品种审定委员会审定，审定编号：鲁农审 2007046 号。

【特征特性】半冬性；幼苗半匍匐；生育期 233 天，比鲁麦 21 早熟 1 天；株高 76.1 厘米，株型较紧凑，较抗倒伏，熟相好；亩最大分蘖 89.5 万，亩有效穗 36.5 万，分蘖成穗率 40.7%，分蘖成穗率较高；穗粒数 35.5 粒，千粒重 39.8 克，容重 796.7 克/升；穗长方形，长芒、白壳、白粒，硬质，籽粒饱满。经中国农业科学院植物保护研究所抗病性鉴定结果：中抗白粉病，中感纹枯病和秆锈病，高感条锈病和赤霉病。经鉴定抗旱性较好。

【品质表现】2006—2007 年生产试验统一取样，经农业部谷物品质监督检验测试中心（泰安）测试：籽粒蛋白质含量 12.7%，湿面筋含量 28.7%，沉淀值 23.7 毫升，吸水率 60.2%，稳定时间 6.3 分钟，面粉白度 72.6。

【产量表现】该品种参加了 2005—2007 年山东省小麦品种旱地组区域试验，两年平均亩产 427.93 千克，比对照品种鲁麦 21 增产 6.81%；2006—2007 年旱地组生产试验，平均亩产 396.46 千克，比对照品种鲁麦 21 增产 6.53%。

【种植应用】适宜全省旱肥地块种植利用。

【栽培要点】适宜播种期 10 月上旬，适宜播种量每亩基本苗 15 万。

10. 山农 25

【育成者】山东农业大学。

【亲本组合】以 J1697 为母本，烟农 19 为父本杂交，系统选育而成。

【审/认定】2014 年通过山东省农作物品种审定委员会审定，审定编号：鲁农审 2014040 号。

详情见骨干品种介绍。

三、近年来审定品种

(一) 2018 年审定品种

1. 泰科麦 33

【育成者】泰安市农业科学研究院。

【亲本组合】郑麦 366 与淮阴 9908 杂交后选育而成。

【审/认定】2018 年通过山东省农作物品种审定委员会审定，审定编号：鲁审麦 20180001。

详情见骨干品种介绍。

2. 鑫瑞麦 29

【育成者】济南鑫瑞种业科技有限公司。

【亲本组合】良星 99 与烟 5072 杂交后选育而成。

【审/认定】2018 年通过山东省农作物品种审定委员会审定，审定编号：鲁审麦 20180002。

【特征特性】冬性，幼苗半直立。株型半紧凑，叶色深绿，旗叶宽挺，抗倒伏性较好，熟相好。两年区域试验结果平均：生育期 235 天，与对照品种济麦 22 熟期相当；株高 76.7 厘米，亩最大分蘖数 98.4 万，亩有效穗数 44.6 万，分蘖成穗率 46.6%；穗粒数 36.1 粒，千粒重 43.7 克，容重 797.2 克/升；穗长方形，长芒、白壳、白粒，籽粒硬质。中国农业科学院植物保护研究所接种抗病鉴定结果：中抗叶锈病，中感白粉病，高感条锈病、纹枯病和赤霉病。越冬抗寒性好。

【品质表现】2015 年、2016 年区域试验统一取样，农业部谷物品质监督检验测试中心（泰安）测试结果平均：籽粒蛋白质含量 12.7%，湿面筋含量 32.7%，沉淀值 28.2 毫升，吸水率 63.8%，稳定时间 4.4 分钟，面粉白度 73.6。

【产量表现】在 2014—2016 年山东省小麦品种高肥组区域试验中，两年平均亩产 602.7 千克，比对照品种济麦 22 增产 5.1%；在 2016—2017 年高产组生产试验中，平均亩产 591.4 千克，比对照品种济麦 22 增产 3.0%。

【种植应用】适宜全省高肥水地块种植利用。

【栽培要点】适宜播种期为 10 月 1—10 日，每亩基本苗 15 万左右。注意防治条锈病、纹枯病和赤霉病。其他管理措施同一般大田。

3. 淄麦 29

【育成者】淄博市农业科学研究院。

【亲本组合】泰农 18 与烟 5072 杂交后选育而成。

【审/认定】2018 年通过山东省农作物品种审定委员会审定，审定编号：鲁审麦 20180003。

【特征特性】半冬性，越冬抗寒性好；幼苗半直立，株型松散，叶色深绿，旗叶上冲，抗倒伏性一般，熟相好；生育期 235 天，与对照品种济麦 22 熟期相当；株高 82.3 厘米，亩最大分蘖数 114.5 万，亩有效穗数 45.7 万，分蘖成穗率 40.4%；穗粒数 39.1 粒，千粒重 37.8 克，容重 781.8 克/升；穗纺锤形，长芒、白壳、白粒、籽粒半硬质。中国农业科学院植物保护研究所接种抗病鉴定结果：高感条锈病、叶锈病、白粉病、纹枯病和赤霉病。

【品质表现】2015 年、2016 年区域试验统一取样，农业部谷物品质监督检验测试中心（泰安）测试结果平均：籽粒蛋白质含量 11.7%，湿面筋含量 27.3%，沉淀值 26.1 毫升，吸水率 58.6%，稳定时间 6.8 分钟，面粉白度 75.3。

【产量表现】在 2014—2016 年山东省小麦品种高肥组区域试验中，两年平均亩产 605.2 千克，比对照品种济麦 22 增产 4.2%；2016—2017 年高产组生产试验，平均亩产 608.0 千克，比对照品种济麦 22 增产 5.9%

【种植应用】适宜全省中高肥水地块种植利用。

【栽培要点】适宜播种期为 10 月 1—10 日，每亩基本苗 15 万左右。注意防治条锈病、叶锈病、白粉病、纹枯病和赤霉病，防止倒伏。其他管理措施同一般大田。

4. 烟农 1212

【育成者】烟台市农业科学研究院。

【亲本组合】烟 5072 与石 94-5300 杂交后选育而成。

【审/认定】2018 年通过山东省农作物品种审定委员会审定，审定编号：鲁审麦 20180004。

详情见骨干品种介绍。

5. 泰科麦 31

【育成者】泰安市农业科学研究院。

【亲本组合】泰山 26 与淮麦 20 杂交后选育而成。

【审/认定】2018 年通过山东省农作物品种审定委员会审定，审定编号：鲁审麦 20180005。

【特征特性】半冬性，越冬抗寒性好；幼苗半直立，株型半紧凑，叶色深绿，旗叶上冲，抗倒伏性一般，熟相较好；生育期比对照品种济麦 22 早熟 1 天；株高 79.9 厘米，亩最大分蘖数 100.2 万，亩有效穗数 42.9 万，分蘖成穗率 43.5%；穗粒数 39.0 粒，千粒重 42.1 克，容重 802.6 克/升；穗纺锤形，长芒、白壳、白粒，籽粒硬质。中国农业科学院植物保护研究所接种抗病鉴定结果：条锈病免疫，高抗白粉病，高感叶锈病、纹枯病和赤霉病。

【品质表现】2015 年、2016 年区域试验统一取样，农业部谷物品质监督检验测试中心（泰安）测试结果平均：籽粒蛋白质含量 12.7%，湿面筋含量 28.2%，沉淀值 28.2 毫升，吸水率 58.0%，稳定时间 3.6 分钟，面粉白度 78.1。

【产量表现】在 2014—2016 年山东省小麦品种高肥组区域试验中，两年平均亩产 605.1 千克，比对照品种济麦 22 增产 4.1%；在 2016—2017 年高产组生产试验中，平均亩产 590.1 千克，比对照品种济麦 22 增产 2.7%。

【种植应用】适宜全省中高肥水地块种植利用。

【栽培要点】适宜播种期为 10 月 5—15 日，每亩基本苗 15 万左右。注意防治叶锈病、纹枯病和赤霉病，防止倒伏。其他管理措施同一般大田。

6. 良星 68

【育成者】山东良星种业有限公司。

【亲本组合】良星 872 与良星 99 杂交后选育而成。

【审/认定】2018 年通过山东省农作物品种审定委员会审定，审定编号：鲁审麦 20180006。

【特征特性】半冬性，越冬抗寒性好；幼苗半匍匐，株型紧凑，叶色深绿，叶片上冲，抗倒伏性中等，熟相好；生育期 235 天，与对照品种济麦 22 熟期相当；株高 80.4 厘米，亩最大分蘖数 103.9 万，亩有效穗数 44.9 万，分蘖成穗率 44.1%；穗粒数 36.6 粒，千粒重 43.1 克，容重 798.3 克/升；穗纺锤形，长芒、白壳、白粒，籽粒硬质。中国农业科学院植物保护研究所接种抗病鉴定结果：高抗白粉病，中感条锈病和叶锈病，高感纹枯病和赤霉病。

【品质表现】2015 年、2016 年区域试验统一取样，农业部谷物品质监督检验测试中心（泰安）测试结果平均：籽粒蛋白质含量 13.6%，湿面筋含量 34.1%，沉淀值 28.1 毫升，吸水率 63.7%，稳定时间 3.3 分钟，面粉白度 73.3。

【产量表现】在 2014—2016 年山东省小麦品种高肥组区域试验中，两年平均亩产 604.3 千克，比对照品种济麦 22 增产 3.8%；在 2016—2017 年高产组生产试验中，平均亩产 598.3 千克，比对照品种济麦 22 增产 4.2%。

【种植应用】适宜全省高肥水地块种植利用。

【栽培要点】适宜播种期为 10 月 5—15 日，每亩基本苗 18 万左右。注意防治纹枯病和赤霉病。其他管理措施同一般大田。

7. 裕田麦 119

【育成者】滨州泰裕麦业有限公司。

【亲本组合】矮败与烟 2070 杂交后选育而成。

【审/认定】2018 年通过山东省农作物品种审定委员会审定，

审定编号：鲁审麦 20180007。

【特征特性】半冬性，越冬抗寒性好；幼苗半直立，株型半紧凑，叶色深绿，旗叶上冲，抗倒伏性一般，熟相较好；生育期 235 天，与对照品种济麦 22 熟期相当；株高 81.2 厘米，亩最大分蘖数 106.1 万，亩有效穗数 41.7 万，分蘖成穗率 43.6%；穗粒数 37.6 粒，千粒重 39.6 克，容重 794.4 克/升；穗纺锤形，长芒、白壳、白粒，籽粒硬质。中国农业科学院植物保护研究所接种抗病鉴定结果：高抗条锈病，中感白粉病和赤霉病，高感叶锈病和纹枯病。

【品质表现】2015 年、2016 年区域试验统一取样，农业部谷物品质监督检验测试中心（泰安）测试结果平均：籽粒蛋白质含量 12.7%，湿面筋含量 30.6%，沉淀值 30.7 毫升，吸水率 64.3%，稳定时间 11.3 分钟，面粉白度 75.5。

【产量表现】在 2014—2016 年山东省小麦品种高肥组区域试验中，两年平均亩产 592.1 千克，比对照品种济麦 22 增产 3.4%；在 2016—2017 年高产组生产试验中，平均亩产 596.2 千克，比对照品种济麦 22 增产 3.8%。

【种植应用】适宜全省中高肥水地块种植利用。

【栽培要点】适宜播种期为 10 月 1—10 日，每亩基本苗 15 万左右。注意防治叶锈病和纹枯病，防止倒伏。其他管理措施同一般大田。

8. 淄麦 28

【育成者】淄博市农业科学研究院。

【亲本组合】泰农 18 与菏麦 9735 杂交后选育而成。

【审/认定】2018 年通过山东省农作物品种审定委员会审定，审定编号：鲁审麦 20180008。

【特征特性】半冬性，越冬抗寒性好；幼苗半直立，株型半紧凑，叶色深绿，旗叶上冲，抗倒伏性一般，熟相好；生育期 235 天，与对照品种济麦 22 熟期相当；株高 78.0 厘米，亩最大分蘖数 98.0 万，亩有效穗数 41.7 万，分蘖成穗率 43.6%；穗粒数 40.3 粒，千粒重 39.6 克，容重 787.9 克/升；穗纺锤形，长芒、白壳、白粒，籽粒硬质。中国农业科学院植物保护研究所接种抗病鉴定结果：中感白粉病，高感条锈病、叶锈病、纹枯病和赤霉病。

【品质表现】2015 年、2016 年区域试验统一取样，农业部谷物品质监督检验测试中心（泰安）测试结果平均：籽粒蛋白质含量 13.1%，湿面筋含量 31.8%，沉淀值 35.2 毫升，吸水率 62.8%，稳定时间 10.4 分钟，面粉白度 75.9。

【产量表现】在 2014—2016 年山东省小麦品种高肥组区域试验中，两年平均亩产 570.7 千克，比对照品种济麦 22 减产 0.5%；在 2016—2017 年高产组生产试验中，平均亩产 599.5 千克，比对照品种济麦 22 增产 4.4%。

【种植应用】适宜全省中高肥水地块种植利用。

【栽培要点】适宜播种期 10 月 1—10 日，每亩基本苗 15 万左右。注意防治条锈病、叶锈病、纹枯病和赤霉病，防止倒伏。其他管理措施同一般大田。

9. 藁优 5766

【育成者】石家庄市藁城区农业科学研究所、山东圣丰种业科技有限公司。

【亲本组合】030728 与 8901-11-14 杂交后选育而成。

【审/认定】2018 年通过山东省农作物品种审定委员会审定，审定编号：鲁审麦 20180009。

【特征特性】半冬性，越冬抗寒性好；幼苗半匍匐，株型半紧凑，叶色深绿，叶片宽长，抗倒伏性一般，熟相好；生育期比对照品种济麦 22 早熟 2 天；株高 77.5 厘米，亩最大分蘖数 114.6 万，亩有效穗数 42.6 万，分蘖成穗率 37.9%；穗粒数 39.4 粒，千粒重 37.2 克，容重 799.6 克/升；穗长方形、长芒、白壳、白粒，籽粒硬质。经中国农业科学院植物保护研究所接种抗病鉴定结果：中抗条锈病和白粉病，中感叶锈病，高感纹枯病和赤霉病。

【品质表现】2015 年、2016 年区域试验统一取样，农业部谷物品质监督检验测试中心（泰安）测试结果平均：籽粒蛋白质含量 14.8%，湿面筋含量 33.2%，沉淀值 39.6 毫升，吸水率 64.4%，

稳定时间 31.0 分钟，面粉白度 75.0。

【产量表现】在 2014—2016 年山东省小麦品种高肥组区域试验中，两年平均亩产 532.2 千克，比对照品种济麦 22 减产 7.2%；在 2016—2017 年高产组生产试验中，平均亩产 536.7 千克，比对照品种济麦 22 减产 6.5%。

【种植应用】适宜全省中高肥水地块作为强筋专用品种订单生产利用。

【栽培要点】适宜播种期为 10 月 5—15 日，每亩基本苗 15 万左右。注意防治纹枯病和赤霉病，防止倒伏。其他管理措施同一般大田。

10. 徐麦 36

【育成者】江苏徐淮地区徐州农业科学研究所。

【亲本组合】淮麦 18 与矮抗 58 杂交后选育而成。

【审/认定】2018 年通过山东省农作物品种审定委员会审定，审定编号：鲁审麦 20180010。

【特征特性】半冬性，越冬抗寒性好；幼苗半匍匐，株型松散，叶色深绿，叶片中等偏宽，抗倒伏性较好，熟相好；生育期比对照品种济麦 22 早熟 1 天；株高 75.9 厘米，亩最大分蘖数 94.8 万，亩有效穗数 42.5 万，分蘖成穗率 46.1%；穗粒数 38.6 粒，千粒重 40.7 克，容重 791.0 克/升；穗长方形、长芒、白壳、白粒、籽粒粉质；中国农业科学院植物保护研究所接种抗病鉴定结果：高抗条锈病，中感白粉病，高感叶锈病、纹枯病和赤霉病。

【品质表现】2015 年、2016 年区域试验统一取样，农业部谷物品质监督检验测试中心（泰安）测试结果平均：籽粒蛋白质含量 13.7%，湿面筋含量 30.7%，沉淀值 32.1 毫升，吸水率 57.6%，稳定时间 11.0 分钟，面粉白度 80.3。

【产量表现】在 2014—2016 年山东省小麦品种高肥组区域试验中，两年平均亩产 558.6 千克，比对照品种济麦 22 减产 2.5%；在 2016—2017 年高产组生产试验中，平均亩产 577.8 千克，比对照品种济麦 22 增产 0.6%。

【种植应用】适宜全省高肥水地块种植利用。

【栽培要点】适宜播种期为 10 月 5—15 日，每亩基本苗 15 万左右。注意防治叶锈病、纹枯病和赤霉病。其他管理措施同一般大田。

11. 齐民 8 号

【育成者】淄博禾丰种业科技有限公司。

【亲本组合】山农 2149 与矮抗 58 杂交后选育而成。

【审/认定】2018 年通过山东省农作物品种审定委员会审定，审定编号：鲁审麦 20180011。

【特征特性】半冬性，越冬抗寒性较好；幼苗半匍匐，株型松散，叶色深绿，叶片中宽较长，抗倒伏性较好，熟相好；生育期229 天，与对照品种鲁麦 21 熟期相当；株高 70.9 厘米，亩最大分蘖数 96.9 万，亩有效穗数 39.2 万，分蘖成穗率 39.3％；穗粒数34.1 粒，千粒重 41.2 克，容重 795.6 克/升；穗长方形、长芒、白壳、白粒，籽粒硬质。中国农业科学院植物保护研究所接种抗病鉴定结果：条锈病免疫，高感叶锈病、白粉病、纹枯病和赤霉病。

【品质表现】2015 年、2016 年区域试验统一取样，农业部谷物品质监督检验测试中心（泰安）测试结果平均：籽粒蛋白质含量13.9％，湿面筋含量 31.1％，沉淀值 37.5 毫升，吸水率 62.1％，稳定时间 12.5 分钟，面粉白度 75.3。

【产量表现】在 2014—2016 年山东省小麦品种旱地组区域试验中，两年平均亩产 474.8 千克，比对照品种鲁麦 21 增产 6.3％；在 2016—2017 年旱地组生产试验中，平均亩产 487.6 千克，比对照品种鲁麦 21 增产 5.9％。

【种植应用】适宜全省旱肥地种植利用。

【栽培要点】适宜播种期为 10 月 5—15 日，每亩基本苗 15 万左右。注意防治叶锈病、白粉病、纹枯病和赤霉病。其他管理措施同一般大田。

12. 临麦 9 号

【育成者】临沂市农业科学院。

【亲本组合】临 044190 与泰山 23 杂交后选育而成。

【审/认定】2018 年通过山东省农作物品种审定委员会审定，审定编号：鲁审麦 20180012。

详情见骨干品种介绍。

13. 圣麦 102

【审定编号】鲁审麦 20180013。

【育种者】山东圣丰种业科技有限公司。

【品种来源】常规品种，系山农 2149 与良星 619 杂交后选育而成。

【特征特性】半冬性，越冬抗寒性较好；幼苗半匍匐，株型半紧凑，叶色浅绿，旗叶上举；生育期 235 天，熟期与对照济麦 22 相当；抗倒伏性中等，熟相好，株高 79.9 厘米，亩最大分蘖数 94.4 万，亩有效穗数 44.9 万，分蘖成穗率 48.7%；穗粒数 38.5 粒，千粒重 43.8 克，容重 794.6 克/升；穗长方形、长芒、白壳、白粒，籽粒硬质。中国农业科学院植物保护研究所接种抗病鉴定结果：条锈病免疫，中抗叶锈病，高感白粉病、赤霉病和纹枯病。

【品质表现】2016 年、2017 年区域试验统一取样，农业部谷物品质监督检验测试中心（泰安）测试结果平均：籽粒蛋白质含量 13.6%，湿面筋含量 38.6%，沉淀值 31.0 毫升，吸水率 64.0%，稳定时间 3.7 分钟，面粉白度 75.8。

【产量表现】在 2015—2017 年山东省小麦品种高肥组区域试验中，两年平均亩产 613.0 千克，比对照品种济麦 22 增产 5.2%；在 2017—2018 年高产组生产试验中，平均亩产 560.0 千克，比对照品种济麦 22 增产 4.9%。

【种植应用】适宜全省高产地块种植利用。

【栽培要点】适宜播种期为 10 月 5—15 日，每亩基本苗 15 万～20 万。注意防治白粉病、赤霉病和纹枯病。其他管理措施同一般大田。

14. 鑫瑞麦 38

【审定编号】鲁审麦 20180014。

【育种者】济南鑫瑞种业科技有限公司。

【品种来源】常规品种，系良星 99 与泰农 18 杂交后选育而成。

【特征特性】冬性，越冬抗寒性较好；幼苗半匍匐，株型半紧凑，叶色浓绿，旗叶上举；生育期 235 天，熟期与对照济麦 22 相当；抗倒伏性较好，熟相好；株高 81.9 厘米，亩最大分蘖数 91.4 万，亩有效穗数 40.0 万，分蘖成穗率 44.4％；穗粒数 40.4 粒，千粒重 44.2 克，容重 792.8 克/升；穗长方形，长芒、白壳、白粒，籽粒硬质。中国农业科学院植物保护研究所接种抗病鉴定结果：条锈病免疫，高感叶锈病、白粉病、赤霉病和纹枯病。

【品质表现】2016 年、2017 年区域试验统一取样，农业部谷物品质监督检验测试中心（泰安）测试结果平均：籽粒蛋白质含量 12.8％，湿面筋含量 32.1％，沉淀值 31.8 毫升，吸水率 63.4％，稳定时间 5.5 分钟，面粉白度 77.5。

【产量表现】在 2015—2017 年山东省小麦品种高肥组区域试验中，两年平均亩产 613.6 千克，比对照品种济麦 22 增产 4.3％；在 2017—2018 年高产组生产试验中，平均亩产 559.2 千克，比对照品种济麦 22 增产 4.8％。

【种植应用】适宜全省高产地块种植利用。

【栽培要点】适宜播种期为 10 月 1—10 日，每亩基本苗 18 万左右。注意防治叶锈病、白粉病、赤霉病和纹枯病。其他管理措施同一般大田。

15. 菏麦 21

【审定编号】鲁审麦 20180015。

【育种者】山东科源种业有限公司。

【品种来源】常规品种，系矮抗 58 与济麦 19 杂交后选育而成。

【特征特性】半冬性，越冬抗寒性较好；幼苗半匍匐，株型紧凑，叶色浓绿，旗叶上举；生育期 235 天，熟期与对照品种济麦 22 相当；抗倒伏性较好，熟相好；株高 80.9 厘米，亩最大分蘖数 104.3 万，亩有效穗数 45.5 万，分蘖成穗率 44.7％；穗粒数 37.4 粒，千粒重 41.9 克，容重 792.5 克/升；穗长方形，长芒、白壳、白粒，籽粒硬质。中国农业科学院植物保护研究所接种抗病鉴定结果：高抗条锈病，高感叶锈病、白粉病、赤霉病和纹枯病。

【品质表现】2016 年、2017 年区域试验统一取样，农业部谷物品质监督检验测试中心（泰安）测试结果平均：籽粒蛋白质含量 14.0%，湿面筋含量 37.4%，沉淀值 29.0 毫升，吸水率 63.1%，稳定时间 3.1 分钟，面粉白度 74.9。

【产量表现】在 2015—2017 年山东省小麦品种高肥组区域试验中，两年平均亩产 612.6 千克，比对照品种济麦 22 增产 4.2%；在 2017—2018 年高产组生产试验中，平均亩产 553.2 千克，比对照品种济麦 22 增产 3.6%。

【种植应用】适宜全省高产地块种植利用。

【栽培要点】适宜播种期为 10 月 10 日左右，每亩基本苗 20 万左右。注意防治叶锈病、白粉病、赤霉病和纹枯病。其他管理措施同一般大田。

16. 鑫星 169

【审定编号】鲁审麦 20180016。

【育种者】山东鑫星种业有限公司。

【品种来源】常规品种，系（烟农 19/烟农 23）F_1 与临麦 2 号杂交后选育而成。

【特征特性】冬性，越冬抗寒性较好；幼苗半匍匐，株型半紧凑，叶色浓绿，旗叶较小、上举；生育期比对照品种济麦 22 早熟 1 天；抗倒伏性较好，熟相好；株高 81.6 厘米，亩最大分蘖数 95.9 万，亩有效穗数 42.1 万，分蘖成穗率 45.2%；穗粒数 38.5 粒，千粒重 43.9 克，容重 800.0 克/升；穗长方形、长芒、白壳、白粒，籽粒半硬质。中国农业科学院植物保护研究所接种抗病鉴定结果：条锈病免疫，中感叶锈病，高感白粉病、赤霉病和纹枯病。

【品质表现】2016 年、2017 年区域试验统一取样，农业部谷物品质监督检验测试中心（泰安）测试结果平均：籽粒蛋白质含量 12.8%，湿面筋含量 32.1%，沉淀值 30.0 毫升，吸水率 57.9%，

稳定时间 4.8 分钟，面粉白度 80.7。

【产量表现】在 2015—2017 年山东省小麦品种高肥组区域试验中，两年平均亩产 604.5 千克，比对照品种济麦 22 增产 4.1%；在 2017—2018 年高产组生产试验中，平均亩产 551.9 千克，比对照品种济麦 22 增产 3.4%。

【种植应用】适宜全省高产地块种植利用。

【栽培要点】适宜播种期为 10 月 5—15 日，每亩基本苗 15 万～20 万。注意防治白粉病、赤霉病和纹枯病。其他管理措施同一般大田。

17. 山农 36

【审定编号】鲁审麦 20180017。

【育种者】山东农业大学。

【品种来源】常规品种，系从创建的高产优质太谷核不育 Ms2 小麦轮选群体中选择可育株选育而成。

【特征特性】半冬性，越冬抗寒性较好；幼苗半匍匐，株型松散，叶色深绿，叶片上挺；生育期 235 天，熟期与对照品种济麦 22 相当；抗倒伏性较好，熟相好；株高 81.2 厘米，亩最大分蘖数 94.5 万，亩有效穗数 40.9 万，分蘖成穗率 44.2%；穗粒数 41.6 粒，千粒重 41.9 克，容重 787.3 克/升；穗长方形，长芒、白壳、白粒，籽粒硬质。中国农业科学院植物保护研究所接种抗病鉴定结果：中感条锈病，高感叶锈病、白粉病、赤霉病和纹枯病。

【品质表现】2016 年、2017 年区域试验统一取样，农业部谷物品质监督检验测试中心（泰安）测试结果平均：籽粒蛋白质含量 13.5%，湿面筋含量 35.4%，沉淀值 31.0 毫升，吸水率 65.4%，稳定时间 4.2 分钟，面粉白度 74.1。

【产量表现】在 2015—2017 年山东省小麦品种高肥组区域试验中，两年平均亩产 611.6 千克，比对照品种济麦 22 增产 3.9%；在 2017—2018 年高产组生产试验中，平均亩产 557.2 千克，比对照品种济麦 22 增产 4.4%。

【种植应用】适宜全省高产地块种植利用。

【栽培要点】适宜播种期为 10 月 5—15 日，每亩基本苗 18 万左右。注意防治叶锈病、白粉病、赤霉病和纹枯病。其他管理措施同一般大田。

18. 济麦 44

【审定编号】鲁审麦 20180018。

【育种者】山东省农业科学院作物研究所。

【品种来源】常规品种，系 954072 与济南 17 杂交后选育而成。详情见骨干品种介绍。

19. 爱麦 1 号

【审定编号】鲁审麦 20180019。

【育种者】山东爱农种业有限公司。

【品种来源】常规品种，系济麦 22 与 97-6 杂交后选育而成。

【特征特性】冬性，越冬越寒性较好；幼苗半匍匐，株型半紧凑，叶色深绿，旗叶上举；生育期比对照品种济麦 22 早熟 1 天；抗倒伏性较好，熟相好；株高 81.0 厘米，亩最大分蘖数 110.3 万，亩有效穗数 46.9 万，分蘖成穗率 43.6%；穗粒数 37.1 粒，千粒重 39.6 克，容重 788.5 克/升；穗纺锤形、长芒、白壳、白粒，籽粒硬质。中国农业科学院植物保护研究所接种抗病鉴定结果：中感条锈病和赤霉病，高感叶锈病、白粉病和纹枯病。

【品质表现】2016 年、2017 年区域试验统一取样，农业部谷物品质监督检验测试中心（泰安）测试结果平均：籽粒蛋白质含量 13.0%，湿面筋含量 33.0%，沉淀值 35.0 毫升，吸水率 63.9%，稳定时间 7.9 分钟，面粉白度 77.6。

【产量表现】在 2015—2017 年山东省小麦品种高肥组区域试验中，两年平均亩产 602.0 千克，比对照品种济麦 22 增产 2.3%；在 2017—2018 年高产组生产试验中，平均亩产 555.2 千克，比对照品种济麦 22 增产 4.0%。

【种植应用】适宜全省高产地块种植利用。

【栽培要点】适宜播种期为 10 月 1—10 日，每亩基本苗 15 万～18 万。注意防治叶锈病、白粉病和纹枯病。其他管理措施同一般大田。

20. 山农 111

【审定编号】鲁审麦 20180020。

【育种者】山东农业大学。

【品种来源】常规品种，系 93-95-5 与复合多倍体 [四倍体小麦（AABB）与方穗山羊草（DD）杂交，经染色体加倍成六倍体（AABBDD）的后代中选育的高度可育的一种大粒育种材料] 杂交后选育而成。

详情见骨干品种介绍。

21. 齐民 9 号

【审定编号】鲁审麦 20180021。

【育种者】淄博禾丰种业科技有限公司。

【品种来源】常规品种，系 SN5849 与矮抗 58 杂交后选育而成。

【特征特性】半冬性，越冬抗寒性较好；幼苗半匍匐，株型半紧凑，叶色浓绿，叶片窄长；生育期比对照品种鲁麦 21 早熟 1 天；抗倒伏性较好，熟相好；株高 69.2 厘米，亩最大分蘖数 98.2 万，亩有效穗数 39.0 万，分蘖成穗率 39.7%；穗粒数 34.6 粒，千粒重 39.0 克，容重 788.7 克/升；穗长方形、长芒、白壳、白粒，籽粒硬质。中国农业科学院植物保护研究所接种抗病鉴定结果：中感条锈病，高感叶锈病、白粉病、赤霉病和纹枯病。

【品质表现】2016 年、2017 年区域试验统一取样，农业部谷物品质监督检验测试中心（泰安）测试结果平均：籽粒蛋白质含量 13.3%，湿面筋含量 35.6%，沉淀值 30.0 毫升，吸水率 62.4%，稳定时间 4.8 分钟，面粉白度 76.1。

【产量表现】在 2015—2017 年山东省小麦品种旱地组区域试验中，两年平均亩产 464.5 千克，比对照品种鲁麦 21 增产 5.8%；在 2017—2018 年旱地组生产试验中，平均亩产 439.8 千克，比对照品种鲁麦 21 增产 7.1%。

【种植应用】适宜全省旱肥地种植利用。

【栽培要点】适宜播种期为 10 月 1—10 日，每亩基本苗 18 万～
20 万。注意防治叶锈病、白粉病、赤霉病和纹枯病。其他管理措
施同一般大田。

22. 山农 34

【审定编号】鲁审麦 20180022。

【育种者】山东农业大学。

【品种来源】常规品种，系 SN0469 与周麦 18 杂交后选育
而成。

【特征特性】半冬性，越冬抗寒性较好；幼苗半匍匐，株型半
紧凑，叶色浓绿，叶片窄长；生育期比对照品种鲁麦 21 早熟 1 天；
株高 72.3 厘米，亩最大分蘖数 84.5 万，亩有效穗数 35.6 万，分
蘖成穗率 41.4%；穗粒数 34.2 粒，千粒重 44.3 克，容重 773.2
克/升；穗长方形，长芒、白壳、白粒，籽粒硬质；抗倒伏性较好，
熟相好。中国农业科学院植物保护研究所接种抗病鉴定结果：条锈
病免疫，中感叶锈病，高感白粉病、赤霉病和纹枯病。

【品质表现】2016 年、2017 年区域试验统一取样，农业部谷物
品质监督检验测试中心（泰安）测试结果平均：籽粒蛋白质含量
12.8%，湿面筋含量 34.9%，沉淀值 29.0 毫升，吸水率 64.3%，
稳定时间 3.2 分钟，面粉白度 75.3。

【产量表现】在 2015—2017 年山东省小麦品种旱地组区域试验
中，两年平均亩产 462.5 千克，比对照品种鲁麦 21 增产 5.3%；
在 2017—2018 年旱地组生产试验中，平均亩产 435.3 千克，比对
照品种鲁麦 21 增产 6.0%。

【种植应用】适宜全省旱肥地种植利用。

【栽培要点】适宜播种期为 10 月 1—10 日，每亩基本苗 20 万
左右。注意防治白粉病、赤霉病和纹枯病。其他管理措施同一般
大田。

23. 济麦 60

【审定编号】鲁审麦 20180023。

【育种者】山东省农业科学院作物研究所。

【品种来源】常规品种，系 037042 与济麦 20 杂交后选育而成。

【特征特性】半冬性，越冬抗寒性较好；幼苗半匍匐，株型半紧凑，叶色深绿，叶片上举；生育期 229 天，熟期与对照品种鲁麦 21 相当；株高 74.8 厘米，亩最大分蘖数 88.4 万，亩有效穗数 38.5 万，分蘖成穗率 43.3%；穗粒数 35.4 粒，千粒重 41.5 克，容重 789.1 克/升；穗纺锤形，长芒、白壳、白粒，籽粒硬质；抗倒伏性较好，熟相好。中国农业科学院植物保护研究所接种抗病鉴定结果：慢条锈病，高感叶锈病、白粉病、赤霉病和纹枯病。

【品质表现】2016 年、2017 年区域试验统一取样，农业部谷物品质监督检验测试中心（泰安）测试结果平均：籽粒蛋白质含量 13.2%，湿面筋含量 36.4%，沉淀值 30.5 毫升，吸水率 64.1%，稳定时间 3.4 分钟，面粉白度 73.4。

【产量表现】在 2015—2017 年山东省小麦品种旱地组区域试验中，两年平均亩产 460.8 千克，比对照品种鲁麦 21 增产 4.4%；2017—2018 年旱地组生产试验，平均亩产 440.5 千克，比对照品种鲁麦 21 增产 7.3%。

【种植应用】适宜全省旱肥地种植利用。

【栽培要点】适宜播种期为 10 月 5—15 日，每亩基本苗 15 万～18 万。注意防治叶锈病、白粉病、赤霉病和纹枯病。其他管理措施同一般大田。

24. 峰川 18

【审定编号】鲁审麦 20180024。

【育种者】菏泽市丰川农业科学技术研究所。

【品种来源】常规品种，系（烟农 21/烟农 22）与 FC008-1 杂交后选育而成。

【特征特性】半冬性，越冬抗寒性较好；幼苗半匍匐，株型紧凑，叶色深绿，叶片上冲；生育期比对照品种鲁麦 21 早熟 1 天；株高 69.2 厘米，亩最大分蘖数 90.0 万，亩有效穗数 36.4 万，分蘖成穗率 39.9%；穗粒数 37.8 粒，千粒重 40.1 克，容重 792.2

克/升；穗纺锤形、长芒、白壳、白粒，籽粒硬质；抗倒伏性较好，熟相好。中国农业科学院植物保护研究所接种抗病鉴定结果：慢条锈病和叶锈病，高感白粉病、赤霉病和纹枯病。

【品质表现】2016 年、2017 年区域试验统一取样，农业部谷物品质监督检验测试中心（泰安）测试结果平均：籽粒蛋白质含量 12.8%，湿面筋含量 35.2%，沉淀值 28.0 毫升，吸水率 62.8%，稳定时间 4.0 分钟，面粉白度 75.3。

【产量表现】在 2015—2017 年山东省小麦品种旱地组区域试验中，两年平均亩产 458.4 千克，比对照品种鲁麦 21 增产 4.4%；在 2017—2018 年旱地组生产试验中，平均亩产 434.9 千克，比对照品种鲁麦 21 增产 5.9%。

【种植应用】适宜全省旱肥地种植利用。

【栽培要点】适宜播种期为 10 月 5—15 日，每亩基本苗 18 万左右。注意防治白粉病、赤霉病和纹枯病。其他管理措施同一般大田。

25. 泰科麦 32

【审定编号】鲁审麦 20180025。

【育种者】泰安市农业科学研究院。

【品种来源】常规品种，系洛旱 3 号与莱州 3279 杂交后选育而成。

【特征特性】冬性，越冬抗寒性较好；幼苗半匍匐，株型紧凑，叶色淡绿，叶片上冲、短宽；生育期比对照品种鲁麦 21 早熟 1 天；株高 75.1 厘米，亩最大分蘖数 97.4 万，亩有效穗数 40.1 万，分蘖成穗率 41.2%；穗粒数 34.8 粒，千粒重 38.9 克，容重 786.2 克/升；穗长方形、长芒、白壳、白粒，籽粒硬质；抗倒伏性较好，熟相较好。中国农业科学院植物保护研究所接种抗病鉴定结果：中抗白粉病，高感条锈病、叶锈病、赤霉病和纹枯病。

【品质表现】2016 年、2017 年区域试验统一取样，农业部谷物品质监督检验测试中心（泰安）测试结果平均：籽粒蛋白质含量 13.6%，湿面筋含量 33.6%，沉淀值 28.8 毫升，吸水率 60.8%，

稳定时间 2.8 分钟，面粉白度 79.6。

【产量表现】在 2015—2017 年山东省小麦品种旱地组区域试验中，两年平均亩产 456.9 千克，比对照品种鲁麦 21 增产 3.9%；在 2017—2018 年旱地组生产试验中，平均亩产 429.5 千克，比对照品种鲁麦 21 增产 4.6%。

【种植应用】适宜全省旱肥地种植利用。

【栽培要点】适宜播种期为 10 月 5—15 日，每亩基本苗 15 万左右。注意防治条锈病、叶锈病、赤霉病和纹枯病。其他管理措施同一般大田。

26. 红地 176

【审定编号】鲁审麦 20180026。

【育种者】济宁红地种业有限责任公司。

【品种来源】常规品种，系中麦 895 与良星 66 杂交后选育而成。

【特征特性】冬性，越冬抗寒性较好；幼苗半匍匐，株型半紧凑，叶色浅绿，叶片上挺；生育期比对照品种鲁麦 21 早熟 1 天；株高 64.6 厘米，亩最大分蘖数 83.5 万，亩有效穗数 33.0 万，分蘖成穗率 38.8%；穗粒数 35.3 粒，千粒重 47.8 克，容重 781.5 克/升；穗纺锤形，长芒、白壳、白粒，籽粒硬质；抗倒伏性较好，熟相好。中国农业科学院植物保护研究所接种抗病鉴定结果：高抗条锈病，中感白粉病，高感叶锈病、赤霉病和纹枯病。

【品质表现】2016 年、2017 年区域试验统一取样，农业部谷物品质监督检验测试中心（泰安）测试结果平均：籽粒蛋白质含量 12.8%，湿面筋含量 35.4%，沉淀值 30.4 毫升，吸水率 62.9%，稳定时间 3.3 分钟，面粉白度 73.9。

【产量表现】在 2015—2017 年山东省小麦品种旱地组区域试验中，两年平均亩产 457.1 千克，比对照品种鲁麦 21 增产 3.7%；在 2017—2018 年旱地组生产试验中，平均亩产 423.0 千克，比对照品种鲁麦 21 增产 3.1%。

【种植应用】适宜全省旱肥地种植利用。

【栽培要点】适宜播种期为 10 月 5—15 日，每亩基本苗 15 万左右。注意防治叶锈病、赤霉病和纹枯病。其他管理措施同一般大田。

27. 阳光 18

【审定编号】鲁审麦 20180027。

【育种者】郯城县种子公司、德州市农业科学研究院。

【品种来源】常规品种，系鲁麦 21 与 9905 杂交后选育而成。

【特征特性】半冬性，越冬抗寒性较好；幼苗半匍匐，株型紧凑，叶色浓绿，叶片上冲；生育期 229 天，熟期与对照品种鲁麦 21 相当；株高 72.5 厘米，亩最大分蘖数 88.6 万，亩有效穗数 37.9 万，分蘖成穗率 42.0%；穗粒数 34.8 粒，千粒重 42.8 克，容重 794.7 克/升；穗纺锤形，长芒、白壳、白粒，籽粒硬质；抗倒伏性较好，熟相好。中国农业科学院植物保护研究所接种抗病鉴定结果：高抗条锈病，中抗叶锈病，中感白粉病，高感赤霉病和纹枯病。

【品质表现】2016 年、2017 年区域试验统一取样，农业部谷物品质监督检验测试中心（泰安）测试结果平均：籽粒蛋白质含量 13.4%，湿面筋含量 36.2%，沉淀值 27.5 毫升，吸水率 64.3%，稳定时间 3.0 分钟，面粉白度 75.5。

【产量表现】在 2015—2017 年山东省小麦品种旱地组区域试验中，两年平均亩产 455.7 千克，比对照品种鲁麦 21 增产 3.4%；在 2017—2018 年旱地组生产试验中，平均亩产 434.8 千克，比对照品种鲁麦 21 增产 5.9%。

【种植应用】适宜全省旱肥地种植利用。

【栽培要点】适宜播种期为 10 月 5—15 日，每亩基本苗 15 万左右。注意防治赤霉病和纹枯病。其他管理措施同一般大田。

28. 山农糯麦 1 号

【审定编号】鲁审麦 20186028。

【育种者】山东农业大学。

【品种来源】常规品种，系农大糯麦 1 号与潍麦 8 号杂交后选育而成。

【特征特性】半冬性，越冬抗寒性较好；幼苗半直立，株型半紧凑，叶色深绿，茎秆弹性好，抗倒伏性中等，穗层整齐，熟相较好；生育期 236 天，熟期与对照品种济麦 22 相当；株高 81.1 厘米，亩最大分蘖数 76.9 万，亩有效穗数 29.6 万，分蘖成穗率 40.8%；穗粒数 47.0 粒，千粒重 44.7 克，容重 792.3 克/升，穗长方形，长芒、白壳、白粒，籽粒粉质。2017 年接种抗病鉴定结果：中抗叶锈病，中感赤霉病，高感条锈病、白粉病和纹枯病。

【品质表现】2018 年统一取样，农业农村部谷物品质监督检验测试中心（泰安）测试结果：籽粒蛋白质含量 16.6%，湿面筋含量 36.2%，沉淀值 32.0 毫升，吸水率 74.3%，稳定时间 2.1 分钟，面粉白度 82.2，支链淀粉含量 99.1%，属糯质小麦品种。

【产量表现】在 2015—2016 年山东省小麦品种高肥组区域试验中平均亩产 539.3 千克，比对照品种济麦 22 减产 7.1%；在 2016—2017 年自主区域试验中平均亩产 504.2 千克，比第 1 对照品种山农紫麦 1 号增产 7.5%，比第 2 对照品种冀糯 200 增产 5.5%；在 2017—2018 年自主生产试验中平均亩产 516.1 千克，比第 1 对照品种增产 6.2%，比第 2 对照品种增产 9.9%。

【种植应用】适宜全省中高产地块种植利用。

【栽培要点】适宜播种期为 10 月 5—15 日，每亩基本苗 18 万左右。注意防治条锈病、纹枯病和赤霉病。其他管理措施同一般大田。

29. 山农紫糯 2 号

【审定编号】鲁审麦 20186029。

【育种者】山东农业大学。

【品种来源】常规品种，系山农紫糯 1 号与泰山 9818 杂交后选育而成。

【特征特性】半冬性，越冬抗寒性较好；幼苗半直立，株型紧凑，叶色深绿，抗倒伏性中等，熟相较好；熟期与对照济麦 22 相当；株高 88.3 厘米，亩最大分蘖数 83.3 万，亩有效穗数 29.3 万，分蘖成穗率 36.3％；穗粒数 46.1 粒，千粒重 44.0 克，容重 781.4 克/升，穗长方形，长芒、白壳、紫粒、籽粒粉质。2017 年接种抗病鉴定结果：慢条锈病，中感叶锈病，高感白粉病、赤霉病和纹枯病。

【品质表现】2018 年统一取样，农业农村部谷物品质监督检验测试中心（泰安）测试结果：籽粒蛋白质含量 15.4％，湿面筋含量 45.7％，沉淀值 22.0 毫升，吸水率 73.2％，稳定时间 1.1 分钟，面粉白度 78.0，支链淀粉含量 98.7％，属糯质紫小麦品种。

【产量表现】在 2015—2016 年山东省小麦品种高肥组区域试验中平均亩产 495.5 千克，比对照高产品种济麦 22 减产 14.7％；在 2016—2017 年自主区域试验中平均亩产 487.0 千克，比第 1 对照品种山农紫麦 1 号增产 3.8％，比第 2 对照品种冀糯 200 增产 1.9％；在 2017—2018 年自主生产试验中平均亩产 491.2 千克，比第 1 对照品种增产 2.5％，比第 2 对照品种增产 6.1％。

【种植应用】适宜全省中高产地块种植利用。

【栽培要点】适宜播种期为 10 月 5—15 日，每亩基本苗 20 万左右。注意防治纹枯病和赤霉病。其他管理措施同一般大田。

（二）2019 年审定品种

1. 鑫麦 807

【审定编号】鲁审麦 20190001。

【申请者】山东鑫丰种业股份有限公司。

【育种者】山东鑫丰种业股份有限公司。

【品种来源】常规品种，系鑫麦 296 与 XM307 杂交后选育而成。

【特征特性】冬性，越冬抗寒性好；幼苗半匍匐，株型半紧凑，叶色深绿，旗叶上举，较抗倒伏，熟相好；生育期比对照济麦 22 早熟 1 天；株高 80.7 厘米，亩最大分蘖数 101.4 万，亩有效穗数 43.9 万，分蘖成穗率 43.7％；穗粒数 36.2 粒，千粒重 42.3 克，容重 788.9 克/升；穗长方形，长芒、白壳、白粒，籽粒硬质。中国农业科学院植物保护研究所接种抗病鉴定结果：慢条锈病，中感白粉病，高感叶锈病、赤霉病和纹枯病。

【品质表现】2017—2018年区域试验统一取样，经农业农村部谷物品质监督检验测试中心（泰安）测试结果平均：籽粒蛋白质含量13.96%，湿面筋含量37.85%，沉淀值31.5毫升，吸水率62.2%，稳定时间2.86分钟，面粉白度75.6。

【产量表现】在2016—2018年山东省小麦品种高肥组区域试验中，两年平均亩产588.3千克，比对照品种济麦22增产5.3%；在2018—2019年高产组生产试验中，平均亩产626.4千克，比对照品种济麦22增产3.5%。

【种植应用】适宜全省高产地块种植利用。

【栽培要点】适宜播种期为10月5—20日，每亩基本苗16万～20万。注意防治叶锈病、赤霉病和纹枯病。其他管理措施同一般大田。

2. 齐民11

【审定编号】鲁审麦20190002。

【申请者】淄博禾丰种业科技股份有限公司。

【育种者】淄博禾丰种业科技股份有限公司。

【品种来源】常规品种，系SN5849与矮抗58杂交后选育而成。

【特征特性】强冬性，越冬抗寒性好；幼苗半匍匐，株型松散，叶色浓绿，旗叶上挺，较抗倒伏，熟相好；熟期与对照品种济麦22相当；株高77.4厘米，亩最大分蘖数103.6万，亩有效穗数42.4万，分蘖成穗率41.7%；穗粒数37.5粒，千粒重40.8克，容重775.1克/升；穗长方形，长芒、白壳、白粒，籽粒半硬质。中国农业科学院植物保护研究所接种抗病鉴定结果：条锈病免疫，中感白粉病，高感叶锈病、赤霉病和纹枯病。

【品质表现】2017—2018年区域试验统一取样，农业农村部谷物品质监督检验测试中心（泰安）测试结果平均：籽粒蛋白质含量13.08%，湿面筋含量31.8%，沉淀值31.5毫升，吸水率61.35%，稳定时间 5.02 分钟，面粉白度 74.1。

【产量表现】在 2016—2018 年山东省小麦品种高肥组区域试验中，两年平均亩产 591.3 千克，比对照品种济麦 22 增产 5.1%；在 2018—2019 年高产组生产试验中，平均亩产 628.1 千克，比对照品种济麦 22 增产 3.8%。

【种植应用】适宜全省高产地块种植利用。

【栽培要点】适宜播种期为 10 月 5—10 日，每亩基本苗 12 万～15 万。注意防治叶锈病、赤霉病和纹枯病。其他管理措施同一般大田。

3. 泰农 108

【审定编号】鲁审麦 20190003。

【申请者】泰安登海五岳泰山种业有限公司。

【育种者】泰安登海五岳泰山种业有限公司。

【品种来源】常规品种，系济麦 22 与泰农 18 杂交后选育而成。

【特征特性】冬性，越冬抗寒性中等；幼苗半匍匐，株型半紧凑，叶色深绿，旗叶较上冲，较抗倒伏，熟相好；生育期 232 天，熟期与对照品种济麦 22 相当；株高 83.9 厘米，亩最大分蘖数 109.2 万，亩有效穗数 45.0 万，分蘖成穗率 41.6%；穗粒数 35.2 粒，千粒重 44.9 克，容重 791.1 克/升；穗长方形、长芒、白壳、白粒、籽粒硬质。中国农业科学院植物保护研究所接种抗病鉴定结果：高抗白粉病，高感条锈病、叶锈病、赤霉病和纹枯病。

【品质表现】2017—2018 年区域试验统一取样，农业农村部谷物品质监督检验测试中心（泰安）测试结果平均：籽粒蛋白质含量 13.82%，湿面筋含量 36.85%，沉淀值 29 毫升，吸水率 64.75%，稳定时间 2.01 分钟，面粉白度 73.7。

【产量表现】在 2016—2018 年山东省小麦品种高肥组区域试验中，两年平均亩产 586.9 千克，比对照品种济麦 22 增产 5.1%；在 2018—2019 年高产组生产试验中，平均亩产 624.9 千克，比对照品种济麦 22 增产 3.3%。

【种植应用】适宜全省高产地块种植利用。

【栽培要点】适宜播种期为 10 月 1—10 日，每亩基本苗 15 万左右。注意防治条锈病、叶锈病、赤霉病和纹枯病。其他管理措施同一般大田。

4. 菏麦 24

【审定编号】鲁审麦 20190004。

【申请者】山东科源种业有限公司。

【育种者】山东科源种业有限公司。

【品种来源】常规品种，系菏麦 139 与济麦 22 杂交后选育而成。

【特征特性】强冬性，越冬抗寒性好；幼苗半匍匐，株型半紧凑，叶色深绿，旗叶上冲，抗倒伏，熟相好；生育期比对照品种济麦 22 早熟 1 天；株高 77.3 厘米，亩最大分蘖数 108.3 万，亩有效穗数 45.1 万，分蘖成穗率 42.1%；穗粒数 35.6 粒，千粒重 41.1克，容重 790.4 克/升；穗长方形，长芒、白壳、白粒，籽粒硬质。中国农业科学院植物保护研究所接种抗病鉴定结果：慢条锈病，中感叶锈病和白粉病，高感赤霉病和纹枯病。

【品质表现】2017—2018 年区域试验统一取样，农业农村部谷物品质监督检验测试中心（泰安）测试结果平均：籽粒蛋白质含量14.25%，湿面筋含量 37.25%，沉淀值 28.5 毫升，吸水率64.7%，稳定时间 2.25 分钟，面粉白度 73.8。

【产量表现】在 2016—2018 年山东省小麦品种高肥组区域试验中，两年平均亩产 586.9 千克，比对照品种济麦 22 增产 4.9%；在 2018—2019 年高产组生产试验中，平均亩产 640.5 千克，比对照品种济麦 22 增产 5.9%。

【种植应用】适宜全省高产地块种植利用。

【栽培要点】适宜播种期为 10 月 5—10 日，每亩基本苗 15 万～20 万。注意防治赤霉病和纹枯病。其他管理措施同一般大田。

5. 红地 87

【审定编号】鲁审麦 20190005。

【申请者】济宁红地种业有限责任公司。

【育种者】济宁红地种业有限责任公司。

【品种来源】常规品种，系鲁麦 14 与（烟 1061/石 5300）F₃ 杂交后选育而成。

【特征特性】强冬性，越冬抗寒性好；幼苗半匍匐，株型半紧凑，叶色深绿，旗叶上挺，高抗倒伏，熟相好；生育期 232 天，熟期与对照品种济麦 22 相当，株高 83.3 厘米，亩最大分蘖数 106.2 万，亩有效穗数 45.7 万，分蘖成穗率 43.5%；穗粒数 35.0 粒，千粒重 43.9 克，容重 791.3 克/升；穗长方形，长芒、白壳、白粒，籽粒粉质。中国农业科学院植物保护研究所接种抗病鉴定结果：慢条锈病，中感叶锈病，中抗白粉病，高感赤霉病和纹枯病。

【品质表现】2017—2018 年区域试验统一取样，农业农村部谷物品质监督检验测试中心（泰安）测试结果平均：籽粒蛋白质含量 13.43%，湿面筋含量 36.1%，沉淀值 31 毫升，吸水率 59.6%，稳定时间 3.39 分钟，面粉白度 76.9。

【产量表现】在 2016—2018 年山东省小麦品种高肥组区域试验中，两年平均亩产 586.8 千克，比对照品种济麦 22 增产 4.4%；在 2018—2019 年高产组生产试验中，平均亩产 628.7 千克，比对照品种济麦 22 增产 3.9%。

【种植应用】适宜全省高产地块种植利用。

【栽培要点】适宜播种期为 10 月 1—15 日，每亩基本苗 13 万～15 万。注意防治赤霉病和纹枯病。其他管理措施同一般大田。

6. 清照 17

【审定编号】鲁审麦 20190006。

【申请者】山东东润种业有限公司。

【育种者】山东东润种业有限公司。

【品种来源】常规品种，系良星 66 与烟农 5158 杂交后选育而成。

【特征特性】冬性，越冬抗寒性中等；幼苗半匍匐，株型半紧凑，叶色深绿，旗叶上冲，较抗倒伏，熟相好；生育期 232 天，熟期与对照品种济麦 22 相当；株高 82.0 厘米，亩最大分蘖数 105.1

万，亩有效穗数 46.1 万，分蘖成穗率 44.7%；穗粒数 33.6 粒，千粒重 44.8 克，容重 799.0 克/升；穗纺锤形，长芒、白壳、白粒，籽粒硬质。中国农业科学院植物保护研究所接种抗病鉴定结果：高抗条锈病，中抗白粉病，中感叶锈病和赤霉病，高感纹枯病。

【品质表现】2017—2018 年区域试验统一取样，农业农村部谷物品质监督检验测试中心（泰安）测试结果平均：籽粒蛋白质含量 14.44%，湿面筋含量 36.45%，沉淀值 34.5 毫升，吸水率 66.05%，稳定时间 3.97 分钟，面粉白度 74.2。

【产量表现】在 2016—2018 年山东省小麦品种高肥组区域试验中，两年平均亩产 582.5 千克，比对照品种济麦 22 增产 4.0%；在 2018—2019 年高产组生产试验中，平均亩产 621.8 千克，比对照品种济麦 22 增产 2.8%。

【种植应用】适宜全省高产地块种植利用。

【栽培要点】适宜播种期为 10 月 5—10 日，每亩基本苗 15 万左右。注意防治纹枯病。其他管理措施同一般大田。

7. 青农 6 号

【审定编号】鲁审麦 20190007。

【申请者】山东省青丰种子有限公司。

【育种者】山东省青丰种子有限公司。

【品种来源】常规品种，系济麦 20 与烟农 19 杂交后选育而成。

【特征特性】强冬性，越冬抗寒性较好；幼苗半匍匐，株型半紧凑，叶色深绿，旗叶上冲，较抗倒伏，熟相好；生育期 232 天，熟期与对照品种济麦 22 相当；株高 80.5 厘米，亩最大分蘖数 112.8 万，亩有效穗数 48.0 万，分蘖成穗率 43.7%；穗粒数 35.1 粒，千粒重 39.3 克，容重 789.4 克/升；穗纺锤形，长芒、白壳、白粒，籽粒硬质。中国农业科学院植物保护研究所接种抗病鉴定结果：慢条锈病，中感白粉病，高感叶锈病、赤霉病和纹枯病。

【品质表现】2017—2018 年区域试验统一取样，农业农村部谷物品质监督检验测试中心（泰安）测试结果平均：籽粒蛋白质含量13.68%，湿面筋含量34.7%，沉淀值34毫升，吸水率64.35%，稳定时间3.77分钟，面粉白度73.3。

【产量表现】在2016—2018年山东省小麦品种高肥组区域试验中，两年平均亩产583.3千克，比对照品种济麦22增产3.7%；在2018—2019年高产组生产试验中，平均亩产634.5千克，比对照品种济麦22增产4.8%。

【种植应用】适宜全省高产地块种植利用。

【栽培要点】适宜播种期为10月5—10日，每亩基本苗10万~15万。注意防治叶锈病、赤霉病和纹枯病。其他管理措施同一般大田。

8. 菏麦25

【审定编号】鲁审麦20190008。

【申请者】山东科源种业有限公司。

【育种者】山东科源种业有限公司。

【品种来源】常规品种，系鲁原151与961931杂交后选育而成。

【特征特性】半冬性，越冬抗寒性好；幼苗半匍匐，株型半紧凑，叶色绿色，旗叶上挺，较抗倒伏，熟相中等；生育期比对照品种济麦22早熟1天；株高79.2厘米，亩最大分蘖数113.3万，亩有效穗数45.5万，分蘖成穗率41.3%；穗粒数34.9粒，千粒重43.3克，容重784.2克/升；穗长方形，长芒、白壳、白粒，籽粒硬质。中国农业科学院植物保护研究所接种抗病鉴定结果：条锈病免疫，高抗白粉病，高感叶锈病、赤霉病和纹枯病。

【品质表现】2017—2018年区域试验统一取样，农业农村部谷物品质监督检验测试中心（泰安）测试结果平均：籽粒蛋白质含量13.66%，湿面筋含量37.45%，沉淀值28毫升，吸水率64.2%，稳定时间3.07分钟，面粉白度77.0。

【产量表现】在2016—2018年山东省小麦品种高肥组区域试验中，两年平均亩产583.1千克，比对照品种济麦22增产3.5%；

在 2018—2019 年高产组生产试验中，平均亩产 629.5 千克，比对照品种济麦 22 增产 4.0%。

【种植应用】 适宜全省高产地块种植利用。

【栽培要点】 适宜播种期为 10 月 5—10 日，每亩基本苗 15 万～18 万。注意防治叶锈病、赤霉病和纹枯病。其他管理措施同一般大田。

9. 圣麦 127

【审定编号】 鲁审麦 20190009。

【申请者】 山东圣丰种业科技有限公司。

【育种者】 山东圣丰种业科技有限公司。

【品种来源】 常规品种，系济麦 22 与烟农 19 杂交后选育而成。

【特征特性】 冬性，越冬抗寒性较差；幼苗半匍匐，株型半紧凑，叶色绿，旗叶上挺，较抗倒伏，熟相好；生育期比对照品种济麦 22 早熟 1 天；株高 82.2 厘米，亩最大分蘖数 112.4 万，亩有效穗数 45.8 万，分蘖成穗率 43.6%；穗粒数 36.2 粒，千粒重 39.4克，容重 788.0 克/升；穗纺锤形，长芒、白壳、白粒，籽粒硬质。中国农业科学院植物保护研究所接种抗病鉴定结果：中感白粉病和赤霉病，高感条锈病、叶锈病和纹枯病。

【品质表现】 2017—2018 年区域试验统一取样，农业农村部谷物品质监督检验测试中心（泰安）测试结果平均：籽粒蛋白质含量 12.64%，湿面筋含量 33.5%，沉淀值 31 毫升，吸水率 62.05%，稳定时间 2.82 分钟，面粉白度 74.0。

【产量表现】 在 2016—2018 年山东省小麦品种高肥组区域试验中，两年平均亩产 578.0 千克，比对照品种济麦 22 增产 3.5%；在 2018—2019 年高产组生产试验中，平均亩产 630.9 千克，比对照品种济麦 22 增产 4.3%。

【种植应用】 适宜全省高产地块种植利用。

【栽培要点】 适宜播种期为 10 月 5—10 日，每亩基本苗 15 万～20 万。注意防治条锈病、叶锈病和纹枯病。其他管理措施同一般大田。

10. 山农 38

【审定编号】鲁审麦 20190010。

【申请者】山东农业大学。

【育种者】山东农业大学。

【品种来源】常规品种，系济麦 22 与山农 664 杂交后选育而成。

【特征特性】强冬性，越冬抗寒性较好；幼苗半匍匐，株型半紧凑，叶色绿，旗叶上冲，较抗倒伏，熟相好；生育期 232 天，熟期与对照品种济麦 22 相当；株高 80.1 厘米，亩最大分蘖数 107.6 万，亩有效穗数 44.3 万，分蘖成穗率 41.6%；穗粒数 36.5 粒，千粒重 41.0 克，容重 784.2 克/升；穗长方形，长芒、白壳、白粒，籽粒硬质。中国农业科学院植物保护研究所接种抗病鉴定结果：中感白粉病，高感条锈病、叶锈病、赤霉病和纹枯病。

【品质表现】2017—2018 年区域试验统一取样，农业农村部谷物品质监督检验测试中心（泰安）测试结果平均：籽粒蛋白质含量 13.22%，湿面筋含量 35.5%，沉淀值 27.25 毫升，吸水率 65.2%，稳定时间 2.97 分钟，面粉白度 75.2。

【产量表现】在 2016—2018 年山东省小麦品种高肥组区域试验中，两年平均亩产 576.9 千克，比对照品种济麦 22 增产 3.3%；在 2018—2019 年高产组生产试验中，平均亩产 633.0 千克，比对照品种济麦 22 增产 4.6%。

【种植应用】适宜全省高产地块种植利用。

【栽培要点】适宜播种期为 10 月 5—15 日，每亩基本苗 10 万～18 万。注意防治条锈病、叶锈病、赤霉病和纹枯病。其他管理措施同一般大田。

11. 青农 177

【审定编号】鲁审麦 20190011。

【申请者】山东省青丰种子有限公司。

【育种者】山东省青丰种子有限公司。

【品种来源】常规品种，系鲁原 502 与良星 66 优系杂交后选育而成。

【特征特性】冬性，越冬抗寒性好；幼苗半匍匐，株型半紧凑，叶色绿，旗叶上冲，抗倒伏性好，熟相好；生育期比对照品种济麦22早熟1天；株高80.9厘米，亩最大分蘖数105.6万，亩有效穗数45.2万，分蘖成穗率43.5%；穗粒数34.2粒，千粒重42.7克，容重792.1克/升；穗纺锤形，长芒、白壳、白粒，籽粒硬质。中国农业科学院植物保护研究所接种抗病鉴定结果：条锈病免疫，中抗白粉病，高感叶锈病、赤霉病和纹枯病。

【品质表现】2017—2018年区域试验统一取样，农业农村部谷物品质监督检验测试中心（泰安）测试结果平均：籽粒蛋白质含量14.5%，湿面筋含量38.2%，沉淀值30.5毫升，吸水率65.2%，稳定时间2.78分钟，面粉白度75.0。

【产量表现】在2016—2018年山东省小麦品种高肥组区域试验中，两年平均亩产578.0千克，比对照品种济麦22增产3.2%；在2018—2019年高产组生产试验中，平均亩产620.9千克，比对照品种济麦22增产2.6%。

【种植应用】适宜全省高产地块种植利用。

【栽培要点】适宜播种期为10月1—15日，每亩基本苗10万～15万。注意防治叶锈病、赤霉病和纹枯病。其他管理措施同一般大田。

12. 青农7号

【审定编号】鲁审麦20190012。

【申请者】山东省青丰种子有限公司。

【育种者】山东省青丰种子有限公司。

【品种来源】常规品种，系泰农18与烟0428杂交后选育而成。

【特征特性】冬性，越冬抗寒性好；幼苗半匍匐，株型半紧凑，叶色深绿，旗叶上冲，抗倒伏性好，熟相好；生育期比对照品种济麦22晚熟2天；株高78.3厘米，亩最大分蘖数104.1万，亩有效穗数45.1万，分蘖成穗率55.9%；穗粒数33.7粒，千粒重45.4克，容重786.7克/升；穗纺锤形，长芒、白壳、白粒，籽粒硬质。

中国农业科学院植物保护研究所接种抗病鉴定结果：慢条锈病，叶锈病免疫，高抗白粉病，高感赤霉病和纹枯病。

【品质表现】2017—2018 年区域试验统一取样，农业农村部谷物品质监督检验测试中心（泰安）测试结果平均：籽粒蛋白质含量 14.04%，湿面筋含量 37.5%，沉淀值 30.5 毫升，吸水率 65.75%，稳定时间 2.69 分钟，面粉白度 73.9。

【产量表现】在 2016—2018 年山东省小麦品种高肥组区域试验中，两年平均亩产 580.4 千克，比对照品种济麦 22 增产 2.9%；在 2018—2019 年高产组生产试验中，平均亩产 628.3 千克，比对照品种济麦 22 增产 3.9%。

【种植应用】适宜全省高产地块种植利用。

【栽培要点】适宜播种期为 10 月 5—10 日，每亩基本苗 12 万～15 万。注意防治赤霉病和纹枯病。其他管理措施同一般大田。

13. 秋田 116

【审定编号】鲁审麦 20190013。

【申请者】山东省滨州市秋田种业有限责任公司。

【育种者】山东省滨州市秋田种业有限责任公司。

【品种来源】常规品种，系山农 62008 的 EMS（0.35%）诱变系。

【特征特性】强冬性，越冬抗寒性好；幼苗半匍匐，株型半紧凑，叶色深绿，旗叶上冲，抗倒伏，熟相好；熟期与对照品种济麦 22 相当；株高 78.3 厘米，亩最大分蘖数 96.5 万，亩有效穗数 38.0 万，分蘖成穗率 40.0%；穗粒数 40.8 粒，千粒重 41.9 克，容重 788.7 克/升；穗长方形，长芒、白壳、白粒，籽粒硬质。中国农业科学院植物保护研究所接种抗病鉴定结果：慢条锈病，中抗白粉病，高感叶锈病、赤霉病和纹枯病。

【品质表现】2017—2018 年区域试验统一取样，农业农村部谷物品质监督检验测试中心（泰安）测试结果平均：籽粒蛋白质含量 13.25%，湿面筋含量 34.05%，沉淀值 33.5 毫升，吸水率 63.7%，稳定时间 4.82 分钟，面粉白度 74.7。

【产量表现】 在 2016—2018 年山东省小麦品种高肥组区域试验中，两年平均亩产 574.9 千克，比对照品种济麦 22 增产 2.4%；在 2018—2019 年高产组生产试验中，平均亩产 622.6 千克，比对照品种济麦 22 增产 2.9%。

【种植应用】 适宜全省高产地块种植利用。

【栽培要点】 适宜播种期为 10 月 5—15 日，每亩基本苗 17 万～20 万。注意防治叶锈病、赤霉病和纹枯病。其他管理措施同一般大田。

14. 圣麦 918

【审定编号】 鲁审麦 20190014。

【申请者】 山东圣丰种业科技有限公司。

【育种者】 山东圣丰种业科技有限公司。

【品种来源】 常规品种，系师栾 02-1 与济麦 22 杂交后选育而成。

【特征特性】 冬性，越冬抗寒性好；幼苗半匍匐，株型半紧凑，叶色绿，旗叶上举，较抗倒伏，熟相好；熟期与对照品种济麦 22 相当；株高 79.3 厘米，亩最大分蘖数 112.4 万，亩有效穗数 45.3 万，分蘖成穗率 40.9%；穗粒数 33.7 粒，千粒重 42.3 克，容重 786.2 克/升；穗纺锤形，长芒、白壳、白粒，籽粒硬质。中国农业科学院植物保护研究所接种抗病鉴定结果：慢条锈病，高抗白粉病，高感叶锈病、赤霉病和纹枯病。

【品质表现】 2017—2018 年区域试验统一取样，农业农村部谷物品质监督检验测试中心（泰安）测试结果平均：籽粒蛋白质含量 14.65%，湿面筋含量 37.55%，沉淀值 39 毫升，吸水率 64.85%，稳定时间 7.02 分钟，面粉白度 73.1。

【产量表现】 在 2016—2018 年山东省小麦品种高肥组区域试验中，两年平均亩产 565.8 千克，比对照品种济麦 22 增产 1.4%；在 2018—2019 年高产组生产试验中，平均亩产 612.6 千克，比对照品种济麦 22 增产 1.2%。

【种植应用】 适宜全省高产地块中强筋品种种植利用。

【栽培要点】适宜播种期为 10 月 5—15 日，每亩基本苗 18 万～20 万。注意防治叶锈病、赤霉病和纹枯病。其他管理措施同一般大田。

15. 岱麦 366

【审定编号】鲁审麦 20190015。

【申请者】山东岱农农业科技有限公司。

【育种者】山东岱农农业科技有限公司。

【品种来源】常规品种，系泰农 8968 与泰农 18 杂交后选育而成。

【特征特性】冬性，越冬抗寒性好；幼苗半匍匐，株型半紧凑，叶色深绿，旗叶上冲，较抗倒伏，熟相好；生育期比对照品种济南 17 晚熟 2 天；株高 76.6 厘米，亩最大分蘖数 95.1 万，亩有效穗数 33.8 万，分蘖成穗率 36.9%；穗粒数 45.3 粒，千粒重 41.3 克，容重 790.8 克/升；穗长方形，长芒、白壳、白粒，籽粒硬质。中国农业科学院植物保护研究所接种抗病鉴定结果：中感白粉病和纹枯病，高感条锈病、叶锈病和赤霉病。

【品质表现】2017—2018 年区域试验统一取样，经农业农村部谷物品质监督检验测试中心（泰安）测试结果平均：籽粒蛋白质含量 13.33%，湿面筋含量 31.8%，沉淀值 36.5 毫升，吸水率 62.35%，稳定时间 9.13 分钟，面粉白度 79.4，属中强筋品种。

【产量表现】在 2016—2018 年山东省小麦品种强筋特用组区域试验中，两年平均亩产 541.9 千克，比对照品种济南 17 增产 7.2%；在 2018—2019 年强筋特用组生产试验中，平均亩产 592.5 千克，比对照品种济南 17 增产 6.5%。

【种植应用】适宜全省高产地块种植利用。

【栽培要点】适宜播种期为 10 月 5—15 日，每亩基本苗 18 万左右。注意防治条锈病、叶锈病和赤霉病。其他管理措施同一般大田。

16. 泰田麦 118

【审定编号】鲁审麦 20190016。

【申请者】泰安市丰田作物科学研究院。

【育种者】泰安市丰田作物科学研究院、潍坊市种子有限公司。

【品种来源】常规品种，系阿夫与 PH85-16 杂交后选育而成。

【特征特性】冬性，越冬抗寒性中等；幼苗半匍匐，株型半紧凑，叶色绿色，旗叶半直立、略平展，抗倒伏较好，熟相好；生育期比对照品种济南 17 晚熟 2 天；株高 77.3 厘米，亩最大分蘖数 104.5 万，亩有效穗数 44.1 万，分蘖成穗率 42.7%；穗粒数 35.8 粒，千粒重 37.6 克，容重 783.1 克/升；穗长方形、长芒、白壳、白粒、籽粒硬质。中国农业科学院植物保护研究所接种抗病鉴定结果：条锈病免疫，中抗白粉病，高感叶锈病、赤霉病和纹枯病。

【品质表现】2017—2018 年区域试验统一取样，农业农村部谷物品质监督检验测试中心（泰安）测试结果平均：籽粒蛋白质含量 13.38%，湿面筋含量 35.05%，沉淀值 45.9 毫升，吸水率 62.4%，稳定时间 12.69 分钟，面粉白度 78.3，属中强筋品种。

【产量表现】在 2016—2018 年山东省小麦品种强筋特用组区域试验中，两年平均亩产 524.9 千克，比对照品种济南 17 增产 3.5%；在 2018—2019 年高产组生产试验中，平均亩产 583.5 千克，比对照品种济南 17 增产 4.9%。

【种植应用】适宜全省高产地块种植利用。

【栽培要点】适宜播种期为 10 月 5—15 日，每亩基本苗 15 万左右。注意防治叶锈病、赤霉病和纹枯病。其他管理措施同一般大田。

17. 农信麦 207

【审定编号】鲁审麦 20196017。

【申请者】山东农信种业有限公司。

【育种者】山东农信种业有限公司。

【品种来源】常规品种，系山农 24 与 06-37 杂交后选育而成。

【特征特性】半冬性，越冬抗寒性较好；幼苗半匍匐，株型半紧凑，叶色深绿，叶片上冲，抗倒伏，熟相好；生育期 229 天，熟期与对照品种济麦 22 相当；株高 74.2 厘米，亩最大分蘖数 84.1 万，亩有效穗数 34.9 万，分蘖成穗率 43.8%；穗粒数 40.7 粒，千粒重 45.3 克，容重 778.6 克/升；穗长方形，长芒、白壳、白粒，籽粒硬质。河北省农林科学院植物保护研究所接种抗病鉴定结果：高抗叶锈病，中抗白粉病，中感赤霉病，感纹枯病，高感条锈病。

【品质表现】2018—2019 年区域试验统一取样，农业农村部谷物品质监督检验测试中心（泰安）测试结果平均：籽粒蛋白质含量 13.55%，湿面筋含量 32.8%，沉淀值 36.5 毫升，吸水量 64.85%，稳定时间 4.4 分钟，面粉白度 76.1。

【产量表现】在 2017—2019 年银河伟业联合体小麦品种高产组区域试验中，两年平均亩产 578.3 千克，比对照品种济麦 22 增产 6.7%；在 2018—2019 年生产试验中，平均亩产 595.8 千克，比对照品种济麦 22 增产 3.9%。

【种植应用】适宜全省高产地块种植利用。

【栽培要点】适宜播种期为 10 月 5—15 日，每亩基本苗 15 万～20 万。注意防治条锈病。其他管理措施同一般大田。

18. 运河 181

【审定编号】鲁审麦 20196018。

【申请者】山东运河种业有限公司。

【育种者】山东运河种业有限公司。

【品种来源】常规品种，系周 99233 与山农 22 杂交后选育而成。

【特征特性】冬性，越冬抗寒性较好；幼苗直立，株型半紧凑，叶色深绿，叶片上冲，较抗倒伏，熟相好；生育期 229 天，熟期与对照品种济麦 22 相当；株高 73.7 厘米，亩最大分蘖数 101.9 万，亩有效穗数 43.3 万，分蘖成穗率 43.4%；穗粒数 37.4 粒，千粒重 40.2 克，容重 784.2 克/升；穗长方形，长芒、白壳、白粒，籽粒硬质。河北省农林科学院植物保护研究所接种抗病鉴定结果：高抗叶锈病，中抗白粉病，感病纹枯病，高感赤霉病、条锈病。

【品质表现】2018—2019年区域试验统一取样，农业农村部谷物品质监督检验测试中心（泰安）测试结果平均：籽粒蛋白质含量12.88%，湿面筋含量32.45%，沉淀值30.5毫升，吸水量63.5%，稳定时间4.1分钟，面粉白度76.6。

【产量表现】在2017—2019年银河伟业联合体小麦品种高产组区域试验中，两年平均亩产569.4千克，比对照品种济麦22增产5.0%；在2018—2019年生产试验中，平均亩产595.7千克，比对照品种济麦22增产3.8%。

【种植应用】适宜全省高产地块种植利用。

【栽培要点】适宜播种期为10月5—15日，每亩基本苗18万左右。注意防治赤霉病、条锈病。其他管理措施同一般大田。

19. 德麦008

【审定编号】鲁审麦20196019。

【申请者】德州市德农种子有限公司。

【育种者】德州市德农种子有限公司。

【品种来源】常规品种，系泰农18与济麦20杂交后选育而成。

【特征特性】半冬性，越冬抗寒性较好；幼苗直立，株型紧凑，叶色绿色，叶片上冲，抗倒伏性好，熟相好；熟期与对照品种济麦22相当；株高67.6厘米，亩最大分蘖数90.3万，亩有效穗数39.9万，分蘖成穗率44.8%；穗粒数36.4粒，千粒重43.5克，容重771.5克/升；穗长方形，长芒、白壳、白粒，籽粒硬质。河北省农林科学院植物保护研究所接种抗病鉴定结果：中抗叶锈病，中感白粉病、纹枯病和条锈病，高感赤霉病。

【品质表现】2018—2019年区域试验统一取样，农业农村部谷物品质监督检验测试中心（泰安）测试结果平均：籽粒蛋白质含量12.97%，湿面筋含量31.0%，沉淀值30.5毫升，吸水量62.6%，稳定时间5.0分钟，面粉白度75.1。

【产量表现】在2017—2019年齐鲁小麦联合体小麦品种高产组区域试验中，两年平均亩产568.5千克，比对照品种济麦22增产5.3%；在2018—2019年生产试验中，平均亩产605.2千克，比对照品种济麦 22 增产 5.3%。

【种植应用】适宜全省高产地块种植利用。

【栽培要点】适宜播种期为 10 月 1—15 日，每亩基本苗 12 万～15 万。注意防治赤霉病。其他管理措施同一般大田。

20. 济糯麦 1 号

【审定编号】鲁审麦 20196020。

【申请者】山东省农业科学院作物研究所。

【育种者】山东省农业科学院作物研究所。

【品种来源】常规品种，系济麦 22 与加拿大糯小麦 Waxy 杂交后选育而成。

【特征特性】半冬性，越冬抗寒性较好；幼苗半直立，株型半紧凑，茎叶蜡质，旗叶中、上举，抗倒伏性较好，熟相较好；生育期 232 天，比对照品种山农紫麦 1 号晚熟 1 天；株高 81.6 厘米，亩最大分蘖数 106.0 万，亩有效穗数 40.9 万，分蘖成穗率38.6%；穗粒数 36.0 粒，千粒重 43.6 克，容重 811.1 克/升；穗棍棒形、长芒、白壳、白粒、籽粒粉质。山东省农业科学院植物保护研究所接种抗病鉴定结果：中感条锈病和叶锈病，高感白粉病、纹枯病和赤霉病。

【品质表现】2019 年山东省农业科学院作物研究所统一取样，测试品质分析结果：支链淀粉含量 100%，籽粒蛋白质含量13.9%，湿面筋含量 30.09%，沉淀值 35.0 毫升，吸水率 73.9%，稳定时间 2.3 分钟，面粉白度 78.45。

【产量表现】在 2017—2019 年特殊用途小麦自主试验中，两年平均亩产 514.2 千克，比对照品种山农紫麦 1 号增产 8.4%；在2018—2019 年特殊用途小麦生产试验中，平均亩产 545.1 千克，比对照品种山农紫麦 1 号增产 8.3%。

【种植应用】适宜全省中高产地块作特殊用途品种种植利用。

【栽培要点】适宜播种期为 10 月 10—20 日，每亩基本苗 15 万左右。注意防治白粉病、纹枯病和赤霉病。其他管理措施同一般大田。

21. 济糯 116

【审定编号】鲁审麦 20196021。

【申请者】山东省农业科学院作物研究所。

【育种者】山东省农业科学院作物研究所。

【品种来源】常规品种，系冀糯 200 与郑麦 366 杂交后选育而成。

【特征特性】半冬性，越冬抗寒性较好；幼苗半直立，株型半紧凑，叶色浅绿，旗叶上举，抗倒伏性较好，熟相较好；生育期 232 天，比对照品种山农紫麦 1 号晚熟 1 天；株高 78.9 厘米，亩最大分蘖数 97.3 万，亩有效穗数 39.2 万，分蘖成穗率 40.3%；穗粒数 37.2 粒，千粒重 39.6 克，容重 777.1 克/升；穗棍棒形，长芒、白壳、白粒，籽粒粉质；经山东省农业科学院植物保护研究所接种抗病鉴定结果：中感条锈病，高感叶锈病、白粉病、纹枯病和赤霉病。

【品质表现】2019 年山东省农业科学院作物研究所统一取样，测试品质分析结果：支链淀粉含量 100%，籽粒蛋白质含量 13.7%，湿面筋含量 27.99%，沉淀值 34.0 毫升，吸水率 74.2%，稳定时间 2.5 分钟，面粉白度 78.85。

【产量表现】在 2017—2019 年特殊用途小麦自主试验中，两年平均亩产 513.6 千克，比对照品种山农紫麦 1 号增产 7.7%；2018—2019 年特殊用途小麦生产试验中，平均亩产 540.0 千克，比对照品种山农紫麦 1 号增产 7.3%。

【种植应用】适宜全省中高产地块作特殊用途品种种植利用。

【栽培要点】适宜播种期为 10 月 10—20 日，每亩基本苗 15 万左右。注意防治叶锈病、白粉病、纹枯病和赤霉病。其他管理措施同一般大田。

22. 济紫麦 1 号

【审定编号】鲁审麦 20196022。

【申请者】山东省农业科学院作物研究所。

【育种者】山东省农业科学院作物研究所。

【品种来源】常规品种，系周黑麦 1 号与济麦 22 杂交后选育而成。

【特征特性】半冬性，越冬抗寒性较好；幼苗半匍匐，株型半紧凑，叶色深绿，叶片上冲，抗倒伏，熟相好；生育期 232 天，比对照品种山农紫麦 1 号晚熟 1 天；株高 79.3 厘米，亩最大分蘖数 104.1 万，亩有效穗数 43.6 万，分蘖成穗率 41.9%；穗粒数 35.7 粒，千粒重 36.0 克，容重 788.6 克/升；穗纺锤形，长芒、紫壳、紫粒，籽粒硬质；山东省农业科学院植物保护研究所接种抗病鉴定结果：中抗叶锈病，中感赤霉病、纹枯病，高感白粉病、条锈病。

【品质表现】2019 年山东省农业科学院作物研究所统一取样，测试品质分析结果：籽粒蛋白质含量 14.8%，湿面筋含量 34.26%，沉降值 40.5 毫升，吸水率 62.7%，出粉率 68%，稳定时间 6.3 分钟，面粉白度 75.5。花青素含量测定结果：花色苷含量 0.23 毫克/千克。

【产量表现】在 2017—2019 年特殊用途小麦品种自主试验中，两年平均亩产 518.8 千克，比对照品种山农紫麦 1 号增产 9.4%；在 2018—2019 年特殊用途小麦生产试验中，平均亩产 535.3 千克，比对照品种山农紫麦 1 号增产 6.3%。

【种植应用】适宜全省中高产地块作特殊用途品种种植利用。

【栽培要点】适宜播种期为 10 月 5—15 日，每亩基本苗 15 万～18 万。注意防治白粉病、条锈病。其他管理措施同一般大田。

23. 泰科黑麦 1 号

【审定编号】鲁审麦 20196023。

【申请者】泰安市农业科学研究院。

【育种者】泰安市农业科学研究院。

【品种来源】常规品种，系良星 66 与山农紫麦 1 号杂交后选育而成。

【特征特性】冬性，越冬抗寒性较好，耐倒春寒能力较强；幼苗半匍匐，株型半紧凑，分蘖力中等，叶色中绿，叶片适中，旗叶中大，穗层整齐，叶相好，熟相较好；生育期 233 天，比对照品种山农紫麦 1 号晚熟 2 天；株高 84.0 厘米，亩最大分蘖数 89.2 万，亩有效穗数 40.8 万，分蘖成穗率 45.7%；穗粒数 36.1 粒，千粒重 44.9 克，容重 799.0 克/升；穗长方形，长芒、白壳、紫粒，籽粒硬质。山东省农业科学院植物保护研究所接种抗病性鉴定结果：中抗白粉病，中感叶锈病，高感条锈病、赤霉病和纹枯病。

【品质表现】2019 年山东省农业科学院作物研究所统一取样，测试品质分析结果：籽粒蛋白质含量 14.7%，湿面筋含量 38.20%，面筋指数 28.17%，沉降值 37.5 毫升，吸水率 66.3%，出粉率 69.3%，稳定时间 4.2 分钟，面粉白度 75.75。花青素测定结果：花色苷含量 0.083 毫克/千克。

【产量表现】在 2017—2019 年特殊用途小麦自主试验中，两年平均亩产 515.9 千克，比对照品种山农紫麦 1 号增产 9.2%；在 2018—2019 年特殊用途小麦生产试验中，平均亩产 519.5 千克，比对照品种山农紫麦 1 号增产 6.7%。

【种植应用】适宜全省中高产地块作特殊用途品种种植。

【栽培要点】适宜播种期为 10 月 5—15 日，每亩基本苗 15 万左右，注意防治条锈病、赤霉病和纹枯病。其他管理措施同一般大田。

第三章

水浇地小麦高产高效栽培技术

第一节 水浇地小麦栽培技术发展历程

山东省目前小麦种植总面积 6 000 万亩左右,其中水浇麦田面积 4 000 多万亩,约占全省总麦田面积的 2/3。在水浇地中,能保浇三水的高产稳产麦田约占 50%。井灌、库灌区主要集中在泰安、烟台、淄博、济宁、枣庄、临沂、青岛、济南、潍坊、威海、日照等平原和潍河两岸水利精种区。引黄灌区主要分布在德州、菏泽、聊城、滨州、济宁、东营等市。水浇地小麦产量水平在很大程度上决定全省小麦总产量的高低。

山东省水浇地小麦栽培历史悠久,桓台、黄县(今龙口市)早在 20 世纪 50 年代即成为全国著名的小麦精种高产县。但是,全省水浇地小麦高产栽培技术,是新中国成立以后才发展起来的。1949 年全省水浇地只有 365.5 万亩。新中国成立 70 多年来,通过山东各级农业科研机构、农业院校和生产单位对高产品种、高产土壤、需肥特性、合理群体、植株长相以及田间管理等方面日益深入的研究,小麦个体生长发育及群体发展规律逐渐被揭示,小麦生育与环境的关系进一步明确。科研成果的推广应用、土壤改良措施的实施、麦田地力的不断提高,使水浇地小麦传统栽培技术和现代技术结合起来,逐步走向科学化、规范化、规模化,不断涌现出一些新的技术以及大面积、大幅度的增产典型。这些增产典型由点到面带动了全省小麦生产的发展。

山东省是我国小麦主产区,在小麦高产栽培研究与创建方面一直处于全国前列,涌现出了大量高产典型。20世纪70年代,桓台县成为全省第一个亩产过200千克的县,烟台和济宁成为与河北石家庄及河南新乡齐名的全国高产地区。1990年桓台县39.76万亩小麦亩产419千克,38.09万亩玉米亩产611千克,全年耕亩单产达到1020千克,成为"江北第一个吨粮县"。1997年龙口市前诸留村17.44亩8017-2新品系经省内外小麦专家验收,平均亩产707.3千克,其中2.91亩实打平均亩产731.73千克,创当时全国冬小麦单产最高纪录;1999年莱州市种植的2.33亩莱州137,实打亩产773.86千克,创当时全国冬小麦单产最高纪录;2009年6月13日,农业部邀请有关专家,对滕州市级索镇千佛阁村种植的济麦22小麦十亩高产攻关田进行实打测产,实打面积3.46亩,平均亩产789.9千克,创当时全国冬小麦单产最高纪录;2014年6月18日,农业部组织有关小麦专家,对招远市"农业部小麦万亩高产创建示范片"十亩高产攻关田进行了实打验收,种植品种烟农999,实收3.14亩,平均亩产817.0千克,创当时农业部专家实打验收全国冬小麦单产新纪录;2016年6月20日,农业部组织有关小麦专家对莱州市小麦绿色增产模式攻关田进行了实打验收,小麦攻关田位于莱州市城港路街道朱由村金海科教示范园,种植小麦新品系烟农1212,实收面积3.53亩,小麦平均亩产达到828.5千克,创当时农业部专家实打验收全国冬小麦单产最高纪录;2019年山东省小麦连续三次刷新全国冬小麦单产最高纪录:第一次是6月12日,全国农业技术推广服务中心组织有关专家,对泰安市岱岳区马庄镇岳洋农作物合作社高产攻关田进行了实收测产,种植小麦品种山农30,实收面积1.03亩,小麦亩产828.7千克,打破当时全国冬小麦单产最高纪录;第二次是6月16日,农业农村部组织有关小麦专家,对桓台县新城镇西逯家村小麦高产攻关田进行了实打测产,种植小麦品种山农29,实打面积1.68亩,平均亩产835.2千克,刷新了当时刚刚诞生的全国冬小麦单产最高纪录;第三次是6月21日,农业农村部组织中国农业科学院、中国农业大学等单位的7名小麦专家,对莱州市金海种业有限公司种植的烟1212高产攻关田进行了实打测产，实打3.33亩，平均亩产840.7千克，再次刷新全国小麦单产最高纪录。

小麦高产典型的不断涌现，尤其是800千克/亩以上高产纪录的不断出现，充分说明山东省的小麦育种和高产栽培技术达到了一个新的水平，也是山东省各级政府高度重视粮食生产的具体体现。那么，小麦单产提高的潜力究竟有多大呢？

不少专家认为，小麦虽然属于C_3植物，但因品种类型多，仍具有较大的生产潜力。国外对小麦生产潜力的预测：英国专家Austion（1980）研究了英格兰东部种植的小麦优良品种，认为产量水平可以达到800～933千克/亩；有苏联学者（1984）认为小麦产量潜力可达到1 000千克/亩；印度专家Sinha和Aggrval（1980）估计小麦产量可达到1 133千克/亩；美国有的专家估计小麦产量可达到1 333千克/亩。国内专家对小麦生产潜力的预测：河南省气象局有关专家根据实测和拟合计算的辐射资料，用黄秉维计算光合潜力的方法，粗略估算河南省冬小麦的最大光合潜力为1 533千克/亩；梁作勤根据山东省的地理纬度、光热资源和小麦的光能利用率，计算出山东省小麦的最高理论产量为1 200千克/亩。

国内外小麦高产栽培纪录主要有：1965年美国华盛顿州赫伯特农场，在13.35亩地上种植盖恩斯小麦，创造平均亩产937千克的世界纪录，这一世界纪录保持了13年，后来被中国一家农场打破；1978年青海省香日德农场有16.1亩春小麦，平均亩产达912.25千克，其中3.91亩76-338春小麦平均亩产1 013.05千克；2015年，英国一家农场种植的小麦获得好收成，创造了平均亩产1 101.3千克的世界纪录；2017年2月，新西兰南岛小城阿什伯顿农场主沃森夫妇种植的小麦喜获丰收，平均亩产1 119.4千克，刷新了小麦单产的世界纪录。

有关专家表示，从理论上讲，无论是我国冬小麦亩产最高纪录、我国小麦亩产最高纪录，还是世界小麦亩产纪录，今后都有被打破的可能，小麦单产还有增加的潜力。从内因来说，增产来自遗传改良、高产新品种选育；从外因来说，在提高土壤有机质含量上下功夫，讲究农机农艺融合，提高播种质量，配合充足的光照、适宜的温度等气候条件，单产就有可能进一步提高。

第二节　水浇地小麦高产栽培基础条件

综合各地科研成果及生产实践经验，水浇地小麦高产的栽培基础条件可概括如下。

一、培肥地力，以高度肥沃的土壤条件作为小麦高产的必要基础

水浇地小麦高产必须千方百计培肥地力，要求地面平整，土层深厚，排灌方便，还要有良好的理化性状。总结山东省高产麦田土壤的理化性状，主要有以下表现：耕层深 20～25 厘米，土壤容重 1.14～1.26 克/厘米^3，总孔隙度 50% 以上，空气孔隙度 12% 以上；耕层含有机质 1.13% 以上，其中，可分解部分宜占 50% 以上，含全氮 0.08% 以上，碱解氮 40～50 毫克/千克，有效磷 25 毫克/千克以上，速效钾 100 毫克/千克以上，碳氮比在 10 以下为宜；0～80 厘米土层空气孔隙度宜在 10% 以上。

二、合理施肥，充分满足小麦养分需求

增施有机肥料，氮磷或氮磷钾配合施用是培肥地力、获得高产的可靠基础。500 千克的水浇地高产麦田，一般需亩施有机肥 0.3 万～0.5 万千克，配合施足氮、磷、钾等化肥。按需肥量计算施肥量，氮肥施肥量应为需肥量的 1～1.5 倍，磷肥为 3～4 倍，钾肥为 1～1.5 倍。缺微量元素的麦田还必须增施微肥。同时，要重施犁底化肥，一般犁底肥应占总施肥量的 30%～50%。

三、根据小麦生产发展的阶段性，采取相应措施

不同地力水平、不同播种期、不同品种实现高产、稳产、优质、低耗应有不同的农艺措施组合。如适期播种的高肥高产麦田，

应采用宽幅精播高产栽培技术，而晚茬高肥麦田可采用独秆栽培技术或"四补一促"栽培技术。

四、合理的群体结构是提高光合生产率的基本保证

不同地力水平、不同品种、不同农艺措施组合应有不同的合理群体指标，并以这些指标作为栽培管理的主要目标。精播高产栽培与晚茬独秆栽培法要采取不同的群体结构指标。高产群体的共同特点是前期群体较小，春季分蘖消亡的速度快，前期积累干物质所占比重较小（<40%），后期积累干物质所占比重大（>60%），全期光合生产率高，干物质积累日增长量大。在群体发展的过程中，冬前群体大小是群体是否合理的关键。在保证应有穗数的前提下，冬前总蘖数应取低限，以减少无效分蘖；在保证冬前分蘖足够的前提下，苗数取低限，发挥苗数少、个体健壮、穗部性状好的增产作用。

五、培育壮苗，使个体充分发展

在精播高产条件下，以冬前主茎叶龄 6～7 片，单株分蘖 5～10 个，根蘖比 1：（1～1.2）为宜。同时，冬前每亩总蘖数控制在本品种合理指标的范围内。在足墒、足肥播种的基础上，适期播种和精量匀播是培育壮苗、控制群体的关键。冬性品种宜在日平均气温为 16～18℃时播种，半冬性品种在日平均气温为 14～17℃时播种。在适期播种的条件下，减少苗数，以分蘖成穗为主是高产田创高产的稳妥途径。中产小麦，由于地力不高、肥水不足和管理粗放等原因，冬前分蘖受到限制，故应酌情增加苗数，多采用主蘖并重的途径求增产。晚茬麦，主要因播种期晚、冬前有效积温少而影响小麦扎根分蘖，故需增大播种量，以分蘖成穗为主创高产。

六、因地制宜，看苗分类管理

冬前及早春是促蘖增穗的有效期，拔节期（药隔分化期）是增

加穗粒数的高效期。高产麦田的倒伏贪青问题的主导因素是拔节期以前施氮肥过量。因此，在打好播种基础、保证应有穗数的前提下，早春控制分蘖及茎、叶等营养器官的生长，拔节期积极促进穗大粒多，可作为高肥、高产麦田田间管理的基本形式。这一形式有助于穗数与穗粒重同步增长。由于不同地力、不同品种、不同栽培法的苗情不同，对合理群体指标的要求不同，应该采用的管理措施组合不同，要根据麦苗壮、旺、弱不同长势，按小麦生长规律及管理措施效应、分类采取相应的综合措施，不断调节群体指标使其向预定方向发展，并使群体大小与株型相匹配，协调穗数、粒数及粒重的关系。提高粒重是高产麦田夺高产的重要途径，生长后期必须熟相正常，防早衰及贪青晚熟。为此，必须按小麦需肥规律控制植株体内碳氮营养状况。防止基施氮肥及起身期以前追施氮肥过量是防止贪青、提高粒重的主要途径。

第三节　水浇地小麦栽培技术要点

水浇地小麦栽培技术，就是在小麦从种到收的整个生育过程中，通过协调环境条件与小麦生长发育的关系，满足小麦对环境条件的要求，达到增加产量、改善品质的目的，充分发挥各种资源优势并获得最大的经济效益所采用的一系列技术措施。水浇地小麦栽培技术主要包括整地技术、施肥技术、灌溉技术、播种技术、管理技术和收获贮藏技术等生产技术环节。各项技术相互配合，共同构成水浇地小麦的栽培技术体系。

一、耕作整地技术

小麦对土壤的适应性较强，但排灌便利、耕作层深厚、结构良好、有机质丰富、养分充足、通气性与保水性良好的土壤，是小麦高产稳产优质的基础。一般认为适宜的土壤条件为：土壤容重在 1.2 克/厘米³ 左右，总孔隙度在 $50\%\sim55\%$，有机质含量在 1.0% 以上，土壤 pH 在 $6.8\sim7$，土壤的氮、磷、钾营养元素丰富，且有效供肥能力强。耕作整地是改善麦田土壤条件的基本措施之一。

为保证苗全、苗壮，并为丰收打好基础，不同茬口、不同土质的耕作整地工作，必须达到深、透、细、平、实、足的要求，即：深耕深翻，加深耕层；耕透耙透，不漏耕漏耙；地平土细；耕层土壤不过暄，上松下实；底墒充足。为此，必须正确运用深耕（松）、耙耱、镇压等耕作措施，掌握宜耕、宜耙时机，改进耕作技术，提高作业质量。

（一）　深耕技术

土层深厚的水浇麦田，深耕重在打破犁底层；土层较薄的山丘水浇地则要通过深耕深翻加深活土层。深耕的增产作用早已为实践所证实。深耕可改变土壤理化性状及生物过程，对提高土壤蓄墒能力、培肥地力、扩大根系的吸收范围，以及提高小麦对土壤深层水分及其他物质的利用能力均有重要意义。耕作层厚度和结构状况不同，土壤水、肥、气、热状况不同，则小麦生长发育及产量不同。不少研究资料指出，深耕深翻后，土壤容重一般可降低 0.1% ～ 0.2%，土壤水分比浅耕提高 1% ～ 2%，土壤中好气性有益微生物比浅耕增加 4～5 倍。固氮菌、硝化细菌、磷细菌等可在深层土壤活动，利于分解土壤中不能被小麦吸收利用的养分，从而提高土壤中有效养分含量。在深翻结合施肥的情况下，硝态氮可增加 1 倍左右，有效磷增加 1～2 倍，速效钾增加 50% 左右。在深耕细作的情况下，小麦根系主要分布在 0～40 厘米土层内，在浅耕粗作的情况下，主要分布在 0～20 厘米土层内。多年不深耕的地块容易逐渐形成犁底层。乳山、海阳、莱西等地测定资料显示，犁底层透水性能低，每小时的渗漏量为 5.18 毫升/厘米^2，比耕层减少 40.1%，严重阻碍着土壤收墒蓄水和根系下扎。打破犁底层增产显著。莱阳农学院（现青岛农业大学）在莱州市西由镇使用小犁铧加松土铲的方法，打破犁底层，经 3 年试验，土壤容重由破除前 1.5 克/厘米^3 降至 1.3 克/厘米^3，土壤总孔隙度由 43.4% 增至 49.0%，土壤空气占土壤体积数由 16.9% 提高到 29.2%，土壤三相比（固相：液相：气相）由 56.6：26.5：16.9 改变为 51.0：19.8：29.2，从而影响了土壤水热状况，土壤蓄水量明显增加，早春土壤温度回升早而快；直径小于 0.25 毫米的土壤微团聚体在 0～10 厘米土层由对照的 3.35％增至 5.25％，在 10～20 厘米土层由 4.3％增至 4.75％，在 20～30 厘米土层由 3.60％增至 6.75％。土壤碱解氮在 20～30 厘米土层处增加尤为显著，比对照高 10 毫克/千克。由于犁底层破除后土壤疏松，一系列理化性状发生较好的变化，有利于根系生长，增产显著。小麦起身期测定结果显示，打破犁底层后地下部根系干重每亩比对照增加 37 千克，地上部干重每亩增加 12.6 千克，小麦亩产量增加 5.4％～14.7％。

一次深耕翻过深的话，易打乱土层，使当季上层土壤肥力降低，耕层失墒较快；还易使土壤过松，达不到应有紧实度而影响麦苗生长。干旱年份播前深耕易影响苗全、苗壮，并且较费工费时，易延误播种期。另外，深耕翻能源消耗较高。因此，深耕地有不少当季减产的事例。总结已有深耕经验，为充分发挥深耕的增产作用，实现当季增产、持续增产，深耕必须因地制宜，并做到以下几点。

（1）深耕结合增施肥料。肥料多时，应尽量分层施肥，在深耕前铺施一部分，浅耕翻入耕作层。肥料少时，在深耕后铺肥，再浅耕掩肥。

（2）注意熟土在上，生土在下，防止打乱土层。深层土壤多是生土，含可溶性养分少，盐碱地下层含盐碱较多，把下层土壤翻上来，对培育小麦壮苗不利。

（3）深耕必须结合精细耙地。机耕时要机耙，耙透耙匀，使土壤不暄空，耕层达到应有的紧实度。

（4）掌握合理深度。深耕不是越深越好，尤其播种前深耕不宜过深。土层较深厚的高产麦田，深耕以打破犁底层为目的。当前犁底层深度多在 20 厘米左右，破除犁底层的耕深以 25 厘米左右为宜。土层薄的山丘地，以加深耕作层为目的进行深耕，可逐步加深到 30～40 厘米，结合整地，亦可更深。但是这种深耕，应在冬闲期进行，即深冬耕。

（5）秸秆还田地块，深耕前要尽量将秸秆打碎、打细。这样可以将较多的秸秆翻埋到地下，有利于提高整地质量，也有利于提高播种出苗质量。

多年的实践证明，秸秆还田地块常年旋耕或者深松，容易加重病虫草害的发生程度，也不利于提高整地质量。因此，不少地区越来越重视深耕翻的作用，随着机械化水平的提高和大型翻转犁的广泛应用，深耕翻技术正成为提高整地质量、减轻病虫草害危害、提高播种质量的有效手段。

（二）深松技术

近十年来，山东省不少地区示范推广深松整地技术，取得了较好的效果。深松技术是指通过拖拉机牵引深松机或带有深松部件的联合整地机具，进行行间或全方位土壤耕作的机械化整地技术。该技术可在不翻转土垡、不打乱原有土层结构的情况下，打破坚硬的犁底层、加厚松土层、改善土壤耕层结构，从而增强蓄水保墒和抗旱防涝能力，能有效改良土壤、增强粮食等作物基础生产能力，促进农业增产和农民增收。

机械化深松按作业性质可分为局部深松和全面深松两种。全面深松是用深松犁全面松土，这种方式适用于配合农田基本建设，改造耕层浅的土壤。局部深松则是用杆齿、凿形铲或铧进行松土与不松土相间隔的局部松土。由于间隔深松创造了虚实并存的耕层结构，实践证明，间隔深松优于全面深松，应用较广。

为避免深松后土壤水分快速散失，深松后要用旋耕机及时整理表层，或者用镇压器多次镇压沉实土壤，然后及时进行小麦播种作业。有条件的地区，要大力示范推广集深松、旋耕、施肥、镇压于一体的深松整地联合作业机，或者集深松、旋耕、施肥、播种、镇压于一体的深松整地播种一体机，以便减少耕作次数，节本增效。

深耕和深松各有优缺点，生产上要因地制宜选择适宜技术。大犁深耕，可以掩埋有机肥料、作物秸秆和杂草，有利于消灭寄生在土壤中或残茬上的病虫，有利于减轻病虫草害危害，但松土深度不如深松；深松作业可以疏松土层而不翻转土层，松土深度要比耕翻深，但不能翻埋肥料、杂草、秸秆，也不利于减少病虫害的发生。

因此，对于根病和地下害虫危害较重的地块，以大型深耕翻为好。

大型深耕和深松工序复杂，耗能较大，在干旱年份还会因土壤失墒而影响小麦产量。因此，不必年年深耕或深松，可深耕（松）1年，旋耕2～3年。可选择耕幅1.8米以上、中间传动单梁旋耕机，配套44.1千瓦（60马力）以上的拖拉机。为提高动力传动效率和作业质量，旋耕机可选用框架式、高变速箱旋耕机。对于水浇条件较差或者播种时墒情较差的地块，建议采用小麦免耕播种（保护性耕作）技术。

（三）旋耕技术

旋耕技术是应用旋耕机对土壤表面及浅层进行处理的一种作业方式，主要是将田地表面的秸秆粉碎、将土块细碎化，以便于小麦的播种等作业。旋耕机是以旋转刀齿为工作部件的驱动型土壤耕作机械，又称旋转耕耘机。按其旋耕刀轴的配置方式分为横轴式和立轴式两类。以刀轴水平横置的横轴式旋耕机应用较多。旋耕机有较强的碎土能力，一次作业即能使土壤细碎、土肥掺和均匀、地面平整，达到小麦播种的基本要求，有利于争取农时，提高工效，并能充分利用拖拉机的功率。但对残茬、杂草的覆盖能力较差，耕深较浅，一般旋耕深度在12～15厘米。

目前的旋耕机耕深一般为12厘米左右，长期浅耕，会使耕层下部趋于免耕，逐渐形成犁底层，对小麦的产量有一定影响。一般连续旋耕4年，就有减产的趋势。因此，旋耕要与深耕或深松结合起来，即旋耕2～3年，深耕或深松1年。

（四）耙耢、镇压与造墒

耙耢、镇压与造墒是小麦播种前的重要环节。耙耢可使土壤细碎，消灭坷垃，上松下实，底墒充足。不同茬口、不同土质都要在耕地后根据土壤墒情及时耙地。机械作业，要机耕机耙，最好组成机组进行复式作业。耙地次数以耙碎、耙实、无明暗坷垃为原则，耙地次数过多反而容易跑墒。播种前遇雨，要适时浅耙轻耙，以利保墒和播种。

耕作较晚，墒情较差，土壤过于疏松的情况下，播种前后镇压,有利于沉实土壤、保墒出苗。试验表明,一般小麦播种前适宜的土壤紧实度为土壤容重 1.20~1.30 克/厘米^3,播种前镇压可使土壤容重为 0.86~0.99 克/厘米^3 的过松土壤压至适宜的紧实度,干土层下降 1~2 厘米,减少耕层大孔隙 80%,减少水分蒸发,提高表墒 1%~3%,小麦出苗率提高并提早出苗,增产 5.6%~13.5%。镇压强度以 450~500 克/厘米^2 为宜。土壤过湿、涝洼、盐碱地不宜镇压。

耙压之后,耢地是进一步提高耕作质量的措施。耢地可使地面更加平整、土壤更加细碎、沉实,形成一层疏松表层,减少水分蒸发。据山东省农业科学院测定,耙后耢地,干土层为 3.6 厘米,5~10 厘米土壤含水量为 11.7%,不耢的干土层为 5 厘米,5~10 厘米土壤含水量为 9.8%。

不同耕作措施都必须保证底墒充足,并使表墒适宜。这便是"麦怕胎里旱"及"麦收隔年墒"的群众经验。一般要保持土壤水分占田间持水量的 70%左右。除千方百计通过耕作措施蓄墒保墒外,在干旱年份播种前土壤底墒不足,可能影响播种出苗及麦苗生长的情况下,要灌水造墒。整地播种时间充裕的地区,可在耕地前灌水造墒,或先整地做畦,再灌水造墒,待墒情适宜时耘锄耙地然后播种。一年两作的麦田,前茬作物收获晚,应尽可能在前茬作物收获前适时浇水造墒,或在前作物收获后泼地造墒,也可整地后串沟或做畦后造墒,但要防止大水漫灌贻误农时。

(五) 整地做畦

水浇麦田,要求地面平整,以充分发挥浇水效益,并保证播种深浅一致,出苗整齐。为此,要坚持整平土地,尽量做到"地平如镜""寸水棵棵到"的要求,以保证灌水均匀,不冲、不淤、不积水、不漏浇为标准。

目前,水浇麦田多实行畦灌,畦灌麦田必须结合耕作整地做畦。畦的规格各地差异很大,因地面比降、水源条件、种植方式、土质等不同,长度从几十米到几百米,宽度从 1 米到 7~8 米。地面纵向比降大、水源充足、土壤不易漏水,畦宜长,反之宜短。另外，还要考虑到种植方式及与播种机的配套。目前各地注意节水灌溉，一般每次灌水亩定额不宜超过 50 米³，一般畦长 50～100 米，畦宽 2～3 米为宜。

近年来，山东不少地区在小麦上应用了微喷灌溉、滴灌等水肥一体化技术，具有明显的节水、节肥、增产、增效作用，具备较好的推广前景。采用水肥一体化技术时，可以不用做畦，去掉了畦垄，能够加播 2 行小麦，提高了土地利用率，增产显著。

二、施肥技术

研究和生产实践证明，增施肥料，培肥地力，充分满足小麦对养分的需要，是使小麦高产、稳产、优质的根本途径。目前，多数水浇麦田，尤其中产以下麦田，土壤有机质含量不高，缺氮、缺磷，部分地区缺钾、缺微量元素，而在施肥中，不少地块氮磷比例或氮磷钾比例严重失调。高产麦田施氮肥过多、方法不当也是突出问题。这种状况，严重影响小麦持续增产及施肥的经济效益。因此，施肥技术在小麦栽培系统中一直是重要组成部分。土壤有其自身的供肥特性，与小麦的生育要求不完全一致。因之，即便是较高肥力的土壤，亦应借助于施肥措施调节、平衡养分供求关系。

（一） 小麦的需肥特点

研究表明（表 3-1），随着产量水平的提高，小麦氮、磷、钾吸收总量相应增加。每生产 100 千克籽粒，需氮（N）（3.1±1.1）千克、磷（P_2O_5）（1.1±0.3）千克、钾（K_2O）（3.2±0.6）千克，三者的比例约为 2.8∶1∶3.0，但随着产量水平的提高，每生产 100 千克籽粒氮的吸收量减少，钾的吸收量增加，磷的吸收量基本稳定。

表 3-1　不同产量水平下小麦对氮、磷、钾的吸收量

产量水平/ (千克/公顷)	吸收总量 /(千克/公顷)			100 千克吸收量 /千克			吸收比 (N∶P_2O_5∶K_2O)	资料来源
	N	P_2O_5	K_2O	N	P_2O_5	K_2O		
1 965	116.7	35.6	54.8	5.94	1.81	2.79	3.3∶1∶1.5	山东农业大学

（续）

产量水平/ (千克/公顷)	吸收总量 /(千克/公顷)			100 千克吸收量 /千克			吸收比 (N：P₂O₅：K₂O)	资料来源
	N	P₂O₅	K₂O	N	P₂O₅	K₂O		
3 270	120.3	40.1	90.3	3.69	1.23	2.76	3.0：1：2.2	河南省农业科学院
4 575	125.9	40.2	133.7	2.75	0.88	2.92	3.1：1：3.3	山东省农业科学院
5 520	142.5	50.3	213.5	2.58	0.91	3.87	2.8：1：4.3	河南农业大学
6 420	159.0	73.6	166.5	2.48	1.15	2.59	2.2：1：2.3	烟台农业科学研究所
7 650	182.9	75.0	212.0	2.39	0.98	2.77	2.4：1：2.8	山东农业大学
8 265	229.2	99.3	353.3	2.77	1.20	4.27	2.3：1：3.6	河南农业大学
9 150	246.3	85.5	303.0	2.69	0.93	3.31	2.9：1：3.6	山东农业大学
9 810	286.8	97.4	330.2	2.92	0.99	3.37	2.9：1：3.4	山东农业大学
平　均	178.8	66.3	206.4	3.13	1.12	3.18	2.8：1：3.0	

资料来源：于振文，2013，作物栽培学各论（北方本），2 版。

　　小麦整个生育期内，除种子萌发期间因本身贮藏养料而不需要吸收养分外，从苗期到成熟的各个生育时期，均需要从土壤中吸收养分。

　　冬小麦不同生育时期植株氮、磷、钾的积累量随着小麦在生育进程中干物质积累量的增加相应增加（表 3-2），起身期以前麦苗较小，氮、磷、钾吸收量较少；起身以后，植株迅速生长，养分需求量也急剧增加；拔节至孕穗期小麦对氮、磷、钾的吸收达到一生的高峰期。对氮、磷的吸收量在成熟期达最大值；对钾的吸收在抽穗期达最大累积量，其后钾的吸收出现负值。

表 3-2　冬小麦不同生育时期氮、磷、钾累积进程

生育时期	干物质 /(千克/公顷)	N		P₂O₅		K₂O	
		累积量 /(千克/公顷)	累积量 占比/%	累积量 /(千克/公顷)	累积量 占比/%	累积量 /(千克/公顷)	累积量 占比/%
三叶期	168.0	7.65	3.76	2.70	3.08	7.80	3.32
越冬期	841.5	30.45	14.98	11.55	13.18	30.75	13.11

（续）

生育时期	干物质 /(千克/公顷)	N		P$_2$O$_5$		K$_2$O	
		累积量 /(千克/公顷)	累积量 占比/%	累积量 /(千克/公顷)	累积量 占比/%	累积量 /(千克/公顷)	累积量 占比/%
返青期	846.0	30.90	15.20	10.65	12.16	24.30	10.36
起身期	768.0	34.65	17.05	14.55	16.61	33.90	14.45
拔节期	2 529.0	88.50	43.54	25.20	28.77	96.90	41.30
孕穗期	6 307.5	162.75	80.07	49.80	56.85	214.20	91.30
抽穗期	7 428.0	170.10	83.69	54.00	61.64	234.60	100.00
开花期	7 956.0	164.7	81.03	57.30	65.41	206.10	87.85
花后20天	12 640.5	180.75	88.93	67.20	76.71	184.65	78.71
成熟期	15 516.0	203.25	100.00	87.60	100.00	191.55	81.65

资料来源：河北农业大学张立言等，1993。

注：数据为冀麦24、冀麦7号和丰抗2号3个品种的平均值，平均产量6 976.5千克/公顷。

苗期氮素代谢旺盛，同时对磷、钾反应敏感。保证苗期的氮素供应，可以促进冬前分蘖、培育壮苗，为麦苗安全过冬、壮秆大穗打下基础。但此时氮肥如果施用过多，也会造成分蘖过猛出现旺长，造成群体大、个体差的局面。由于麦苗小、根量少、温度低、吸收养分能力比较弱，苗期养分积累不多，一般不到总量的10%。拔节期生殖生长与营养生长同时进行，幼穗分化、植株发育、茎秆充实需要大量养分，此时的特点是代谢速度快，养分吸收与积累多，氮钾的积累已达到最大值的一半，磷占40%左右。进入孕穗期，干物质积累速度达到高峰，相应地养分吸收与积累达到最大。此时养分吸收速度远大于拔节期，尤其是对磷钾的吸收，要比拔节期高4～5倍。地上部的氮素积累已达最大值的80%左右，磷、钾在85%以上。在拔节期至孕穗期满足氮素供应，可以弥补基肥的养分经前期消耗而出现的不足，提高成穗率，巩固亩成穗数，促进小花分化，增加穗粒数。抽穗开花后，小麦以碳代谢为主导。根系吸收能力逐渐减弱并丧失，养分吸收随之减少并停止。因呼吸作用消耗，地上部分养分积累在灌浆后减少。

　　总的来看，小麦在整个生育期内对氮的吸收有两个高峰，一个是在分蘖盛期，占总吸收量的 12％～14％；另一个是在拔节至孕穗期，占总吸收量的 35％～40％。这两个时期需氮的绝对值多，且吸收速度快。

　　小麦吸收磷主要在拔节孕穗期，这个时期磷的吸收量可达总量的 60％。苗期磷吸收量虽然少，只占总量的 10％左右，但此时磷营养对于植株，尤其对根系生长极为重要，是小麦需磷的临界期。小麦在幼穗分化期间，磷素代谢比较旺盛。此时磷素营养条件好，幼穗发育时间长，小穗数增多，可使穗大粒多。

　　小麦对钾的吸收在拔节前比较少，拔节至孕穗期是小麦吸收钾最多、吸收最快的时期，吸收钾量可达总吸收量的 60％～70％。此时保证充足的钾素供应，可使小麦植株粗壮，生长旺盛，有利于光合产物的运输，加速灌浆，对穗粒数和粒重有较好的作用，同时还可以提高籽粒中的蛋白质含量，改善小麦品质。

　　有机肥具有养分全面、成本低、生态效益好等优点。常年增施有机肥，辅以施用适量化肥是迅速培肥地力，提高小麦产量的最有效措施。在当前实际农业生产中，直接施用农家堆肥及牲畜粪便的做法有减少趋势，代之而起的是玉米及其他前茬作物秸秆作为小麦基肥的主要原料。随着机械化水平的提高，玉米秸秆还田逐渐成为增加土壤有机质、培肥地力的主要措施。各地试验证明，玉米秸秆直接还田增加了土壤有机质，改善了土壤物理性状，增加了土壤有益微生物数量，提高了速效养分供应量，对小麦增产作用显著。河南省农业科学院小麦研究所在驻马店市西平县和南阳市方城县连续7 年的定位试验表明，小麦、玉米周年秸秆还田后，土壤耕层有机质年均增加 0.07 个百分点，速效氮年均增加 0.63 毫克/千克，有效磷年均增加 0.5 毫克/千克，速效钾年均增加 4.5 毫克/千克。小麦灌浆期土壤细菌、真菌、放线菌数量分别比不还田高 64.3％、64.9％和 55％，更利于土壤的活化。由于玉米秸秆腐烂后，有机体内的多种微量元素归还到土壤中，凡是连年秸秆还田的土壤，微量元素有所积累，可供给下茬小麦对多种微量元素的需要。

（二） 施肥技术

小麦的施肥技术应包括施肥量、施肥时期和施肥方法。

施肥量＝（计划产量所需养分量－土壤当季供给养分量）/（肥料养分含量×肥料利用率），式中施肥量、计划产量所需养分量、土壤当季供给养分量的单位均为千克/公顷。

计划产量所需养分量可根据 100 千克籽粒所需养分量来确定；一般以不施肥麦田产出小麦的养分量测知土壤提供的养分数量；在田间条件下，氮肥的当季利用率一般为 30％～50％，磷肥为 10％～20％，高者可达到 25％～30％，钾肥多为 40％～70％。有机肥的利用率因肥料种类和腐熟程度不同而差异很大，一般为 20％～25％。

施肥时期应根据小麦的需肥动态和肥效时期来确定。一般冬小麦生长期较长，播种前一次性施肥的麦田极易出现前期生长过旺而后期脱肥的现象，应采取基肥和追肥相结合的施肥方式，高产田适当推迟追氮时期，对提高粒重和蛋白质含量的效果较好。

缺少微量元素的地块，要注意补施锌肥、硼肥等。要大力推广化肥深施技术，坚决杜绝地表撒施。

小麦高产和超高产栽培必须注意保持土壤较高的有机质含量和养分平衡。秸秆还田培肥地力，根据土壤肥力基础精确施肥。亩产 500～600 千克的高产田的土壤肥力基础应该达到以下标准：0～20 厘米土层土壤有机质含量 1.2％及以上，全氮 0.09％，碱解氮 80 毫克/千克，有效磷 20 毫克/千克，速效钾 90 毫克/千克，有效硫 12 毫克/千克及以上。亩产 600 千克以上的超高产田土壤肥力基础应达到以下标准：0～20 厘米土层土壤有机质含量 1.4％以上，全氮 0.1％，碱解氮 90 毫克/千克，有效磷 25 毫克/千克，速效钾 100 毫克/千克，有效硫 12 毫克/千克及以上。

在推行玉米联合收获和秸秆还田的基础上，广辟肥源、增施农家肥，努力改善土壤结构，提高土壤耕层的有机质含量，是小麦高产单位的成功经验。一般高产田亩施有机肥 2 500～3 000 千克；中低产田亩施有机肥 3 000～4 000 千克。不同地力水平化肥的适宜施用量参考值如下。

①产量水平在每亩 400～500 千克的中产田。每亩施用纯氮（N）10～12 千克，磷（P_2O_5）4～6 千克，钾（K_2O）4～6 千克，磷钾肥基施，氮肥 50% 基施，50% 起身期追施。

②产量水平在每亩 500～600 千克的高产田。每亩施用纯氮（N）12～14 千克，磷（P_2O_5）6～7 千克，钾（K_2O）5～6 千克，磷钾肥基施，氮肥 40%～50% 基施，50%～60% 起身期或拔节期追施。

③产量水平在每亩 600 千克的超高产田。每亩施用纯氮（N）14～16 千克，磷（P_2O_5）7～8 千克，钾（K_2O）6～8 千克以上，磷肥基施，氮、钾肥 40%～50% 基施，50%～60% 拔节期追施。

三、播种技术

（一）选用良种与种子处理

小麦良种应具备高产、稳产、优质、抗逆、适应性强的特点，良种选用应根据当地自然气候、栽培条件、产量水平以及耕作种植制度特点进行，同时做到良种良法配套。播前种子处理应通过机械筛选粒大饱满、整齐一致、无杂质的种子，以保证种子营养充足、出苗整齐、分蘖粗壮、根系发达、苗全苗壮。要针对当地苗期常发病虫害进行药剂拌种，或用含有药剂、营养元素的种衣剂包衣。同时，进行发芽试验，为确定播种量提供依据。

（二）适期播种

适期播种是使小麦苗期处于最佳的温、光、水条件下，充分利用光热和水土资源，冬小麦还要达到冬前培育壮苗的目的。冬小麦确定适宜播种期的依据如下。

1. 冬前积温　小麦冬前积温包括播种到出苗的积温及出苗到冬前停止生长之日的积温。一般播种至出苗的积温为 120℃左右，播种深度为 3～5 厘米，出苗后冬前主茎每长一片叶平均需 75℃左右积温。可根据主茎叶片和分蘖的同伸关系，求出冬前不同苗龄与蘖数的总积温，再通过查询当地气象资料即可确定适宜播种期。例如：冬前要求主茎叶数为 6 片，则冬前总积温为 $75×6+120=570℃$。

2. 品种发育特性 不同感温感光类型品种，完成发育要求的温光条件不同，一般强冬性品种可适当早播，弱冬性品种宜适当晚播。生产实践中山东省小麦的适宜播种期为：冬性品种一般在日平均气温 16～18℃时播种，弱冬性品种一般在 14～16℃时播种，从播种至越冬开始，0℃以上积温以 600～650℃为宜。一般地，鲁东、鲁中、鲁北的小麦适宜播种期为 10 月 1—10 日，其中最佳播种期为 10 月 3—8 日；鲁西的适宜播种期为 10 月 3—12 日，其中最佳播种期为 10 月 5—10 日；鲁南、鲁西南适宜播种期为 10 月 5—15 日，其中最佳播种期为 10 月 7—12 日。

（三）合理密植

合理密植包括合理的播种方式、基本苗数、群体结构和最佳的产量结构等，基本苗数是实现合理密植的基础。生产上通常采取"以地定产，以产定穗，以穗定苗，以苗定籽"的方法确定实际播种量，即以土壤肥力高低确定产量水平，根据计划产量和品种的穗粒重确定每公顷合理穗数，根据每公顷穗数和单株成穗数确定每公顷计划基本苗数，再根据每公顷计划基本苗数和种子千粒重（克）、种子发芽率（％）及田间出苗率（％）等确定每公顷播种量（千克）。公式为

$$每公顷播种量=\frac{每公顷计划基本苗数×种子千粒重}{1\,000×1\,000×种子发芽率×田间出苗率}$$

播种量还与实际生产条件、品种特性、播种期早晚、栽培体系类型等有密切的关系，一般调整播种量的原则是土壤肥力很低时，播种量应低；随着肥力的提高，适当增加播种量；当肥力较高时，则应相对减少播种量。冬性强、营养生长期长、分蘖力强的品种，适当减少播种量；春性强、营养生长期短、分蘖力弱的品种，适当增加播种量；播种期推迟应适当增加播种量。

实践证明，在适宜播种期内，分成穗率低的大穗型品种，每亩基本苗 15 万～20 万；分蘖成穗率高的中穗型品种，每亩基本苗 12

万～18万。在适宜播种期内的前几天，地力水平高的取下限基本苗；在适宜播种期的后几天，地力水平一般的取上限基本苗。

（四）　精细播种

用小麦精播机或宽幅精播机播种，行距21～25厘米，播种深度3～5厘米。播种机不能行走太快，每小时5千米，保证下种均匀、深浅一致、行距一致，不漏播、不重播，地头地边播种整齐。近年来，山东省在播种环节重点推广了小麦宽幅精量播种技术，该技术改传统小行距（15～20厘米）密集条播为等行距（22～25厘米）宽幅播种，改传统密集条播籽粒拥挤一条线为宽播幅（8～10厘米）种子分散式粒播，有利于种子分布均匀，减少缺苗断垄、疙瘩苗现象，克服了传统播种机密集条播籽粒拥挤、争肥、争水、争营养、根少、苗弱的生长状况，一般增产8%左右。

播种以后，一定要注意播种后镇压这个环节。播种后镇压是保证小麦正常出苗及根系正常生长，提高抗旱能力的有效措施。一般用带镇压装置的小麦播种机械，在播种时随种随压；未带镇压装置的要在小麦播种后用镇压器专门镇压1～2遍。

四、灌溉技术

（一）　小麦对水分的需求

小麦是需水较多的作物。小麦的需水量为不限制小麦生长发育条件下田间健壮植株的蒸散量，包括田间植株蒸腾和株间蒸发的总和。小麦从播种到收获整个生育期间对水分的消耗量为小麦的耗水量，耗水量＝播种时土壤含水量＋生长期总灌水量＋有效降水量－收获期土壤贮水量。

小麦一生中总耗水量大致为400～600毫米（4 000～6 000米^3/公顷）。单位土地面积上每毫米水的籽粒生产量为水分生产率[千克/（毫米·公顷）]。

小麦的耗水量，包括植株叶面蒸腾和棵间土壤蒸发，其中叶面蒸腾占总耗水量的60%～70%，棵间蒸发占总耗水量的30%～40%。根据各地研究分析（表3-3），在小麦产量2 250～7 500千克/公顷范围内，耗水量随产量的提高呈增加趋势，水分生产率也随产量的提高而提高。说明培肥地力，提高小麦栽培管理水平，增加产量，是提高水分生产率，节约用水的根本途径。水浇地小麦不同生育时期土壤耗水深度不同，苗期主要消耗0~40厘米的耕作层水分；中期耗水主要在耕作层以下至100厘米；后期耗水主要在40~140厘米。耗水的变化与根系生长进程有密切关系，土层深厚的旱地麦田根系下扎深，最深可达5米，土壤耗水层在拔节后可达2米以下，并靠深层吸水保证旱地麦田后期正常生长。

表3-3　小麦产量与耗水总量、水分生产率的关系

产量 /（千克/公顷）	耗水总量 /（米³/公顷）	水分生产率 /［千克/（毫米·公顷）］
2 250	3 690	6.105
3 000	4 050	7.41
3 750	4 380~4 425	8.565~8.475
4500	4 725	9.525
5 250	4 875	10.77
6 000	4 920~4 950	12.195~12.12
6 750	5 025	13.44
7 500	5 400	13.89
9 000	4 500	20.00

资料来源：单玉珊等，2001，小麦高产栽培技术原理；于振文等，2013，作物栽培学各论（北方本），2版。

小麦不同生育时期的耗水量与气候条件、冬春麦类型、栽培管理及产量水平有密切关系。一般冬小麦出苗后，随气温降低，日耗水量下降，播种至越冬耗水量占全生育期的15%左右（表3-4）。入冬后，气温降低，生理活动缓慢，耗水量进一步减少，越冬至返青阶段耗水只占总耗水量的6%~8%，耗水强度在10米³/（公顷·天）左右，黄河以北地区更低。返青至拔节期，随气温升高，小麦生长发育加快，耗水量随之增加，耗水强度在10~20米³/（公顷·天），耗水量只占全生育期的15%左右，由于植株小，棵间蒸发占阶段

耗水量的 $30\%\sim60\%$。拔节以后，小麦进入旺盛生长期，耗水量急剧增加，并由棵间蒸发转为植株蒸腾为主，植株蒸腾占阶段耗水量的 90% 以上，耗水强度达 40 米³/（公顷·天）以上，拔节到抽穗一个月左右时间内，耗水量占全生育期的 $25\%\sim30\%$；抽穗前后，小麦茎叶迅速伸展，绿色面积和耗水强度均达一生最大值，一般耗水强度在 45 米³/（公顷·天）以上。抽穗到成熟 $35\sim40$ 天，耗水量占全生育期 $35\%\sim40\%$。

表 3-4 冬小麦（河南新乡）各生育期的耗水量

时期	天数	阶段耗水量/（米³/公顷）	日耗水量/（米³/公顷）
播种—越冬	78	791.3	10.35
越冬—返青	36	341.4	9.45
返青—拔节	38	762.0	19.5
拔节—抽穗	32	1 351.5	42.3
抽穗—成熟	45	2 012.5	45.8
全生育期	229	5 258.7	

资料来源：河南省农业科学院，1988，河南小麦栽培学。

注：冬小麦产量为 7 030 千克/公顷。

（二）灌溉技术

山东省小麦产区因受大陆性季风气候的影响，降水量分布很不均衡。小麦生育期间降水量只占全年降水量的 $25\%\sim40\%$，仅能满足小麦全生育期耗水量的 $1/5\sim1/3$，尤其在小麦拔节至灌浆的耗水高峰期，春旱缺雨更为严重。因此，小麦生育期间的灌溉十分重要。

麦田灌溉技术主要涉及灌水量、灌溉时期和灌溉方式。小麦灌水量与灌溉时期主要根据小麦需水特性、土壤墒情、气候苗情等而定。灌水总量按水分平衡法来确定，即：灌水总量＝小麦一生耗水量－播前土壤贮水量－生育期降水量＋收获期土壤贮水量。

灌溉时期根据小麦不同生育时期对土壤水分的要求不同来掌

握，一般出苗期，要求土壤相对含水量为 $75\%\sim80\%$，低于 55% 则出苗困难。分蘖过程适宜土壤相对含水量为 75% 左右。拔节至抽穗阶段，营养生长与生殖生长同时进行，气温上升较快，对水分反应极为敏感，该期适宜土壤相对含水量为 $70\%\sim80\%$，低于 60% 时会引起分蘖成穗与穗粒数下降，对产量影响很大。开花至灌浆中期，土壤相对含水量宜保持在 75% 左右，低于 70% 易造成干旱逼熟，粒重降低。为了维持土壤的适宜水分含量，小麦生长中需补充灌溉，小麦播种前要保持充足的底墒，在可浇 3 次水的地区，灌水时间可确定为冬前、拔节和孕穗或开花，或拔节、孕穗和灌浆初期；能够浇 2 次水的情况下，灌水时间以冬前和拔节期或拔节期和开花期为宜；若只允许浇 1 次水，灌水时间应在拔节期。每次灌水量为 600 米³/公顷。

五、田间管理

小麦生长发育过程中，麦田管理的任务：一是满足小麦对肥水等条件的要求，保证植株良好发育；二是通过保护措施防御（治）自然灾害和病虫草害，保证小麦正常生长；三是通过促控措施使个体与群体协调生长，实现栽培目标。根据小麦生长发育进程，麦田管理可分为苗期、中期和后期三个阶段。

（一）苗期管理

1. 苗期的生育特点与调控目标　冬小麦苗期是指年前（出苗至越冬）和年后（返青至起身前）两个阶段。这两个阶段的特点是以长叶、长根、长蘖的营养生长为中心，时间长达 150 天以上。出苗至越冬阶段调控目标是：在保证全苗基础上，促苗早发，促根壮蘖，安全越冬，达到冬前壮苗指标，即单株同伸关系正常，叶色适度，主茎叶数 5~7 片，分蘖 3~8 个，次生根 10 条左右，冬前总茎数为成穗数的 1.5~2 倍，常规栽培下为每公顷 1 050 万~1 350 万，叶面积指数为 1 左右。返青至起身阶段调控目标是：早返青，叶色葱绿，长势苗壮，分蘖敦实，根系发达，群体总茎数达每公顷 1 350 万~1 650 万，叶面积指数为 2 左右。

2. 苗期管理措施　一是查苗补种，疏苗补缺。小麦播种后，要及时到地里查看墒情和出苗情况，玉米秸秆还田地块在墒情不足时，要在小麦播种后立即浇"蒙头水"，墒情适宜时耧划破土，辅助出苗。这样，有利于小麦苗全、苗齐、苗壮。小麦出苗后，对于缺苗断垄地块，要尽早进行补种。补种方法：选择与该地块麦苗品种相同的种子，进行种子包衣或药剂拌种后，开沟均匀撒种，墒情差的要结合浇水补种。二是灌冬水。浇水时间范围是从日平均气温稳定在 $3\sim5℃$ 时开始，至夜冻昼消时结束。若土壤含水量高或晚播小弱苗可以不浇。三是耙压保墒防寒。对于丘陵旱地麦田，在入冬停止生长前及时进行镇压，踏实耕层，以利安全越冬。水浇地如地面有裂缝造成失墒严重时要适时锄地镇压。四是返青时进行镇压划锄保墒，促进麦苗早发稳长。缺肥黄苗可趁春季解冻返浆之机开沟追肥。旱年、土地墒情不足的麦田可浇返青水。五是若出现僵苗、小老苗、黄苗，可疏松表土，破除板结，结合灌水，开沟补施磷、钾肥。对生长正常和过旺麦苗及早镇压，不施返青肥水。

（二）　中期管理

1. 中期生育特点与调控目标　小麦生长中期是指起身、拔节到抽穗前。该阶段的生长特点是，根、茎、叶等营养器官与小穗、小花等生殖器官分化、生长、建成并进。由于器官建成的多向性，生长速度快，生物量骤增，造成了小麦群体与个体的矛盾以及群体生长与栽培环境的矛盾。栽培管理目标是：根据苗情类型，适时、适量地运用水肥管理措施，协调地上部与地下部、营养器官与生殖器官、群体与个体的生长关系，促进分蘖两极分化，创造合理的群体结构，实现秆壮、穗齐、穗大，为后期生长奠定良好基础。

2. 中期管理措施

（1）搞好起身期管理。对于群体较小、苗弱的麦田，要在起身初期施肥浇水，提高成穗率；但对旺苗、群体过大的麦田，可控制肥水，进行深中耕切断部分次生根，促进分蘖两极分化，防止过早封垄而发生后期倒伏；对于一般麦田在起身中期施肥浇水。旱地麦田要进行中耕除草、防旱保墒。

（2）搞好拔节期管理。壮苗的春季第一次肥水应在拔节期实施，对旺苗需推迟拔节水肥；起身期追肥浇水的麦田，在拔节期控制肥水。旱地小麦要及时防治叶螨，做好吸浆虫的监测与预防工作。

（3）搞好孕穗期管理。此期是小麦需水的临界期，供水极为重要。缺水会加重小花退化、减少每穗粒数，影响千粒重。对麦叶发黄、氮素不足及株型矮小的麦田，也可适量追施氮肥。此外，由于中期小麦苗情复杂，还应依据叶龄和器官建成与水肥效应的关系，即叶龄指标促控模式进行水肥调控。春季在春生 n 叶片施肥浇水时，其水肥效应主要表现在 $n+2$ 叶片、$n+1$ 叶鞘和 $n-1$ 节间，以此来确定适宜的施肥浇水时间。

（三）后期管理

1. 后期生育特点及调控目标　后期指从抽穗开花到灌浆成熟的阶段，这是以籽粒形成为中心的开花受精、养分运输、籽粒灌浆、产量形成的过程。该阶段的调控目标是：保持根系活力，延长叶片功能期，抗灾防病虫，防止早衰与贪青晚熟，促进光合产物向籽粒运转，争取增加粒重。

2. 后期管理措施　一是在开花后 15 天左右即灌浆高峰前及时浇好灌浆水，同时注意倒伏。二是对抽穗期叶色转淡，氮、磷、钾供应不足的麦田，每公顷可用 2‰～3‰ 的尿素溶液或 0.3‰～0.4‰磷酸二氢钾溶液或者 0.2‰的天达 2116（植物细胞膜稳态剂）溶液，750 千克左右进行叶面喷施，以增加粒重。三是及时防治白粉病、锈病、蚜虫、黏虫、吸浆虫等病虫危害。

六、收获

小麦收获适期很短，又正值雨季来临或风、雹等自然灾害的威胁，及时收获可防止小麦断穗落粒、穗发芽、霉变等收获损失，一般认为蜡熟末期为小麦的适宜收获期。联合收割机收获时，以完熟初期为宜。种子田应以蜡熟末期和完熟初期收获为宜。

　　掌握收获适期还应注意小麦成熟过程中的特征变化。蜡熟初期的植株呈金黄色，多数叶片枯黄，旗叶基部与穗下节间带绿；籽粒背面黄白、腹沟黄绿色，胚乳凝蜡状、无白浆，籽粒受压变形，含水量35%～40%，此期1～2天。蜡熟中期的植株茎叶全部变黄，下部叶片枯脆，穗下节间已全黄或微绿，籽粒全部变黄，用指甲掐籽粒可见痕迹，含水量35%左右，此期1～3天。蜡熟末期的植株全部枯黄，茎秆尚有弹力，籽粒色泽和形状已接近品种固有特征，较坚硬，含水量为22%～25%，此期1～3天。完熟期的植株全部枯死和变脆，易折穗、落粒，籽粒全部变硬，并呈现品种固有特征，含水量低于20%。小麦收获后应及时晾晒，籽粒含水量降到12%以下时才可以贮藏。

第四章

小麦旱作节水栽培技术

第一节　发展小麦旱作节水技术的重要性

　　水资源是基础自然资源，又是重要的战略性经济资源。水是农业生产的命脉，是保障农业生产不可或缺的重要资源。我国农业用水总量较大，占全国用水总量的 60% 以上。由于降水时空分布不均、干旱程度持续加剧以及人口增长和社会发展等因素，我国水资源短缺形势严峻，已经严重危及农业可持续发展能力，这在我国北方旱区尤为突出。旱区农业生产的主要水分来源就是降水，但我国北方旱区不仅年降水量有限，而且降水分布不均，降水资源大部分转化为径流而流失，贮存在土壤里的降水又通过蒸发大量损失，现行种植的小麦等作物种群大多数用水效率低。更为普遍的是土壤肥力低下，制约了水分的高效利用。大部分地区的降水利用率约为 40%，粮田水分利用率仅 4.5~6.0 千克/(毫米·公顷)。显然，不提高水分利用率，以耗用过量的水资源换得农业产量的增加，很难适应未来的干旱发展趋势和社会对农产品日益增长的需要。可见，干旱固然是该区农业生产的经常性威胁，然而降水资源的低效率利用更是影响旱作农业发展的因素。

　　小麦是我国主要的粮食作物之一，小麦年产量占全国粮食总产量的 20% 以上，是我国最重要的商品粮和战略性粮食储藏品种。小麦的主产区集中在我国北部半湿润偏旱区，水分是制约小麦生产的一个主要因素，长期生产实践形成的水浇地栽培模式已不能适应当今水资源缺乏的现实。由于我国人口众多，耕地少，长期以来，在小麦品种改良和小麦生产中，重视产量，忽视了品质，导致了普通小麦供给平衡、特用小麦供给偏紧的结构性现状。因此，未来发展对提高水分生产率、改良小麦品质、确保小麦总产、保障国家粮食安全提出了严峻的挑战。

我国北方地区旱地农业曾经有过辉煌的历史，传统旱农技术源远流长。但这些传统技术对水、肥、气、热的调控能力很低，已不能满足当前主要大田作物生长的需求。近年来，国家对旱区生态环境问题予以极大重视，以促进旱区生态、经济和社会的协调发展。大力推广旱作节水农业新技术，有效地提高单位面积土地的产量和经济收益，实现少种多收，对保障粮食安全具有重要的意义。同时，旱作节水农业技术本身也具有保护资源可更新性和保持水土等良好的生态效应，可在旱区生态环境建设中发挥重大作用。

第二节　当前小麦旱作综合配套技术

一、坡改梯田建设

兴建梯田工程，是旱作农业生态工程中主要措施之一。实践证明，坡地改成梯田并经综合治理后，可大大改善小麦立地条件，增强保水、保土、保肥能力，小麦产量一般比坡地增产30%以上。

二、培肥土壤与以肥调水技术

1. 有机、无机肥配合施用　有机肥养分含量齐全，并含有大量有机物质，对于供肥、改土，提高微生物活性具有显著作用。但有机肥大多养分含量低，肥效迟缓。与有机肥不同，化肥养分浓度高，肥效快，但养分易挥发。因此有机肥与无机肥配合施用，可充分发挥两肥的优势，达到相互促进，既高产又培肥的双重效果。

2. 秸秆还田

（1）秸秆直接还田。秸秆直接还田是采用机械或人工方式将秸秆通过地表覆盖或翻压直接还田。目前麦秸还田方式主要有三种，一是高留茬还田，联合收割机收获时留茬高度20～30厘米，玉米麦收前套种或贴茬播种，之后喷施玉米除草剂；二是收获后麦秸直接还田，利用秸秆粉碎机连同根茬一次打碎，均匀撒盖地面，其播种条件较好；三是下茬作物苗期覆盖还田。

（2）秸秆过腹还田，堆沤还田。在农牧区，作物秸秆通过畜群过腹还田不仅使秸秆能转化为动物产品，还可加速还田有机质的养分释放，避免由于直接还田带来的碎解、腐解困难及土壤架空、土壤失水等问题。作物秸秆堆沤还田，既可加速养分释放与有机质腐殖化，又可经高温杀死虫卵，特别是在旱作农区堆积沤制有机肥是秸秆还田的较好形式。

（3）种植绿肥作物，实行粮豆轮作。绿肥作物的农田直接翻压是肥田的主要形式。对于低肥力旱薄农田或沙碱土壤，将具有一定产量的绿肥翻入土壤，可增加土壤碳素与速效性氮、磷、钾等营养，改善土壤物理性状，增强土壤生物活性。

三、深耕细作与保护性耕作技术

1. 旱作农区中的深耕蓄墒技术　深耕一般指耕深22～25厘米以及更深的土壤耕作。农谚说"深在秋里，收在斗里"，说明秋深耕是非常重要的增产措施，而深耕适时则是纳雨蓄墒的关键。"白露耕地一碗油、秋分耕地半碗油、寒露耕地白打牛"，说明秋收后及早进行秋耕是纳雨蓄墒的关键。深耕比浅耕增产，但绝不是耕翻越深，产量越高。如果施肥跟不上，耕翻深度过大，把生土翻至地表，不能充分熟化，还可能导致近期减产。深耕不仅当年有效，且有明显的后效，试验结果表明，对于农田的基本耕作，既不需要连年深耕，也不能常年浅耕。在地块相对分散条件下，应提倡联合形式，加强机械配套，改农田连年秋浅耕为定期的深浅轮耕。即2～3年进行一次深耕。

2. 旱作农区的耕作保墒技术 在利用平翻耕或深松耕完成的农田基本耕作之后，土壤表面起伏不平，松碎不匀，坷垃满地，暴露面积大，土壤跑墒严重。因此随基本耕作之后，通常紧跟表土耕作措施，以弥补基本耕作的不足，进一步调整土壤表层结构。通常采用耙耱保墒和镇压保墒提墒技术，一般镇压技术用于耙耱之后，以进一步踏实土壤，减少大孔隙。春白地的耙耱镇压连续作业，可使地表形成上虚下实结构，有利播种成苗及抗旱保墒。作物播种之后的镇压，在旱作农业生产中具有显著的抗旱提墒作用，此时镇压可使土壤下层的水分沿毛管移动到播种层上来，使种子与湿土紧密接触，利于种子发芽。

四、抗耐旱品种的选用及配套技术

1. 抗旱耐旱小麦作物的特征 一是根系强大；二是保水力强；三是反应迟钝；四是水分蒸发率低。

2. 抗旱耐旱品种抗旱播种技术 播种时，表层土壤的绝对含水量一般应达到10%以上，才是适宜的播种墒情。如果表层土壤绝对含水量在9%以下，播后无降雨，就很难全苗。若干土层超过7~10厘米就必须采用特殊的抗旱播种方式，如加墒播种、分土就墒播种及以下措施。

（1）抢墒早种。这是旱区保苗经常采用的一基措施。"趁墒不等时"，在地表有2~3厘米的干土层，而耕层土壤绝对含水量尚在10%以上的干旱季节里，为了避免失墒后难以下种，均可在适期播种前10~15天趁墒早种。

（2）提墒播种。在播种时土壤表土层干土已达3~5厘米，而底墒尚好的情况下，可在播种前后采用耙耱镇压，增加上层土壤含水量，以利种子的发芽出土，促使出苗，且能促进次生根的生长，增强幼苗的抗旱能力。

（3）豁干种湿播种。也称分土就墒播种，当表土已在5厘米以上，而底墒尚好时，可用犁开沟，然后在沟中再犁一遍，将种子种在湿土内，浅盖后，轻压并保留犁沟。

（4）添墒播种。也称造墒播种或浇水点种。当表土层干土在10～12厘米以上，底墒也不很好时，为了不误农时，播种出苗，就必须添墒播种。应利用一切可利用的水源进行坐水穴播，或先用犁耧开沟，顺沟浇水，然后再进行播种。

五、秸秆覆盖与地膜栽培技术

1. 秸秆覆盖耕作技术　冬小麦在冬前应用粉碎长度小于15厘米的小麦秸秆或粉碎长度≤10厘米的玉米秸秆覆盖还田，每亩用量300～400千克；人工覆盖行间，以不压苗为度。

2. 地膜覆盖栽培技术　用地膜覆盖麦田，可以明显提高耕层土壤地温，减少温度日较差的变化，延长冬小麦的生长时间，减轻冬季低温的影响，因而有利于冬小麦的安全越冬。

（1）品种选用。地膜覆盖栽培应选用生育期相对较长、单株增产潜力较大的小麦品种。

（2）整地与铺膜。在前茬作物收获后，抓紧进行耕翻，秋耕深度18～20厘米。耕后及时耙耢保墒，做到土碎无根茬、上松下实、地面平整。小麦可以不起垄。选用厚度为0.005～0.008毫米，宽度为1.2～1.4米地膜。采用机械或人工铺膜。

（3）播种与管理。旱地播前遇到较好墒情时，需提前盖膜保墒，在播种适期打孔播种。播种适期比露地栽培推迟7～10天。

3. 丰产沟、丰产坑耕作技术

（1）垄沟种植。把小麦种在沟底，相当于借墒播种，种子播在湿土中便于发芽出苗。沟垄种植法的垄沟内可大量蓄积雨水，防止或减少地表径流，大幅度提高水肥利用效率实现旱作高产。

（2）水平沟耕作。即在坡耕地上沿水平等线开沟进行生产，使坡耕地形成等高水平沟，通过在沟内培肥改土、保蓄雨水、播种小麦实现旱作高产。

六、化学制剂在旱作农业中的应用

旱地栽培受土壤水分、降水和作物自身抗旱性及发育时期对水分缺乏的敏感度的影响，在缺水条件下，会影响出苗率，植株矮小，出现少花不实等现象，造成减产或绝收。化学抗旱保水技术在旱地农业生产中已得到越来越广泛的应用，一般用量不多，效果却十分明显，已引起国内外专家和农民的重视。目前，应用较多的抗旱保水化学制剂主要有土壤保水剂、土表蒸发抑制剂和植物蒸腾抑制剂。它们多属有机高分子物质。其应用的基本原理是利用它们对水分的控制作用，减少土壤水分蒸发或植物蒸腾量，从而实现提高水分利用效率和小麦抗旱能力，达到高产稳产的目的。

第三节　旱地小麦节水高产栽培技术

一、改善施肥技术

旱地一般土壤干旱，养分少，土壤结构不良，旱地缺水常与土壤瘠薄相伴随，增施肥料可以改善土壤结构、"以肥调水"，增强小麦对水分的利用能力，提高自然降水利用率。因此在施肥上不仅要满足当季增产需要，还要施足肥料培肥地力。

1. 有机肥与无机肥配合施用　有机肥养分全面、肥效长，对土壤具有很好的改善作用，增强土壤保水供肥能力。旱地麦田仅靠施用有机肥难以在短期内获得高产，有机肥肥效慢，因此应适当配施无机肥，无机和有机相互促进，达到长期培肥地力与短期效益相平衡。

2. 氮磷钾肥配合施用，合理确定用量　旱地大多氮磷钾营养养分失调，一般低产麦田既缺氮也缺磷钾，单施氮肥或磷钾肥营养比例失调，不能充分发挥肥效。氮磷钾配合施可保持营养平衡，互相促进，显著提高肥效。旱地小麦施肥必须氮磷配合，并加大磷肥的比重，氮磷比一般为1：1为宜。贫钾地区施钾肥有突出的增产效果，要配合施用钾肥。

旱地肥料施用量应因地制宜，但要掌握原则就是：所施用的肥料除满足当季增产需要外，应使土壤养分有所积累。在开始开发旱地低产麦田时必须多施些肥料，除有机肥外，土层厚度达1米以上的地，亩施 25～30 千克尿素和 50～75 千克过磷酸钙当季可获较高产量，而且经济效益较高的施肥量。需施钾时，可亩施钾肥 10～15 千克。

3. 采用集中基施为主的施肥方法　大部分旱地因缺少灌溉条件而影响追肥效果，应集中大部分肥料基施。包括有机肥、大部分氮肥、磷肥、钾肥等在耕地时作基肥一次翻入，施肥深度一般控制在 30 厘米左右。一些土层深厚肥沃的旱肥地或出现脱水脱肥现象时，应根据墒情或随降雨追施氮肥。小麦开花期，可叶面喷施氮磷肥，促进籽粒灌浆。

二、耕作技术

旱地小麦对于播种前土壤耕作要求更高于传统麦田，可采用少耕、深耕、深松的耕作措施蓄水保墒，同时在生育期间适时划锄、镇压、覆盖，以充分利用有限的水资源。但应注意旱地小麦播种前土壤耕作，不宜盲目深耕。一般二年三作时，就在冬闲时深耕，小麦播种前浅耕。一年二作时，土壤墒情较好又多年没深耕的地有明显的犁底层，应进行深耕；播种期干旱，耕层有失墒风险时宜浅耕。

三、秸秆还田保墒技术

建立土壤水库，增加土壤库容，蓄夏、秋自然降水为冬春所用，是解决小麦旱地栽培的重要措施。山东省缺少有机肥来源，秸秆还田能有效增加轮作田土壤有机质，是一项最经济、最有效的培肥地力措施。研究发现，深松秸秆还田是最有效的还田方式，主要技术要点如下。

1. 玉米秸秆粉碎还田　玉米联合收获后，用秸秆粉碎还田机粉碎抛撒秸秆。秸秆粉碎用锤爪式秸秆粉碎机或甩刀式秸秆粉碎机均可，也有配备秸秆粉碎功能的联合收割机能一次完成收获、秸秆粉碎。秸秆如有其他用途，覆盖量应不低于秸秆总量的 30%。秸秆切段长度要小于 10 厘米，粉碎合格率≥90%，覆盖率达到35%～40%为宜，抛洒不均匀率低于 20%。粉碎还田作业一般要在玉米收获完后立即进行，此时秸秆脆性大，粉碎效果较好。

2. 土壤深松　深松的主要作用是疏松土壤，打破犁底层，增强降水入渗速度和数量；作业后耕层土壤不乱，动土量少，水分蒸发减少。秸秆粉碎后，根据土壤紧实状况可进行局部深松或全面深松，2～3 年进行一次。局部深松时，采用带翼深松铲或振动深松机进行下层间隔深松，表层全面深松，深松间隔 40～60 厘米，深度 25～30 厘米；全面深松时，深松深度 35～50 厘米，不能漏松。土壤含水量 15%～22% 时适合深松作业，过高则机器容易下限，且深松效果差。

秸秆还田除了秸秆直接还田外，还可以秸秆过腹还田，堆沤还田。在农牧区，作物秸秆通过畜群过腹还田不仅使秸秆能转化为动物产品，还可加速还田有机质的养分释放，避免由于直接还田带来的碎解、腐解困难及土壤架空、土壤失水等问题。作物秸秆堆沤还田，既可加速养分释放与有机质腐殖化，又可经高温杀死虫卵，特别是在旱作农区堆积沤制有机肥是秸秆还田的较好形式。

四、品种选择及播种技术

不同小麦品种其抗旱性能有较大差异，旱地种植的小麦品种必须有较强的抗旱能力。一般旱地小麦品种应具有以下特征：一是根系强大；二是保水力强；三是反应迟钝；四是水分蒸发率低。各地应根据情况选择当地农业部门主推的旱地小麦品种。

小麦播种前要精选种子，做好发芽试验和药剂或种子包衣，有条件的地方可试用黄腐酸，以确保出苗齐全。适时播种，一般认为，旱地小麦冬前 0℃ 以上积温达 550～670℃ 播种比较稳妥。每亩 12 万～15 万苗数为宜，施肥较多偏早播种的高产田可降至 10 万左右。

旱地小麦可采用均行平播技术，即不起垄均行播种，行间距一般在 20～22 厘米。播种时，表层土壤的含水量一般应达到 10%～12% 以上，才是适宜的播种墒情。若干土层超过 7～10 厘米就必须采用特殊的抗旱播种方式，如加墒播种、提墒播种等措施。

五、苗情及群体调控技术

旱地小麦要保证苗情质量，旱地小麦壮苗标准不仅要求营养生产量适宜，还必须具有较高的质量，即麦苗有较强的活力。主要表现：冬前主茎叶片 5～7 片，按时如数分蘖，根系深扎；冬季抗冻，有较多的绿叶越冬；春季缓苗返青早，不早衰，分蘖成穗率高。

旱地小麦的群体结构必须是高产低耗的群体结构。在主要群体指标中，关键是冬前群体够数而不过头。注意足墒增肥，可有效地促进冬前群体发展。调控群体最有效的途径是播种数与苗数，而播种期较密度更有效。施肥量和施肥方法对群体发展也有较大影响。在旱薄地浅施肥利于培育壮苗，在旱肥地深施肥有利控制麦苗旺长。

六、田间管理

旱地小麦田间管理以保墒为主，努力提高土壤水分生产率，而保墒措施重在镇压，次为划锄。播种后耕层墒情较差时即应进行镇压，以利于出苗。早春麦田管理，在降水较多年份，耕层墒情较好时应及早划锄保墒；秋冬雨雪较少，表土变干而坷垃较多时应进行镇压，或先镇后锄。

旱地小麦生产的主要矛盾是缺水。秋冬土壤缺墒，影响小麦出苗和分蘖；春季缺墒，影响穗粒数；后期缺墒影响开花与灌浆，进而影响粒重和产量。因此，积蓄、利用有限的自然降水，使有限的蓄水发挥最大的作用，是旱地小麦高产稳产的关键所在。因此，从小麦播种到春季起身前，凡因降水或灌溉造成土壤板结的，一定要在土壤"放白"或含水量适宜时，及时进行中耕松土，对保墒防旱有明显效果。遇到顶凌，一定要划锄和镇压。土壤结冻，水分向表层集中，到春季解冻时，表层湿度最大，甚至出现返浆，是土壤水分损失最快最多的时期。这时，若不及时做好保墒，土壤水分将会蒸发的多、下渗的少。划锄可以切断土壤毛细管，阻止水分向地表移动蒸发。镇压可以缩小空隙减弱气体交流，防止气态水向外扩散，使土壤内部湿度平衡。水分易在耕层积累起来，所以划锄和镇压相结合，既保墒又提墒，划锄的次数，应视春季降水情况灵活掌握，春季降水多的年份，划锄次数也应相应增加，一般是头遍浅，二遍深，三遍不伤根。

在小麦生产中后期，旱地小麦追肥也有增产效果，基肥没施足时可以追肥。可结合灌溉或降水进行追肥。同时要搞好麦田"三防"，即防病虫、防早衰、防干热风。旱地小麦由低产变高产的过程，病虫害有加重的趋势，必须注重做好病虫防治工作。播种时防治好地下害虫，春季要及时防治叶螨，中后期主要防治蚜虫、白粉病、锈病。高产田要注重搞好"一喷三防"，结合用药搞好喷肥，于孕穗期、灌浆期进行叶面喷洒磷酸二氢钾和其他微肥，使小麦叶气孔缩小，减少植株蒸腾量，防止干热风危害，增强植株的抗性，延长叶片的绿色功能期，提高小麦的灌浆强度，可达到增加粒数和粒重的效果。

第五章

盐碱地小麦高产高效栽培技术

第一节 盐碱胁迫对小麦生长发育的影响

盐碱土的研究开始于 20 世纪 20—30 年代，我国大规模盐碱地改良利用开始于新中国成立后，重点在于灌溉洗盐。近些年来，许多专家在筛选耐盐碱植物生物改良、盐碱地土壤化学措施改良、水利措施灌溉技术、综合措施治理等方面做了大量的研究试验，且取得了很多成功经验。根据盐碱化土壤改良措施的性质，可分为化学、物理、生物、工程和综合五大方面。盐碱地小麦生产最大的挑战是克服盐碱胁迫对小麦生长发育带来不利影响。在盐碱胁迫下，植物外部形态和内部生理生化特性都会产生一系列变化，有些变化是盐碱损伤的表现，有些变化是植物适应的表现。

1. 盐胁迫对小麦种子萌发和幼苗生长的影响 盐胁迫下，小麦种子吸水速度减缓，发芽势降低，发芽率和活力指数下降，出苗延迟，出苗整齐度下降。有研究认为，200 毫摩/升的 Na^+ 浓度是小麦种子萌发的临界浓度。NaCl 对发芽期小麦幼苗生长的影响主要体现在抑制根、芽的生长，而对发根数量的影响较小。盐浓度与幼苗生长量关系密切，幼苗生长量随盐分含量的提高而降低，在实际生产中，土壤盐浓度在 0.1%~0.5%，小麦芽鞘长度变化不大，当浓度超过 0.5% 时，芽鞘长度迅速下降。

2. 盐胁迫对小麦碳氮代谢的影响 盐胁迫下营养缺乏是造成植物受害的重要原因之一。盐胁迫下光合能力受损，光合作用形成的糖类减少，碳源的缺乏造成三羧酸循环底物不足，从而引起碳氮代谢失调。盐胁迫下氮代谢的关键酶之一硝酸还原酶的活性明显降低，并且盐浓度越大，硝酸还原酶活性降低幅度越大，这是盐胁迫条件下小麦幼苗氮同化能力下降的主要原因之一。随着盐浓度的增加，植物体内大量积累 Na^+，K/Na下降，离子外渗，胞内离子的不平衡破坏细胞正常生理功能，从而抑制氮代谢酶活性。

3. 盐胁迫对小麦抗氧化系统的影响 在盐胁迫下，植株产生大量的活性氧，植物将发生氧化胁迫，活性氧攻击生物分子，造成膜系统、蛋白质、脂类及其他细胞组成的严重损伤，最终危害植物个体的生长、发育。当植物长期处于盐胁迫条件下，长期产生的活性氧浓度会超过活性氧解毒系统的清除能力，细胞质膜、细胞器膜等生物膜中的不饱和脂肪酸被氧化，质膜变硬变脆，膜结构的完整性受到破坏，丧失选择性吸收功能。在盐分胁迫下，植物体内超氧化物歧化酶（SOD）活性与植物的抗氧化胁迫能力呈正相关关系，与非盐生植物相比，盐生植物的 SOD 等抗氧化酶活性更高，盐生植物能够更有效地清除活性氧，防止膜脂过氧化。

4. 盐胁迫对小麦光合系统的影响 盐胁迫条件下，植物生长受抑制的主要原因在于光合能力的降低。盐胁迫下植株光合速率的下降程度与植物的耐盐特性关系密切，碳同化能力的下降是由叶片中盐的积累所致。盐胁迫下植物叶片中叶绿素和总胡萝卜素含量下降，并且随着胁迫时间的延长，叶片会失绿。盐胁迫影响光反应的光系统Ⅰ、光系统Ⅱ和电子传递。因此，提高盐胁迫下植物的光合效率是增强植物耐盐性的重要途径。

第二节 盐碱地小麦高产栽培基础条件

一、地力要求

目标产量 400～500 千克/亩建议选择地块土壤盐碱度≤0.3%；目标产量 300 千克/亩左右建议选择地块土壤盐碱度 0.3%～0.35%。土壤盐碱度＞0.35%不建议播种小麦。

二、品种要求

1. 品种选择　建议选择已经审定的耐盐、高产、抗逆性强的小麦品种，如青麦 6 号、济南 18、德抗 961、山融 3 号、山农 25 等。

2. 种子质量　大田用种纯度不低于 99％，净度不低于 99％，发芽率不低于 85％，水分含量不高于 13％。

3. 种子处理　选用高效低毒的专用种衣剂包衣，选用 2％戊唑醇悬浮种衣剂按种子量的 0.1％～0.15％拌种，或 20％三唑酮乳油按种子量的 0.15％拌种；地下害虫发生较重的地块，选用 40％辛硫磷乳油按种子量的 0.2％拌种，或者 30％噻虫嗪种子处理悬浮剂按种子量的 0.23％～0.46％拌种。病、虫混发地块用杀菌剂＋杀虫剂混合拌种，可选用 32％戊唑·吡虫啉悬浮种衣剂按照种子量的 0.5％～0.7％拌种，或用 27％苯醚甲环唑·咯菌腈·噻虫嗪悬浮种衣剂按照种子量的 0.5％拌种。

第三节　盐碱地小麦栽培技术要点

一、播前准备

1. 秸秆还田　前茬作物收获后，随即进行秸秆还田，增加秸秆对土壤表面的覆盖，减少土壤水分蒸发，减少盐分向上转移，增加土壤有机质，改良土壤结构。粉碎长度 3～5 厘米，抛撒均匀。

2. 播前造墒　小麦播种前，要围埝灌水，用水洗盐。灌水后要适时浅耕，防止土壤开裂和返碱。

3. 施足基肥　一是要增施有机肥。将作物秸秆堆腐后直接还田，每亩施土杂肥 3 000 千克左右，或每亩使用优质商品有机肥 100～200 千克，加入微生物土壤改良剂等盐碱地土壤改良剂。二是配方施肥，播种前取土样分析，根据土壤养分状况和小麦需肥规律进行配方施肥。一般亩施 50～75 千克复合肥（有效养分含量≥45％），过磷酸钙 50～100 千克。全部有机肥、改良剂于播种前均匀撒施于地面，然后进行耕作施入土中，化肥基施 70％、追施 30％。

4. 精细整地　盐碱地不宜深耕，播种时进行旋耕，要求机械作业深度 15～20 厘米，旋耕后及时耙压。作业要求无明暗坷垃，地面平整、上松下实。旋耕麦田每三年深松一次，深松可用深松机，作业深度 30 厘米左右。

二、播种技术

1. 播种时期　要适时早播。玉米收获后适时早播是盐碱地小麦形成冬前壮苗的主要措施，黄河三角洲地区最佳播种期为 10 月上旬。冬性品种适宜播种期日平均气温 16～18℃，半冬性品种适宜播种期日平均气温 14～16℃。

2. 播种量　盐碱地出苗率低，播种时应提高播种量，适期（10 月上旬）播种一般每亩 10～15 千克，随播种期推迟适当增加播种量，每晚播 2 天，每亩增加播种量 0.5～1.0 千克。采用种肥同播，肥料建议分层施入，适当缩减行距，采用等行距 20～25 厘米平播。

3. 播后镇压　播种后根据墒情实施镇压。一般要在播种后马上镇压；土壤湿度大、盐碱化严重的地块可待表层土壤适当散墒泛白后镇压。通常镇压 1～2 遍。

三、田间管理技术

（一）　冬前与越冬期管理

小麦出苗后及时查苗补种，对有缺苗断垄的行段开沟补种，墒情较差的开沟浇水补种。对冬前弱苗，应针对弱苗出现的原因分类管理：缺肥田及时追肥，播种过深的弱苗要通过肥水施用促弱转壮。对于暄松地块和冬前旺苗应在越冬前进行镇压。冬前旺苗可在 11 月中下旬喷施多效唑、烯效唑等生长抑制剂进行控制。

冬前化学除草效果好于春季。可在 11 月上中旬，小麦 3 叶期后，最高气温在 10℃ 以上时防治麦田杂草。以双子叶杂草为主的麦田可每亩用 75％苯磺隆水分散粒剂 3～5 克加水喷雾防治，对以抗性双子叶杂草为主的麦田，可每亩用 5.8％双氟·唑嘧胺乳油 10

毫升或 20%氯氟吡氧乙酸乳油 50～70 毫升加水喷雾防治。对节节麦、雀麦、野燕麦等单子叶杂草可施用 3%甲基二磺隆乳油 20～35 毫升或 6.9%精噁唑禾草灵乳油 40～60 毫升加水喷雾防治。双子叶和单子叶杂草混合发生的麦田可用以上药剂混合使用。除草剂要严格按照药品说明书要求使用，严格控制配施浓度，不重喷、不漏喷。早播麦田易受蛴螬、金针虫等地下害虫危害，可每亩使用40%辛硫磷乳油或 40%毒死蜱乳油 250～300 毫升，结合灌水冲施入。

（二） 春季管理

在早春划锄，返青灌水。在地表融化 3～5 厘米后，一般在初春麦田返浆时进行镇压划锄。返青期灌溉一般在 5 厘米地温稳定在 5℃时进行为宜。若群体不足可结合灌水每亩追施尿素 10～15 千克。拔节期施肥浇水时间根据品种、地力、墒情、苗情掌握。大穗型品种宜在起身后期或拔节初期浇水施肥，中穗型品种宜在拔节初期至中期浇水施肥。一类苗宜在拔节期浇水施肥，二类苗宜在起身期浇水施肥；三类苗宜在返青期浇水施肥。冬前没有化学除草或春季杂草较多的麦田，应在返青期、气温在 10℃以上的时期防除麦田杂草。使用药剂同冬前管理。拔节后要关注天气变化，谨防倒春寒发生，如预报有倒春寒天气，要及时浇水，预防冻害发生。寒流过后，发生冻害的麦田要及时追肥浇水，促进麦苗恢复生长。

（三） 中后期管理

适时水肥管理，5 月上旬浇抽穗、扬花水，满足小麦生长需要。同时结合灌水追施 10～15 千克尿素。灌浆期小麦需肥量比较大，为防止小麦早衰，需叶面喷施磷酸二氢钾和尿素，每亩磷酸二氢钾和尿素各 0.5 千克，兑水 100 千克。可结合病虫害防治一起进行。适时化控，防治病虫草害。起身期化控防倒伏，结合"一喷三防"防治病虫草害。使用联合收割机在完熟初期适时收获，秸秆还田。制种田或优质专用小麦单收、单打、单储。

第六章

晚茬麦高产栽培技术

近年来，随着种植业结构调整和农作物复种指数的提高，山东省每年都有 200 万亩以上的晚茬麦，个别年份达 1 000 万亩以上。其中，2003—2004 年度由于秋季降雨较多、气温偏低、秋作物腾茬较晚、内涝面积较大等原因，山东省 1 700 多万亩小麦晚播，约占小麦播种面积的 34%。因此，如何高质量种好晚茬麦，不断提高晚茬麦产量，对保证全省夏粮平衡增产，增加小麦总产有着重要意义。

为提高晚茬麦产量，推进山东省小麦生产，山东省农业科技工作者根据山东的气候特点和生产条件，在总结传统经验的基础上，经过多年的探索研究，了解了晚茬麦的生育规律及特点，总结出多种适于不同条件的晚茬麦栽培技术。其中应用面积较大、增产效果较好的主要有两种：晚茬麦"四补一促"栽培技术和晚茬麦独秆栽培技术。多年来，各地因地制宜地运用了这些在晚播条件下的栽培技术，有效地解决了晚茬麦产量低而不稳的问题，促进了全省小麦大面积均衡增产。

第一节　晚茬麦的成因及生育特点

一、晚茬麦的成因

山东省晚茬麦由于成因不同而有两种类型。一是由于前茬作物成熟、收获偏晚，腾不出茬口而延期播种，从而形成晚茬麦。这种类型面积较大，主要是棉茬小麦，其次是地瓜茬小麦和稻茬小麦等。山东省小麦的适宜播种期在 10 月 1—15 日，而上述前茬作物由于本身生长发育规律及物候期的作用，其收获期往往是在 10 月中下旬或 11 月上旬，由于茬口晚，播种期迟，就必然错过适宜小麦播种的有利时机，从而形成晚茬麦。二是由于墒情不足或降雨过多不得不推迟播种期而形成的晚茬麦。这种类型的晚茬麦主要分布在旱地和涝洼黏土地多的地区。旱地无水源，靠自然降水等墒播种。遇到天旱，便等天下雨，这就推迟了播种期，形成了晚茬麦；涝洼黏土地则正好相反，由于播种期遇雨，加大了土壤湿度和黏度，因而需要晾墒播种，这就推迟了播种期，形成了晚茬麦。

二、晚茬麦的生育特点

（一）冬前苗小、苗弱

小麦从播种至主茎上形成 6 叶 1 心以上的壮苗约需 0℃以上积温 570℃以上，一般习惯上把从播种至越冬前的积温低于 400℃的小麦，称为晚茬麦或晚播麦。据统计，山东省多数地区 10 月 20 日以后的冬前积温不足 400℃。因此，目前习惯把 10 月 20 日后播种的小麦称为晚茬麦。晚播小麦的冬前积温与形成壮苗的要求相差很大，一般鲁南地区棉茬麦、甘薯茬麦多在霜降至立冬期间播种，冬前积温为 250～420℃，冬前小麦只能生长 2～4 片叶；鲁北地区的棉茬麦，多在 10 月 20 日至 10 月底播种，冬前积温为 250～400℃，冬前小麦只长 1.5～3 片叶；鲁东地区的晚茬麦多在 10 月 20—30 日播种，冬前小麦最多仅能长出 3 叶 1 心。在上述时间范围内播种越晚，麦苗越小，生长越弱，只有在冬前气温偏高的年份，霜降前后播种的小麦，冬前才能达 3 叶 1 心或出现 1 个分蘖。10 月底至 11 月上旬播种的小麦，多数年份冬前为"一根针"。11 月中下旬播种的小麦冬前多不能出苗，称为"土里捂"。

根据菏泽农业技术推广站 1985—1986 年不同品种分期播种试验结果（表 6-1），10 月 26 日播种的鲁麦 5 号、鲁麦 1 号、鲁麦 4 号等品种，单株均没有产生分蘖，单株次生根比 10 月 6 日播种的

少 11.7~12.5 条，干物质重量少 991.2~1 338.1 毫克。更晚播的
麦苗生长更差、更弱。

表 6 - 1　不同播种期不同品种小麦冬前生育状况
（菏泽农业技术推广站，1985—1986 年）

播种期	鲁麦 5 号			鲁麦 1 号			鲁麦 4 号		
	单株次生根条数	主茎叶片数	单株干重/毫克	单株次生根条数	主茎叶片数	单株干重/毫克	单株次生根条数	主茎叶片数	单株干重/毫克
10 月 6 日	13	9	1 447	12.6	8	1 241	14	8	1 098
10 月 11 日	6.3	7	543.3	8.4	7	749.4	11.4	7	850.6
10 月 16 日	4.9	6	446.1	4.9	6	416.1	5.8	6	440.6
10 月 21 日	3.3	5	253.1	3.1	5	253.8	3.8	6	280
10 月 26 日	1.2	4	108.9	0.9	3	82.8	1.5	4	98.8
10 月 31 日	0.7	3	97.8	1	3	77.2	1	3	62.2
11 月 5 日	0	2	61.1	0.5	2	69.4	0.5	2	58.9

注：单粒播种，株距 3.3 厘米。

根据山东省 2001—2005 年连续 5 年冬前麦田考察资料，全省每年出现三类苗 614.9~1 497 万亩，占总麦田面积的 12.6%~32.1%，平均为 21.1%，这些三类苗多是由于晚播造成的。由此可见，晚茬麦冬前苗小、素质差的根本原因是冬前生育天数少，积温不足。

（二）春季生育进程快，时间短

目前，小麦生产上应用的小麦品种对播种期早晚的反应有着明显的差异，一般随着播种期的推迟、温度的降低，在小麦品种的选配上，应由冬性品种逐步转为半冬性品种，特别是 10 月下旬播种的晚茬麦应选用偏春性的半冬性品种。这些品种在春季气温回升后，穗分化开始早，进程快，适应于晚播早熟。据菏泽农业技术推广站观察（表 6 - 2），同时播种的鲁麦 5 号、鲁麦 1 号和鲁麦 4 号 3 个小麦品种，11 月 5 日播种的，翌年 3 月 3 日进行穗分化观察，鲁麦 4 号的生长锥明显伸长，鲁麦 1 号的开始伸长，鲁麦 5 号的尚

未伸长；3月27日观察，鲁麦4号已进入小花分化期，鲁麦1号为二棱中期，鲁麦5号仅为二棱初期。

表 6-2　不同播种期对不同品种小麦穗分化的影响

(菏泽农业技术推广站，1985—1986年)

播种期	品种	调查日期			
		3月3日	3月11日	3月27日	4月12日
10月6日	鲁麦5号	单棱期	二棱初期	雌雄蕊分化期	药隔分化期
	鲁麦1号	单棱期	二棱期	雌雄蕊分化期	药隔分化期
	鲁麦4号	二棱末期	护颖分化期	药隔分化期	四分体期
10月16日	鲁麦5号	单棱期	二棱初期	小花分化期	药隔分化期
	鲁麦1号	单棱期	二棱期	小花分化期	药隔分化期
	鲁麦4号	二棱期	二棱期	雌雄蕊分化期	四分体期
10月26日	鲁麦5号	单棱期	二棱初期	护颖分化期	药隔分化期
	鲁麦1号	单棱期	二棱中期	护颖分化期	药隔分化期
	鲁麦4号	二棱期	二棱末期	雌雄蕊分化期	四分体期
11月5日	鲁麦5号	未伸长	单棱期	二棱初期	药隔分化期
	鲁麦1号	始伸长	单棱期	二棱中期	药隔分化期
	鲁麦4号	伸长期	二棱期	小花分化期	药隔分化期

由此可见，春季鲁麦4号品种随着温度的升高返青快，穗分化进程快，是其晚播早熟的重要原因之一。据定陶农业技术推广站（1986—1987年）定点定期观察，同一品种晚茬麦幼穗分化开始晚、时间短，发育快，到药隔分化期可以基本赶上适期播种的小麦。一般霜降前后播种的小麦，冬前可以达到单棱期，并且播种越晚，穗分化持续时间越短。与适期播种的小麦相比，穗分化的差距主要在药隔分化期以前，药隔分化期以后逐渐趋于一致。由于晚茬麦穗分化时间短，发育较差，其不孕小穗相应增加，穗粒数也有所减少。

（三）春季分蘖成穗率高

由于晚播小麦冬前积温少，主茎叶片数少，冬前基本上没有分蘗，但到春季随着温度的升高，分蘗增长很快，其成穗率明显的比适期播种的小麦高。据菏泽农业技术推广站（1986 年）试验调查，10 月 26 日播种的鲁麦 1 号和鲁麦 4 号品种，以返青后至起身阶段分蘗生长较快，至 4 月 12 日调查，由越冬前的平均单株 1 个分蘗（包括主茎）猛增到 5.0～9.5 个。10 月 26 日播种的鲁麦 5 号、鲁麦 1 号和鲁麦 4 号，到 5 月 20 日的分蘗成穗率分别为 39.48％、45.5％和 100％，以鲁麦 4 号的成穗率最高。此外，由于晚茬麦的成熟期比适期播种的小麦推迟 3～5 天，有的年份在灌浆期易受干热风的危害，千粒重降低。

第二节　"四补一促"栽培技术

一、"四补一促"栽培技术主要内容

"四补一促"是在总结传统经验的基础上，根据晚茬麦的生育规律和生育特点，经过组装配套和试验示范而形成的一套综合性的栽培技术。其主要内容是：增施肥料，以肥补晚；选用良种，以种补晚；加大播种量，以密补晚；精细整地，造好底墒，提高播种质量，以好补晚；加大肥水调控力度，及时进行科学管理，促壮苗多成穗。它是一套以主茎成穗为主体的综合性的配套栽培技术，一般比常规晚播栽培增产 10％～20％。

二、"四补一促"栽培技术要点

根据晚茬麦冬前积温少，根少、叶少、叶小、苗小、苗弱，春季发育进程快等特点，要保证晚茬麦高产稳产，必须坚持以增施肥料、选用适于晚播早熟的小麦良种和加大播种量为重点的综合栽培技术。重点抓好以下五项措施。

1. 增施肥料，以肥补晚　晚茬麦冬前苗小、苗弱、根少，没有分蘗或分蘗很少，以及春季起身后生长发育速度快、幼穗分化时间短；晚茬麦与棉花、甘薯等作物一年两作，消耗地力大，而种植棉花、甘薯等施用有机肥少；晚播小麦冬前和早春苗小，不宜过早进行肥水管理。因此，必须对晚播的小麦加大施肥量，以补充土壤中有效态养分的不足，促进小麦多分蘖、多成穗，成大穗，夺高产。应注意的是，土壤严重缺磷的地块，增施磷肥对促进根系发育，增加干物质积累和提早成熟有明显作用。据试验，在晚茬麦田里，每增施 1 千克过磷酸钙可使小麦增产 1～3.46 千克，平均使小麦增产 1.6 千克。1987 年定陶县邓集乡万亩晚茬麦开发方试验，亩施有机肥 4 000 千克，磷酸二铵 20 千克，尿素 7.5 千克的麦田，落黄正常，籽粒饱满，平均单产小麦 359 千克，比不施磷肥，只施 15 千克尿素的麦田平均单产 254.5 千克增产 29.1％。因此，增施肥料，配方施肥是提高晚茬麦产量，降低生产成本，增加经济效益的重要措施，对提高小麦的抗旱、抗干热风能力也有重要作用。

晚茬麦的施肥方法要坚持以基肥为主，以有机肥为主，化肥为辅的施肥原则。根据土壤肥力和产量要求，做到因土施肥，合理搭配。一般亩产 250～300 千克的麦田，基肥以亩施有机肥 3 000 千克，尿素 15 千克，过磷酸钙 50 千克为宜，种肥尿素 2.5 千克或硫铵 5 千克；亩产 350～400 千克的晚茬麦，可亩施有机肥 3 500～4 000 千克、尿素 20 千克、过磷酸钙 40～50 千克，种肥尿素 2.5 千克或硫铵 5 千克，要注意肥、种分用，防止烧种。

2. 选用良种，以种补晚　实践证明，晚茬麦种植早熟半冬性和半冬性偏春性品种，阶段发育进程较快，营养生长时间较短，容易形成大穗，灌浆强度较大，达到粒多粒重，早熟丰产，这与晚茬麦的生育特点基本吻合。一般多选用春发性强，抗干热风能力较强、丰产性能好的鲁麦 20、金铎 1 号、丰川 6 号、济宁 16、鲁麦 15、泰科麦 33 等品种。

3. 加大播种量，以密补晚　晚茬麦由于播种晚，冬前积温不足，难以分蘖，春生蘖虽然成穗率高，但单株分蘖显著减少，用常规播种量必然造成穗数不足，影响单位面积产量的提高。从播种期试验看（表 6－3），随着播种期推迟，产量也随之降低。加大播种量，依靠主茎成穗是晚茬麦增产的关键。

表6-3　晚茬麦不同播种期、播种量与产量的关系

（成武县农业技术推广站，1987—1988年）

播种期	播种量/(千克/亩)	亩穗数/万穗	穗粒数/粒	千粒重/克	产量/(千克/亩)
10月20日	10	27.8	33	42	327.51
	12.5	30.9	32	42	353.00
	15	29.5	32	43	345.03
	17.5	30.3	31	41	327.35
10月25日	10	27.6	29	42	285.74
	12.5	31	28	42	309.88
	15	30.7	29	42	317.84
	17.5	30.5	28	41	297.62
10月30日	10	24.2	27	41	227.71
	12.5	26.1	28	42	260.90
	15	27.7	28	40	263.70
	17.5	29.6	26	40	261.66

注：品种为鲁麦1号。

2003年秋种，由于受秋季低温寡照、秋作物腾茬较晚，以及秋种期间降雨偏多、遭受涝灾面积较大等不良因素的影响，山东省小麦在10月21日前仅完成计划播种面积的72.2%，比常年同期减少了近20个百分点。直到10月31日全省小麦播种才近尾声，播种期比往年推迟10天左右。为了提高亩穗数，各地都狠抓了以密补晚的措施，增加了基本苗，特别是10月20日以后播种的小麦，每亩播种量都增加到12.5～15千克，基本苗达到25万～30万，比适时麦增加15万～20万，因而较普遍地收到以密补晚，增株增穗的效果。2003—2004年度全省小麦亩产340千克，比2002—2003年度亩产增加4千克。说明晚播的小麦，只要适当加大播种量，增加群体，依靠主茎成穗，并努力培育壮苗，促进早分蘖、多分蘖，力争主茎和分蘖均能成穗，保证有足够的亩穗数，也可以高产稳产。

根据各地经验,晚茬麦在 10 月 15 日前后播种的,每亩播种量以 8~10 千克为宜;10 月中旬以后,每晚播 2 天每亩增加播种量 0.5~1 千克;10 月 25 日前后播种的,每亩播种量以 12.5~15 千克为宜,基本苗在 25 万~30 万,亩穗数 26 万~38 万;10 月底至 11 月初播种的,亩播种量以 15~20 千克为宜。

4. 提高整地播种质量,以好补晚

(1) 早腾茬,抢时早播。晚茬麦冬前早春苗小、苗弱的主要原因是积温不足。各地气象资料表明,从 10 月 10 日至 10 月底播种的小麦,每晚播一天即可减少冬前积温 12.3~17.8℃。因此,早腾茬、抢时间是争取有效积温,夺取高产的一项十分重要的措施。据定陶试验,10 月 5 日、15 日、25 日和 11 月 4 日分期播种的小麦,单产分别为 375 千克、320 千克、260 千克和 184.5 千克,每晚播 10 天分别减产 55 千克、60 千克和 75.5 千克。10 月 25 日以后播种,每晚播 1 天,每亩减产 7.55 千克。因此,要在不影响秋作物产量的情况下,尽力做到早腾茬、早整地、早播种,加快播种进度,减少积温的损失。为了促进前茬作物早熟,对棉花可于 10 月上旬喷乙烯利等催熟剂进行催熟,或于霜降前后提前拔棉花柴晾晒,早腾茬,力争早播,争取小麦带蘗越冬。

(2) 精细整地、足墒下种。精细整地不但能给小麦创造一个适宜的生长发育环境,而且还可以消灭杂草,防治小麦纹枯病和根腐病。因此,前茬作物收获后,要抓紧时间深耕细耙,精细整平,对墒情不足的地块要整畦灌水,造足底墒,使土壤沉实,无明暗坷垃,严防土壤透风失墒,力争小麦一播全苗。如果因某种原因时间过晚,也可采取浅耕灭茬播种,或串沟播种,以利于早出苗、早发育。

足墒下种是小麦全苗、匀苗、壮苗的关键环节,尤其对晚茬麦保全苗安全越冬极为重要,因为在播种晚、温度低的条件下,种子发芽率低,出苗慢,如有缺苗断垄,则补种困难。因此,只有足墒播种才能获得足株足穗、稳产高产的主动权。据巨野县调查,足墒下种的晚茬麦比欠墒播种的晚茬麦平均亩产增加 91.2 千克,增产

56.7%。晚茬麦播种适宜的土壤湿度为田间持水量的 70%～80%，如果低于下限就会出苗不齐，缺苗断垄，影响小麦产量，为了确保足墒下种，最好在前茬作物收获前带茬浇水并及时中耕保墒，也可前茬收后抓紧造墒，及时耕耙保墒播种。如果为了抢时早播，也可播后立即浇"蒙头水"，待适墒时及时松土保墒，助苗出土。

（3）精细播种，适当浅播。采用机械播种可以使种子分布均匀，减少疙瘩苗和缺苗断垄，有利于个体发育。在足墒的前提下，适当浅播是充分利用前期积温、减少种子养分消耗，实现早出苗、多发根、早生长、早分蘖的有效措施，一般播种深度以 3～4 厘米为宜。

（4）浸种催芽。为使晚茬麦田早出苗和保证出苗时具有足够的水分，播种前用 20～30℃ 的温水浸种 5～6 小时，捞出晾干播种，可提早出苗 2～3 天。

5. 科学管理，促壮苗多成穗

（1）镇压划锄，促苗健壮生长。根据晚茬麦生育特点，返青期促小麦早发快长的关键是温度，管理的重点是镇压、划锄，提高地温。据试验，镇压划锄后 5 天，0～10 厘米土壤含水量比不镇压划锄的提高 1.5%～2.0%，沙壤土 5 厘米地温可提高 0.5～1.0℃，壤土和黏土可提高 1～1.6℃。盐碱地划锄后，0～20 厘米土壤含水量增加 1.7%，表土含盐量减少 0.823%～0.882%，对增温保墒、防盐保苗、促进根系发育、培育壮苗、增加分蘖都具有明显作用，一般增产 5%～10%。

（2）狠抓起身或拔节期的肥水管理。小麦起身后，营养生长和生殖生长并进，生长迅猛，对肥水的要求极为敏感，水肥充足有利于促分蘖多成穗、成大穗，增加穗粒重。因此，只要春季管理得当，抓住晚茬麦促蘖增穗的关键时期及时进行追肥，晚茬麦"冬前一根针，年后一大墩，亩产八百斤 *"是完全可能的。一般麦田追肥时期以起身期为宜，一般可结合浇水亩追施尿素 15～20 千克，

---

* 斤为非法定计量单位，1 斤＝500 克＝0.5 千克。——编者注

基肥施磷不足的，每亩可补施过磷酸钙 15～20 千克。对地力较高、基肥充足、麦苗较旺的麦田，可推迟到拔节期或拔节后期追肥浇水。晚茬麦由于生长势弱，春季浇水不宜过早，以免因浇水降低地温而影响生长，一般以 5 厘米地温稳定于 5℃ 时开始为宜。

（3）搞好后期管理。晚茬麦生长后期一般不再追肥，以预防贪青晚熟。但要浇好孕穗、灌浆水。穗期是小麦需水的临界期，浇水对保花增粒有显著作用。应根据土壤墒情适时浇水，以保证土壤水分为田间持水量的 75％ 左右。灌浆后期如遇干热风，对千粒重影响较大。因此，晚茬麦要及时浇好灌浆水，以延长灌浆时间，这对预防干热风，提高千粒重极为重要。另外，要注意中后期病虫害的防治。

第三节　小麦独秆栽培技术

为了解决晚播小麦晚熟低产问题，烟台市福山区农业技术推广站和烟台市农业技术推广站经过多年的试验研究，于 20 世纪 80 年代初期总结出一套较完整的冬小麦晚播丰产简化栽培技术，即独秆栽培法。实践证明，此项技术是晚播冬小麦创高产的一条重要途径。

一、独秆栽培及其增产效果

独秆栽培法是在播种期、播种量和肥水管理等方面与传统栽培法不同的一种丰产栽培途径。它的主要内容是在 10 月中下旬以后播种，较大幅度地增加每亩基本苗，基肥重施磷轻施氮，春季严格蹲苗，拔节后肥水齐攻，以协调群体与个体的关系，发挥主茎成穗和亩穗数多的优势，获得高产。

烟台市农业推广站和烟台市福山区农业技术推广站 1981—1985 年连续 5 年试验，独秆栽培小麦比同期播种常规栽培的小麦平均亩产增加 93.2 千克，增产极显著。福山区回里镇张格堡村村民邹德堂 10 月 20 日播种的 10.5 亩独秆栽培小麦亩产达到 628 千克。近年，独秆栽培在山东省内外均有采用。

二、独秆栽培小麦的生育特点

小麦独秆栽培法，改变了小麦的生育进程，解决了晚播小麦存在的许多弊病，与常规栽培小麦比较有以下特点。

1. 生育进程前晚后早　独秆栽培小麦（简称独秆麦）播种晚、温度低，生长慢，在拔节之前各生育时期均落后于适期播种常规栽培小麦（简称常规麦），但到拔节后它的生育进程明显加快，到挑旗期一般将赶上甚至超过常规小麦，以后它的生育阶段与常规小麦基本同步进行（表6-4）。

表6-4　独秆麦与常规麦生育时期对照

（福山区农业技术推广站）

年份	栽培方法	播种期	出苗期	分蘖期	返青期	拔节期	挑旗期	开花期	灌浆期	成熟期
1980—1981	独秆	10月11日	10月18日	11月2日	3月3日	4月10日	4月24日	5月13日	5月27日	6月22日
	常规	9月26日	10月3日	10月20日	3月3日	4月8日	4月26日	5月13日	5月27日	6月23日
1981—1982	独秆	10月14日	10月24日	11月20日	3月1日	4月13日	4月26日	5月15日	5月29日	6月18日
	常规	9月27日	10月4日	10月22日	3月1日	4月11日	4月26日	5月16日	5月28日	6月18日

通过幼穗分化的观察还可看出，独秆麦单棱期、二棱期和护颖原基分化期比常规麦晚5～7天，到雌雄蕊原基分化期二者基本一致，以后还有偏早的趋势，表现出独秆麦晚播早熟的特点。据试验研究，产生这种现象的原因与施肥技术有密切关系。独秆麦由于基肥少施（或不施）氮肥、重施磷肥，在拔节前严格控制肥水，其植株体内碳氮比始终高于常规麦，维持在较高水平。据原山东省烟台农业学校在拔节期和抽穗期抽样测定，独秆麦的碳氮比分别为

2.91 和 1.78，比常规麦的 0.42 和 1.4 高 2.49 和 0.38，特别是拔节期独秆麦碳氮比显著大于常规麦。在这种情况下，尽管拔节后追施氮素化肥的数量较多，独秆麦体内的碳氮比仍然维持在较高水平上，并优于常规麦。这对加速独秆麦生长发育，促使其正常成熟，获得较高产量起了积极作用。

2. 分蘖急增速减 独秆麦单株分蘖少而小，消亡快。其消长的突出特点表现在前期亩总蘖数发展快，群体大于常规麦，起身期达最大值。据 1986 年龙口市农业技术推广站调查资料，烟农 15 小麦起身期每亩总蘖数为 180 万，比常规栽培每亩多 30～50 万以上。但由于此时不追肥不浇水，所以分蘖迅速向两极分化，至拔节时，总蘖数迅速下降，到挑旗期就基本稳定到成穗水平。而常规栽培的总蘖数，变化比较缓慢，挑旗后总蘖数继续下降。从成穗率看仍以独秆麦栽培的为高。据烟台市福山区 1981—1996 年的研究资料，独秆麦成穗比常规麦平均高 2.5%～5.8%。

3. 叶面积系数发展规律是前小、中快、后慢 独秆麦虽然亩穗数多，但因前期单株生长量小，故其叶面积系数表现前期较小，中期发展较快，到挑旗期达最大值。由于叶片较小而挺拔，群体内光照条件较好，所以后期叶面积系数下降缓慢，叶面积系数明显高于常规栽培的小麦。据烟台市农业技术推广站和福山区农业技术推广站 1981—1984 年调查结果，冬前、拔节和挑旗期独秆麦的叶面积系数分别为 0.76、3.6 和 5.5，常规栽培的为 0.99、4.0 和 6.3。而到灌浆后期独秆麦叶面积系数为 3.7，常规栽培的只有 2.8。独秆小麦在生育后期保持较高的叶面积系数，对提高小麦千粒重和经济系数有重要作用。

4. 干物质积累前少后多 独秆麦因播种较晚，年前生长量小，一般为 3～4 个叶片，翌年春天小麦返青后，虽然分蘖增长较快，总蘖数较多，但分蘖两极分化早而快，大部分无效分蘖在较短时间内消亡，所以独秆麦前期干物质积累慢而少，从拔节到挑旗由于追足肥、浇足水，满足生育需要，干物质积累量迅速上升。1986 年龙口市农业技术推广站调查资料表明，独秆麦在挑旗期以前各生育时期的干物质积累量均低于常规麦，而挑旗期以后则比常规麦高。如拔节到挑旗期独秆麦的干物质积累量为每亩173.2千克，占总积累量的16.3%，而常规麦的干物质积累量为每亩286.1千克，占总积累量的22.4%，前者比后者低112.9千克，而灌浆到成熟期独秆麦干物质积累量为每亩153.1千克，占总积累量的14.4%，常规麦仅为每亩85.9千克，只占6.7%。前者比后者每亩分别高67.2千克和7.7%。独秆麦净光合生产率也表现了这样一个趋势，其前期变化比较平稳，抽穗后大幅度上升，而常规小麦后期净光合生产率的高值、低值均低于独秆麦。形成这种现象的原因是独秆麦生育后期群体内光照条件好，绿色叶面积较大，光合产物积累较快。独秆麦干物质积累和净光合生产率在经济产量形成期比较高这一特点，对晚播小麦正常成熟、籽粒饱满起了极为重要的作用。

5. 群体虽大但透光性好　实践证明，独秆麦的合理亩穗数比常规麦多5万～10万才能达到增产的目的。群体虽大但透光性仍好于常规麦。其原因在于独秆麦苗量大，前期重控，后期重促，使其株形、株高等都明显异于常规麦。其突出表现是株高变矮，基部节间短、上部节间长，叶片小而挺拔。据调查比常规麦株高一般矮5厘米左右，基部节间短2～3厘米，穗下节间长1厘米以上。独秆麦春生3、4、5叶、旗叶依次变小，旗叶常常比春生3叶短4～5厘米。但叶片变厚，约厚0.1厘米，比常规麦增厚37%左右，再加上叶片夹角变小，上部叶片消光系数降低，增强了田间透光率，延长了下部叶片功能期。如福山区农业技术推广站1986年在开花期做大田切片调查，独秆麦距地表20～40厘米层内未有枯黄叶片，0～20厘米层内才有少量枯黄叶片。而常规麦距地表20～40厘米层内则有枯黄叶片，0～20厘米层内叶片大部枯黄。灌浆期调查，独秆麦单茎保有4片绿叶，而常规麦只有3片绿叶。独秆麦这些特点保证了后期有良好的光照条件，提高了小麦自身的抗倒能力，从而使其以多取胜、籽粒饱满的优势得以实现。

6. 苗小但抗逆能力强　独秆麦冬前只有3～5片叶，有的则刚开始分蘖，但表现了较强的抗逆力．一是前期表现有较强的耐寒力，经过多年调查，独秆麦抗冻性较强。如原烟台农业学校1986年调查，独秆麦越冬期绿叶面积损伤率为40.5%，而常规麦绿叶面积损伤率高达60%。二是表现耐旱能力强。福山区农业技术推广站1981—1987年连续6年试验，独秆麦只在旗叶露尖前浇1次水，与常规麦浇3次相比仍有明显的增产效果。三是抗倒能力强。由于独秆麦植株矮，上部叶片小，基部节间短而充实，因而抗倒能力明显增强。四是病虫害较轻。多年的试验和生产实践均证明，独秆麦感染根部的病害较轻。据研究，小麦的根部病害在每年的春秋两季都可形成高峰。秋季在9月上旬到10月下旬感染幼苗，并且秋季感病远比春季成株受害大。而独秆麦一般在10月中下旬播种，土壤温度连日下降，病菌活动能力逐渐减退，躲过了发病期，发病轻。其次由于播种较晚，地下害虫活动很弱，所以在冬前基本不受地下害虫危害。

三、独秆栽培技术内容

独秆栽培法虽然简化了小麦栽培管理，但不是简单粗放种植，而是要求在具有中等以上土壤肥力的基础上抓好精细整地、施足基肥、适期播种、足墒下种，保证密度、全面提高播种质量的前提下，应突出掌握以下几点。

1. 播种期　不同的栽培方法有其不同的适宜播种期。根据试验和生产实践经验，独秆麦在日平均气温12～16℃（冬前积温250～550℃）播种都可以获得较高的产量。福山区农业技术推广站1985年试验，播种期9月30日、10月10日、10月20日和10月30日亩产依次为501.4千克、538.2千克、505.6千克、484千克，以二、三期产量最高。以上4个播种期时间延续一个月，但产量差异不明显，说明独秆栽培法对播种期的适应性较大，只要能保证足够的基本苗，播种较晚甚至于"土里捂"（当年不出苗）也能获得较好收成，如福山区农业技术推广站1983—1988年连续6年种的"土里捂"小麦均获得亩产350～400千克的好收成。

山东省各地生产条件千差万别，因此，各地的播种期应视当地的气候和生产条件具体确定。抓住日平均气温 12～16℃ 这段时间集中力量进行播种。如果日平均气温 16～18℃ 时采用常规法播种，12～16℃ 时采用独秆栽培法播种，小麦的适宜播种期则可由过去的十几天拓宽到一个多月，有利于精耕细作，提高小麦播种质量。

2. 播种密度 独秆栽培小麦靠籽保苗，靠苗保穗，它要求基本苗相当于或略低于该栽培法适宜的亩穗数。据多年试验和生产实践证明，烟农 15 多穗型品种适宜的亩穗数为 60 万～65 万（常规栽培为 50 万～55 万），其适宜的基本苗为 55 万～60 万；而鲁麦 7 号中穗型品种，适宜的亩穗数为 45 万～50 万，其适宜的基本苗为 40 万～45 万。

独秆栽培的密度较大，前期容易出现株间过于拥挤，后期因小麦株型较紧凑，容易出现小麦行间漏光。为协调前后矛盾，应尽量缩小行距，一般行距以 15 厘米左右为宜。播种前应精选种子，选用大粒种子做种，做好发芽试验，准确计算播种量，这是保证苗齐、苗全、苗足，提高小麦整齐度的重要环节。播种量和播种期应适当配合，一般在 10 月 20 日左右播种（冬前积温 350～480℃），苗穗比为 0.9：1，10 月 25 日以后播种（冬前积温 350℃ 以下），苗穗比为 1：1。

3. 施肥 独秆栽培技术的施肥方法与常规栽培技术有很大不同，其特点是要求基肥增施有机肥料，一般亩施有机肥 3 000 千克以上，重施磷肥，一般亩施 50～70 千克过磷酸钙。全生育期的施氮量，中产田一般亩施标准氮肥 60 千克左右，高产田亩施 70 千克左右。土壤含氮量高的地块可不施氮素化肥做基肥，含氮量一般的以总施氮量的 30% 做基肥。翌年进行蹲苗，至拔节到挑旗期（一般以旗叶露尖效果最好），进行分类追肥。一般土壤肥力高、苗情好的可到旗叶露尖时进行追肥。对土壤肥力较差，小麦缺肥重的可在拔节期（即第一节间露出地面 1.5 厘米左右）进行追肥。

通过几年的试验和生产实践证明，在独秆栽培条件下配以这种特定的施肥措施是晚播小麦实现晚播不晚熟、群体合理、减少无效消耗、提高经济系数、达到高产的重要一环。这种施肥法，一是加速了后期的生育过程，促进了主茎竞争成穗，避免了贪青晚熟。如前所述，前期不施氮肥，晚播小麦到雌雄蕊原基分化期即与常规适期播种的小麦生育时期一致，出现了赶生育时期现象。追肥越晚，赶生育时期现象越明显。相反，偏早施用氮肥，晚播小麦前期生育期间就会拉长，它的各个生育时期便会始终落后于常规适期播种的小麦，导致贪青晚熟，造成减产。二是有利于实现独秆小麦的合理群体结构。独秆栽培小麦由于基本苗多，冬前分蘖少，春季分蘖高峰来得快，每亩总蘖数可达到150万以上，如果偏早追肥容易造成群体过大，田间过早郁闭，基部节间细长，造成倒伏减产。只有晚追肥才能使分蘖迅速向两极分化，单株叶片变小，茎秆变矮，株型挺拔而紧凑，从而使群体虽大但稳妥，发挥独秆麦的优势。三是改善了植株有机和无机营养条件，减少小花退化，提高结实率，弥补了独秆麦由于群体大，前期控制重所造成的单穗小穗数少，小花少所带来的损失，确保了每亩总粒数明显多于常规麦，达到粒多粒饱而增产的目的。

4. 浇水 控制浇水的时间和浇水次数是独秆栽培成败的关键。独秆麦因播种晚，冬前生长量小，对土壤水分消耗少，所以在足墒播种的条件下，一般不浇冬水和返青水。至于起身水，只要0～20厘米土壤含水量不低于田间持水量的60%，春后第一水可坚持到拔节到旗叶露尖时结合追肥浇水，在开花到灌浆期浇第二水，一般全生育期浇二至三水即可满足小麦对水分的需要。如遇干旱年份可酌情增加浇水次数。

第七章

小麦宽幅精播高产栽培技术

第一节 播种机具的研制

20 世纪 80 年代初，山东农业大学余松烈院士提出了小麦精播高产栽培技术。该技术有效解决了播种量过多、群体质量较差、穗小粒少、产量不高等问题，具有显著的节本增产效果，在全国得到了大面积推广应用。但近年来，农民分散经营、种植规模小、种植模式多、种植密度大、播种机械种类多且机械老化等现象普遍存在，造成小麦精播高产栽培技术应用面积下降，小麦播种量快速升高，部分地区平均每亩播种量达 15 千克以上，少数农户每亩播种量达 20 千克左右，甚至达到了 25～30 千克。大播种量、大群体粗放管理现象十分突出，造成群体差、个体弱、产量徘徊的局面。针对上述问题，2006 年，在山东农业大学余松烈院士的指导下，山东农业大学农学院董庆裕老师与郓城工力有限公司联合研制了新型小麦宽幅精量播种机（图 7-1）。该机械主要有两大创新设计：一是改传统的精播机圆盘式外槽轮式排种器为圆轴式单粒窝眼排种器；二是改单行管小脚开沟器为双管宽脚开沟器（图 7-2）。众所周知，小麦生产上使用的无论是外槽轮排种器，还是小麦精播机圆盘式排种器，其共同点都是开沟器小，耧脚部犁铧窄，小麦籽粒入土后都拥挤在一条线上，造成植株发育争肥、争水、争营养，形成根少苗弱的生长状况。董庆裕老师最初的设计是把小麦播种变成籽粒分离式或籽粒三角分散式，把排种器变成两排下种，前后各 6 个

图 7-1　小麦宽幅精量播种机

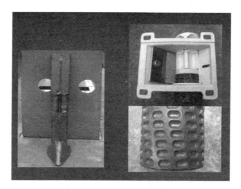

图 7-2　小麦宽幅精量播种机的主要创新点

排种器，形成 12 个排种管，前后各 6 个耧脚，形成双行错位播种，结果在秸秆还田地块壅土严重，难以运行，后来把 12 个排种管合并为 6 个，变成一腿双管播种，也就是把宽幅精量播种机两个排种管合并为一个管，加宽耧脚铧宽度，把传统单行播种一条线改变为一腿双行，把传统外槽轮式加圆盘式排种器改变为圆轴单粒窝眼式排种器，让籽粒分散均匀，苗带宽度变为 8～10 厘米，这样扩大了个体生长空间，有利于根多苗壮，提高了植株的抗逆性、抗倒性。

小麦宽幅精量播种机经过产品设计、研发生产、试验示范、改进完善等环节最终研制成功，由一腿双行改为宽幅播种，解决了籽粒入土拥挤、缺苗断垄、疙瘩苗等问题，充分发挥了个体的生长空间，协调了地下与地上、个体与群体发育生长的关系。

第二节　技术的确立与推广

小麦宽幅精量播种机具研制成功后，最初生产样机 10 台，2007 年秋种安排在河南、安徽、江苏、河北、山东五省小麦高产试验点进行试验验证。2008 年秋种生产样机 20 台，又安排在山东省 11 个小麦高产试验点进行试验示范。从试验示范情况看，小麦宽幅精量播种机主要有以下优点：一是扩大行距，改传统小行距（15～20 厘米）密集条播为等行距（22～26 厘米）宽幅播种。由于宽幅播种籽粒分散均匀，扩大了小麦单株营养面积，有利于使植株根系发达，苗蘖健壮，个体素质高，群体质量好，提高了植株的抗寒性、抗逆性。二是扩大播幅，改传统密集条播籽粒拥挤于一条线为宽播幅（8 厘米左右）种子分散式粒播，有利于种子分布均匀，无缺苗断垄、无疙瘩苗，克服了传统播种机密集条播籽粒拥挤，争肥、争水、争营养，根少苗弱的缺点。三是当前小麦生产多数以旋耕地为主，造成土壤耕层浅，表层暄，容易造成小麦深播苗弱，失墒缺苗等现象。小麦宽幅精量播种机后带镇压轮，能较好地压实土壤，防止透风失墒，确保出苗均匀、生长整齐。四是目前小麦生产使用的传统小麦播种机播种后需要耙平，人工压实保墒，费工费时；另外，随着有机土杂肥的减少，秸秆还田量增多，传统小麦播种机行窄壅土，造成播种不匀，缺苗断垄。使用小麦宽幅精量播种机播种能一次性完成，质量好，省工省时；同时宽幅播种机行距宽，并采取前二后四型耧脚犁铧安装，解决了因秸秆还田造成的播种不匀等现象。小麦播种后形成波浪形沟垄，使小雨变中雨，中雨变大雨，有利于集雨蓄水，墒足根多苗壮，使小麦安全越冬。五是降低了播种量，有利于个体发育健壮，群体生长合理，无效分蘖少，两极分化快，植株长势健壮（图7-3）；也有利于个体与群体、地下与地上发育协调、同步生长，增强根系生长活力，提高茎秆坚韧度，改善群体冠层小气候条件，田间荫蔽时间短，通风透光，降低了田间温度，提高了营养物质向籽粒运输的能力；更有利于使单株成穗多，分蘖成穗率高，绿叶面积大，功能时间长，延缓了小麦后期整株衰老时间，不早衰，落黄好；由于小麦宽幅精播使个体健壮，有利于大穗型品种多成穗，多穗型品种成大穗，增加亩穗数。

图7-3　小麦宽幅播种出苗情况

　　小麦宽幅精量播种机的研制成功，是小麦生产中一次重大的革新，对小麦生产前期促根苗，中期壮秆促成穗，后期抗倒攻籽粒具有至关重要的作用和良好的效果。经过前期的试验示范和探索，2008年初形成了小麦宽幅精播高产栽培技术。2009年小麦宽幅精量播种机获国家专利。

2008 年 5 月，借助于山东省现代农业项目，山东省农业技术推广总站根据省农厅的统一部署，于秋种前通过政府招标的形式采购了 66 台小麦宽幅精量播种机，向 33 个现代农业项目县每县免费发送 2 台播种机械进行试验示范，得到了农户的普遍好评。经向财政申请，2009 年 9 月份开始，山东省将小麦宽幅精播高产栽培技术列入省财政支持农业技术推广项目。2009—2016 年，该技术已经连续 7 个年度获得省财政农技推广专项资金支持。其中，2009—2010 年度有 7 个项目县（市、区），2010—2011 年度有 21 个县（市、区），2011—2012 年度有 19 个县（市、区），2012—2013 年度有 16 个县（市、区），2013—2014 年度有 15 个县（市、区），2014—2015 年度有 19 个县（市、区），2015—2016 年度有 15 个县（市、区）承担了小麦宽幅精播高产栽培技术示范与推广项目。项目的实施，带动了该技术在全省的推广普及。该技术于 2010 年开始被列为山东省农业主推技术，于 2011 年开始被列为全国主推技术。

第三节　主要技术内容

小麦要高产，"七分种，三分管"，把好播种环节质量关是关键。小麦宽幅精播栽培要获得比较高的产量，重点应抓好以下技术措施：

一、搞好品种布局，充分发挥良种增产潜力

品种是小麦增产的内因，选好品种非常重要。山东省生产上常将种植的小麦品种划分为三种类型：大穗型品种、中穗型品种、小（多）穗型品种。其中，大穗型品种一般亩穗数 30 万左右，单穗粒重 1.9 克及以上；中穗型品种一般亩穗数 40 万左右，单穗粒重 1.1～1.8 克；小（多）穗型品种一般亩穗数 50 万以上，单穗粒重 0.8～1.0 克。

目前种植的小麦品种主要是中穗型品种和大穗型品种。为验证

这两种品种类型对宽幅精播栽培的适应性，桓台县农技中心于
2009—2011 年连续两年安排了小麦品种类型适应性比较试验。
2009—2010 年度共安排 9 个小麦品种，其中大穗型品种包括郯麦
98、洲元 9369 两个品种，中穗型品种包括济麦 22、山农 15、汶农
15、良星 99、良星 66、鲁原 502、济南 17 等 7 个品种；2010—2011
年度共安排 10 个小麦品种，包括大穗型品种郯麦 98、泰农 18、山
农 21 等 3 个品种，中穗型品种包括济麦 22、鲁原 502、泰山 23、
山农 14、汶农 14、邯 6172、济南 17 等 7 个品种。采用宽幅播种，
每亩基本苗 15 万，重复三次，随机区组排列。结果见表 7-1。

从表 7-1 可以看出，2009—2010 年度试验中，各品种因气候
因素影响，亩穗数都较低，产量较低。从产量表现看：与对照济南
17 相比增产的有 8 个品种，其中济麦 22 产量最高，亩产达到
501.97 千克，比济南 17 增产 41.80 千克，增幅 9.08%；山农 15
亩产达到 500.49 千克，比济南 17 增产 40.32 千克，增幅 8.76%；
汶农 15、良星 99、郯麦 98、鲁原 50、良星 66、洲元 9369 等 6 个
品种均比对照济南 17 增产，增幅 3.66%～8.50%。

2010—2011 年度试验中，10 个品种与对照济南 17 相比均增
产，增幅 10% 以上的有 3 个品种，其中鲁原 502 产量最高，亩产
达到 631.51 千克，比济南 17 增产 74.82 千克，增幅 13.44%；郯
麦 98 亩产达到 630.21 千克，比济南 17 增产 73.52 千克，增幅
13.21%；济麦 22 亩产达到 620.03 千克，比济南 17 增产 63.34 千
克，增幅 11.38%。其他品种增产幅度 2.43%～8.98%。

表 7-1　宽幅精播条件下不同品种类型的产量表现

(桓台县农技中心)

年度	品种	亩穗数/万穗	穗粒数/粒	千粒重/克	产量/(千克/亩)	增产/(千克/亩)	增幅/%
2009—2010	济麦 22	28.7	40.3	43.4	501.97	41.80	9.08
	山农 15	34.11	35.7	41.1	500.49	40.32	8.76
	汶农 15	34.26	35.2	41.4	499.26	39.09	8.50

（续）

年度	品种	亩穗数/万穗	穗粒数/粒	千粒重/克	产量/（千克/亩）	增产/（千克/亩）	增幅/%
2009—2010	良星99	27.89	40.5	44.1	498.13	37.96	8.25
	郯麦98	25.36	42.04	46.5	495.75	35.58	7.73
	鲁原502	32.44	35.38	42.9	492.20	32.03	6.96
	良星66	29.78	38.6	41.7	479.34	19.17	4.17
	洲元9369	24.88	52.1	36.8	477.02	16.85	3.66
	济南17（CK）	34.79	34.9	37.9	460.17	0	0
2010—2011	鲁原502	34.69	39.8	45.74	631.51	74.82	13.44
	郯麦98	33.14	43.21	44.01	630.21	73.52	13.21
	济麦22	36	39.43	43.68	620.03	63.34	11.38
	泰农18	35.11	42.75	40.42	606.69	50.00	8.98
	泰山23	41.27	31.99	45.4	599.38	42.69	7.67
	山农14	38.8	33.73	44.14	577.67	20.98	3.77
	汶农14	44.29	32.28	40.69	581.74	25.05	4.50
	邯6172	40.96	37.03	37.66	571.21	14.52	2.61
	山农21	30.13	45.67	41.44	570.23	13.54	2.43
	济南17（CK）	37.69	37.13	39.78	556.69	0	0

综合两年小麦品比试验结果和各品种田间性状：中穗型品种济麦22、鲁原502、山农15、汶农14、良星66和大穗型品种郯麦98、泰农18等品种产量较高。表明在采用宽幅栽培时，既可以选用中穗型品种，又可以选用大穗型品种。

表7-2列出了山东省2010—2015年采用宽幅精播栽培技术的高产攻关地块实打情况，可以看出实打产量比较高的地块的品种类型主要涉及中穗型品种和大穗型品种。相比较而言，中穗型品种所占比例较大。

山东小麦良种良法配套技术

表 7 - 2 2010—2015 年山东省采用宽幅精播栽培地块产量
实打涉及的品种类型

年份	地点	品种	品种类型	产量/ （千克/亩）
2010	滕州市级索镇千佛阁村	济麦 22	中穗型	765.01
	兖州区小孟镇陈王村	济麦 22	中穗型	764.7
	岱岳区大汶口镇东武村	汶农 14	中穗型	756.56
	兖州区大安镇潭村	泰农 18	大穗型	754.06
	齐河县赵官镇银杏村	济麦 22	中穗型	711.9
	定陶县定陶镇李王庄	泰农 18	大穗型	711.05
	桓台县索镇睦和村	汶农 15	中穗型	708.1
	曲阜市息陬乡二张曲村	泰农 18	大穗型	703.41
	滕州市姜屯镇前孔庄村	泰农 18	大穗型	702.24
	临邑县翟家乡孙汉服村	济麦 22	中穗型	702
2011	滕州市级索镇千佛阁村	济麦 22	中穗型	788.78
	兖州区小孟镇史王村	鲁原 502	中穗型	783.52
	曹县邵庄镇陈楼村	泰农 18	大穗型	781.9
	兖州区漕河镇前邴	济麦 22	中穗型	770.49
	定陶县定陶镇李王庄	泰农 18	大穗型	761.97
	桓台县索镇睦和村	郯麦 98	大穗型	759.18
	曲阜市时庄街道西辛村	泰农 18	大穗型	755.23
	桓台县新城镇逯家村	郯麦 98	大穗型	751.36
	苍山县苍山农场	临麦 4 号	大穗型	739.9
2012	曹县邵庄镇陈楼村	山农 20	中穗型	767.8
	昌乐县营丘镇孟家洼子村	良星 99	中穗型	767.75
	齐河县焦庙镇周庄村	济麦 22	中穗型	750.5
	郯城县庙山镇立朝村	郯麦 98	大穗型	734.9
	乳山市育黎镇汪水村	济麦 22	中穗型	731.88
	苍山县苍山农场	济麦 22	中穗型	731.47
	滕州市级索镇千佛阁村	济麦 22	中穗型	726.9

（续）

年份	地点	品种	品种类型	产量/ （千克/亩）
2012	商河县孙集乡前街村	济麦22	中穗型	719.07
	莱州市平里店镇淳于村	济麦22	中穗型	716.1
	龙口市徐福镇东王村	烟农5158	中穗型	706.97
	章丘市水寨镇康家村	济麦22	中穗型	704.4
	临邑县翟家镇孙汉服村	济麦22	中穗型	702.9
	桓台县索镇睦和村	鲁原502	中穗型	701.1
	鄄城县旧城镇程桥村	泰农18	大穗型	700.7
2013	滕州市级索镇级索村	济麦22	中穗型	756.8
	齐河县焦庙镇周庄村	济麦22	中穗型	754
	禹城市安仁镇南孙村	济麦22	中穗型	746.9
	龙口市北马镇前诸留村	青农2号	中穗型	725.3
	岱岳区马庄镇大寺村	济麦22	中穗型	721.39
	岱岳区省长指挥田	济麦22	中穗型	712.5
	曲阜市时庄街道单家村	泰农18	大穗型	709.8
	莱州市夏邱镇留驾村	济麦22	中穗型	703.7
	莱阳市团旺镇西中荆后村	烟农24	中穗型	701.8
	高密市咸家工业区小楚家村	济麦22	中穗型	700.45
	商河县郑路镇前进西村	鲁原502	中穗型	689.93
	鄄城县旧城镇城桥村	泰农18	大穗型	682.6
2014	招远市辛庄镇马连沟村	烟农999	中穗型	817
	桓台县新城镇逯家村	鲁原502	中穗型	812.2
	商河县玉皇庙镇林玉粮食专业合作社	济麦22	中穗型	802.5
	临淄区凤凰镇于家村	济麦22	中穗型	781.6
	滕州市级索镇级索村	济麦22	中穗型	777.6
	济阳县新市镇苏家村	济麦22	中穗型	775.2
	泰安市岱岳区省长指挥田	济麦22	中穗型	771.7
	泰安市岱岳区马庄镇大寺村	泰山28	中穗型	766.5

（续）

年份	地点	品种	品种类型	产量/（千克/亩）
2014	广饶县李鹊镇崔刘村	济麦22	中穗型	760.3
	平阴县玫瑰镇大孙庄	济麦22	中穗型	750.5
	郯城县庙山镇丰和有机农场	山农23	大穗型	738.1
	庆云县常家镇北板营村	济麦22	中穗型	732.71
	高密市经济开发区芝兰庄	鲁原502	中穗型	728.1
	牡丹区黄堰镇肖庄村	济麦22	中穗型	726.3
	莱州市三山岛街道潘家村	鲁原502	中穗型	724.7
	任城区长沟镇刘庄村	泰农18	大穗型	718.5
	莒县店子集镇康家村	鲁原502	中穗型	716.6
	台儿庄区马兰屯镇王庄村	济麦22	中穗型	713.3
	诸城市昌城镇草庄子村	鲁原502	中穗型	711.5
	曲阜市时庄街道单家村	泰农18	大穗型	709.8
2015	莱州市城港路街道朱由村	烟农1212	中穗型	809.13
	桓台县索镇睦和村	山农29	大穗型	797.49
	滕州市级索镇级索村	济麦22	中穗型	776.13
	招远市张星镇付家村	鲁原502	中穗型	768.18
	兖州区小孟镇史王村	鲁原502	中穗型	756.58
	郯城县郯城街道办事处铁矿湖片	山农20	中穗型	752.48
	曹县邵庄镇陈楼村	山农20	中穗型	751.2
	昌乐市营丘镇孟家洼村	济麦22	中穗型	750.9
	安丘市景芝镇王家庄村	济麦22	中穗型	739.83
	临淄区朱台镇北高东村	山农28	中穗型	735.74
	济阳县新市镇苏家村	济麦22	中穗型	733.94
	龙口市新嘉街道中村	山农20	中穗型	733.9
	岱岳区马庄镇大寺村	泰山28	中穗型	732.49
	曹县侯集镇北沙楼村	山农29	大穗型	732.24
	莱州市平里镇淳于村	山农20	中穗型	731.72

综合品种比较试验和生产实践经验，小麦宽幅精播高产栽培在品种选用方面具体选择哪种品种类型，要因地制宜，重点选用单株生产力高、抗倒伏、抗病性好、抗逆性强、株型紧凑、光合能力强、经济系数高、不早衰的中穗型或大穗型小麦品种。

要根据当地的生态条件、耕作制度、地力基础、灌溉情况等因素选择适宜品种。要注意慎用抗倒春寒和抗倒伏能力较差的品种。

二、培肥地力，切实提升土地产出能力

土壤地力是小麦高产的基础，为培肥地力，要重点抓好以下措施。

1. 搞好秸秆还田，增施有机肥　目前，山东省小麦主产区耕层土壤的有机质含量还不高，提高土壤有机质含量的方法一是增施有机肥，二是进行秸秆还田。在有机肥缺乏的条件下，唯一的途径就是秸秆还田。玉米秸秆还田时要根据玉米种植规格、品种、所具备的动力机械、收获要求等条件，分别选择悬挂式、自走式和割台互换式等适宜的玉米联合收获机产品。秸秆还田机械要选用甩刀式、直刀式、铡切式等秸秆粉碎性能高的产品，确保作业质量。要尽量将玉米秸秆粉碎得细一些，一般要用玉米秸秆还田机打两遍，秸秆长度最好在5厘米左右。此外，要在推行玉米联合收获和秸秆还田的基础上，广辟肥源、增施农家肥，努力改善土壤结构，提高土壤耕层的有机质含量。一般高产田亩施有机肥3 000～4 000千克；中低产田亩施有机肥2 500～3 000千克。

2. 测土配方施肥　要结合配方施肥项目，因地制宜合理确定化肥基施比例，优化氮磷钾配比。根据生产经验，不同地力水平的适宜施肥量参考值为：产量水平在每亩200～300千克的低产田，每亩施用氮（N）6～10千克，磷（P_2O_5）3～5千克，钾（K_2O）2～4千克，肥料可以全部基施，或氮肥80%基施，20%起身期追施。产量水平在每亩300～400千克的中产田，每亩施用氮（N）10～12千克，磷（P_2O_5）4～6千克，钾（K_2O）4～6千克，磷钾肥基施，氮肥60%基施，40%起身期追施。产量水平在每亩400～500千克

的高产田，每亩施用氮（N）12～14千克，磷（P$_2$O$_5$）6～7千克，钾（K$_2$O）5～6千克，磷钾肥基施，氮肥50%基施，50%起身期或拔节期追施。产量水平在每亩500～600千克的超高产田，每亩施用氮（N）14～16千克，磷（P$_2$O$_5$）7～8千克，钾（K$_2$O）6～8千克，磷钾肥基施，氮肥40%～50%基施，50%～60%拔节期追施。要大力推广化肥深施技术，坚决杜绝地表撒施。

三、深耕深松旋耙压相结合，切实提高整地质量

耕作整地是小麦播前准备的主要技术环节，整地质量与小麦播种质量有着密切关系。要重点注意以下几点。

1. 因地制宜确定深耕、深松或旋耕 对土壤实行大犁深耕或深松，均可疏松耕层，降低土壤容重，增加孔隙度，改善通透性，促进好气性微生物活动和养分释放，提高土壤渗水、蓄水、保肥和供肥能力。但二者各有优缺点：大犁深耕可以掩埋有机肥料、清除秸秆残茬和杂草、有利于消灭寄生在土壤中或残茬上的病虫；深松作业，可以疏松土层而不翻转土层，松土深度要比耕翻深，但因为不翻转土层，不能翻埋肥料、杂草、秸秆，也不利于减少病虫害。因此，要根据当地实际情况选用深耕和深松作业。

一般地，对秸秆还田量较大的高产地块，尤其是高产创建地块，要尽量扩大机械深耕面积。土层深厚的高产田，深耕时耕深要达到25厘米左右，中产田23厘米左右，对于犁底层较浅的地块，耕深要逐年增加。深耕作业前要对玉米根茬进行破除作业，耕后用旋耕机进行整平并进行压实作业。为减少开闭垄，有条件的地方应尽量选用翻转式深耕犁，深耕犁要装配合墒器，以提高耕作质量。对于秸秆还田量比较少的地块，尤其是连续三年以上免耕播种的地块，可以采用机械深松作业。根据土壤条件和作业时间，深松方式可选用局部深松或全面深松，作业深度要大于犁底层，要求为25～40厘米。为避免深松后土壤水分快速散失，深松后要用旋耕机及时整理地表，或者用镇压器多次镇压沉实土壤，然后及时进行小麦播种作业。有条件的地区，要大力示范推广集深松、旋耕、施肥、镇压

于一体的深松整地联合作业机，或者集深松、旋耕、施肥、播种、镇压于一体的深松整地播种一体机，以便减少耕作次数，节本增效。

大犁深耕和深松也存在着工序复杂、耗费能源较多、在干旱年份使土壤失墒较严重而影响小麦产量等缺点，且深耕、深松效果可以维持多年。因此，对于一般地块，不必年年深耕或深松，可深耕（松）1 年，旋耕 2～3 年。可选择耕幅 1.8 米以上、中间传动单梁旋耕机，配套 44.1 千瓦（60 马力）以上拖拉机。为提高动力传动效率和作业质量，可选用框架式、高变速箱旋耕机。进行玉米秸秆还田的麦田，由于旋耕机的耕层浅，采用旋耕的方法难以完全掩埋秸秆，所以应将玉米秸秆粉碎，尽量打细，且旋耕 2 遍，效果才好。对于水浇条件较差或者播种时墒情较差的地块，建议采用小麦免耕播种（保护性耕作）技术。

2. 搞好耕翻后的耙耢镇压工作　耕翻后耙耢、镇压可使土壤细碎，消灭坷垃，上松下实，底墒充足。因此，各类耕翻地块都要及时耙耢。尤其是采用秸秆还田和旋耕机旋耕地块，由于耕层土壤悬松，容易造成小麦播种过深，形成深播弱苗，影响小麦分蘖的发生，造成穗数不足，降低产量。此外，该类地块由于土壤松散，失墒较快，所以必须耕翻后尽快耙耢、镇压 2～3 遍，以破碎土垡，耙碎土块，疏松表土，平整地面，上松下实，减少蒸发，抗旱保墒，同时使耕层紧密，种子与土壤紧密接触，保证播种深度一致，出苗整齐健壮。

3. 按规格做畦　实行小麦畦田化栽培，以便于精细整地，保证播种深浅一致，浇水均匀，节省用水。因此，秋种时，各类麦田，尤其是有水浇条件的麦田，一定要在整地时打埂筑畦。畦的大小应因地制宜，水浇条件好的要尽量采用大畦，水浇条件差的可采用小畦。一般畦宽 1.65～3 米，畦埂 40 厘米左右。在确定小麦播种行距和畦宽时，要充分考虑农业机械的作业规格要求和下茬作物直播或套种的需求。对于花生、棉花、蔬菜主产区，秋种时要留足留好套种行，大力推广麦油、麦棉、麦菜套种技术，努力扩大有麦面积；但对于小麦玉米一年两熟的地区，若夏季积温充足，要因地制宜推广麦收后玉米直播技术，尽量不要预留玉米套种行。

四、足墒适期适量播种，切实提高播种质量

提高播种质量是保证小麦苗全、苗匀、苗壮，群体合理发展和实现小麦丰产的基础。秋种中应重点抓好以下几个环节：

1. 认真搞好种子处理 提倡用种衣剂进行种子包衣，预防苗期病虫害。没有用种衣剂包衣的种子要用药剂拌种。根病发生较重的地块，选用 2％戊唑醇湿拌种剂按种子量的 0.1％～0.15％拌种，或 20％三唑酮乳油按种子量的 0.15％拌种；地下害虫发生较重的地块，选用 40％甲基异柳磷乳油，按种子量的 0.2％拌种；病、虫混发地块用以上杀菌剂＋杀虫剂混合拌种。

2. 足墒播种 小麦出苗的适宜土壤湿度为田间持水量的 70％～80％。秋种时若墒情适宜，要在秋作物收获后及时耕翻，并整地播种；墒情不足的地块，要注意造墒播种。在适期内，应掌握"宁可适当晚播，也要造足底墒"的原则，做到足墒下种，确保一播全苗。

对于玉米秸秆还田地块，在一般墒情或较差的条件下，最好在还田后灌水造墒，也可在小麦播种后立即浇"蒙头水"，待墒情适宜时搂划破土，辅助出苗。这样，有利于小麦苗全、苗齐、苗壮。造墒时，每亩灌水 40 米^3。

3. 适期播种 温度是决定小麦播种期的主要因素。一般情况下，小麦从播种至越冬开始，有 0℃以上积温 570～650℃为宜。一般地、鲁东、鲁中、鲁北的小麦适宜播种期为 10 月 1—10 日，其中最佳播种期为 10 月 3—8 日；鲁西的适宜播种期为 10 月 3—12 日，其中最佳播种期为 10 月 5—10 日；鲁南、鲁西南为 10 月 5—15 日，其中最佳播种期为 10 月 7—12 日。

4. 适量播种 小麦的适宜播种量因品种、播种期、地力水平等条件而异。对于高产攻关地块，在适期范围内，仍然要以精量播种为准，亩基本苗以 10 万～13 万为宜。对于一般地块，在目前玉

米晚收、小麦适期晚播的条件下，要以推广半精播技术为主，但要注意播种量不能过大。在适期播种情况下，分蘖成穗率低的大穗型品种，每亩适宜基本苗 15 万～18 万；分蘖成穗率高的中穗型品种，每亩适宜基本苗 12 万～16 万。在此范围内，高产田宜少，中产田宜多。晚于适宜播种期播种，每晚播 2 天，每亩增加基本苗 1 万～2 万。旱作麦田每亩基本苗 12 万～16 万，晚茬麦田每亩基本苗 20 万～30 万。为确保适宜的播种量，应按下列公式计算：

$$每亩播种量（千克）=$$

$$\frac{每亩要求基本苗数 \times 种子千粒重（克）}{1\,000 \times 1\,000 \times 种子发芽率（\%）\times 田间出苗率（\%）}$$

5. 宽幅精量播种　实行宽幅精量播种，改传统小行距（15～20 厘米）密集条播为等行距（22～26 厘米）宽幅播种，改传统密集条播籽粒拥挤一条线为宽播幅（8 厘米）种子分散式粒播，有利于种子分布均匀，减少缺苗断垄、疙瘩苗现象，克服了传统播种机密集条播，籽粒拥挤，争肥、争水、争营养，根少、苗弱的生长状况。因此，要大力推行小麦宽幅播种机械播种，播种深度 3～5 厘米。播种机不能行走太快，以每小时 5 千米为宜，以保证下种均匀、深浅一致、行距一致、不漏播、不重播。

目前，常用的宽幅播种机械按照开沟器的不同主要分为两种类型：一种是耧腿式开沟器宽幅播种机，另一种是圆盘式开沟器宽幅播种机。

耧腿式播种机是山东省主推机型，它具有苗带宽度较宽（可达 8 厘米），播种量控制较好，可以做到精量播种，增产幅度高等优点，因而它最符合宽幅精播的技术要求。因此，对于精耕细作地区、高产创建项目区、农技推广项目区、对产量目标要求比较高的地块，尤其是高产攻关地块，最好采用这一机型。

但耧腿式宽幅播种机也有其局限性：一是若玉米秸秆还田质量不好，秸秆长度大，杂草多，黑黏土地整地质量差时，小麦播种时，往往壅土，播种不匀，或堵塞下种管，造成缺苗断垄；二是播种稻茬麦时，由于土壤较黏，容易堵塞。在这种情况下，就要考虑采用圆盘式宽幅播种机。但圆盘式宽幅播种机也有以下缺陷：一是苗带宽度不够，一般为 5～6 厘米；二是播种量控制不够好，做不到精量播种。

目前，圆盘式播种机主要应用范围：一是农民有用常规圆盘式播种机播种习惯的区域；二是整地粗放，秸秆、坷垃较多地块；三是产量目标要求中等或偏上的地块。

6. 播后镇压 从近几年的生产经验看，小麦播后镇压是提高小麦苗期抗旱能力和出苗质量的有效措施。因此，要选用带镇压装置的小麦播种机械，在小麦播种时随种随压，然后，在小麦播种后用镇压器镇压两遍，努力提高镇压效果。尤其是对于秸秆还田地块，一定要在小麦播种后用镇压器多遍镇压，才能保证小麦出苗后根系正常生长，提高抗旱能力。

五、小麦田间管理技术

小麦要高产，种好是基础，管理很关键。在提高种植基础的前提下，必须切实加强田间管理。应根据生产实际，采用促控结合措施，合理运筹肥水，建立高效群体，调节和协调穗、粒、重的关系，从而达到优质高产的目的。

（一）冬前田间管理

小麦冬前管理的主攻方向是促苗匀、足、齐、壮。田间管理的主要措施如下。

1. 查苗补苗 出苗后要及时查苗，对缺苗断垄的麦田要及早补种浸种催芽的同一品种的种子，杜绝 10 厘米以上的缺苗和断垄现象。待麦苗长到 3～4 叶期，结合疏苗和间苗，进行一次移栽补苗。栽植深度以"上不埋心，下不露白"为宜。补苗后踏实浇水，并适当补肥，促早发赶齐，确保苗全。

2. 划锄保墒 苗期管理以镇压划锄、灭草为主。小麦出苗后遇雨、冬灌或因其他原因造成土壤板结，应及时进行划锄，破除板结，通气保墒，促进根系和幼苗的健壮生长。适时划锄保墒，可达到提高地温，促进冬前分蘖的效果。划锄后要及时镇压，以防冻害。

3. 深耕断根　深耕有断老根、喷新根、深扎根、促进根系发育的作用，对植株地上部有先控后促的作用，可以控制无效分蘖，防止群体过大，改善群体光照条件，提高根系活力，延缓根系衰老，促进苗壮株健，增加穗粒数，提高穗粒重，显著增产。所以浇冬水前对总茎数充足或偏多的麦田，或出现异常暖冬、麦苗旺长的麦田，应依据群体大小和长相，及时采取镇压、化控或深耕断根等措施，控制合理群体。深耕深度 10 厘米左右，耕后及时将土整平，压实，待 10 天左右浇水，防止透风冻害。

4. 浇好越冬水，酌情追肥　越冬水是保证小麦安全越冬的一项重要措施。它能防止小麦冻害死苗，并为翌年返青保蓄水分，做到冬水春用、春旱早防；还可以踏实土壤，粉碎坷垃，消灭越冬害虫。因此，一般麦田都要浇好越冬水，但墒情较好的旺苗麦田，可不浇越冬水，以控制春季旺长。浇越冬水的时间要因地制宜。对于地力差、施肥不足、群体偏小、长势较差的弱苗麦田，越冬水可于 11 月底至 12 月初早浇，并结合浇水追肥，一般亩追尿素 10 千克左右，以促进生长；对于一般壮苗麦田，在日平均气温下降到 5℃左右时（立冬至小雪）浇越冬水为好。早浇气温偏高会促进生长，过晚会使地面结冰冻伤麦苗。要在麦田上大冻之前完成浇越冬水，达到夜冻昼消，浇完正好。浇越冬水要在晴天上午进行，浇水量不宜过大，但要浇透，以灌水后当天全部渗入土中为宜，切忌大水漫灌。浇水后要注意及时划锄，破除土壤板结。

5. 综合防治病虫草害　冬前是小麦病虫草综合防治的关键时期，一定要注意及时防治。秋季小麦 3 叶后大部分杂草出土，草小抗药性差，是化学除草的有利时机，一次防治基本能控制麦田草害，具有事半功倍的效果。对以阔叶杂草为主的麦田可用苯磺隆、氯氟吡氧乙酸、唑草酮等药剂防治，如亩用 75%苯磺隆可湿性粉剂 1～1.2 克，或 20%氯氟吡氧乙酸乳油 50～60 毫升，或 40%唑草酮干悬浮剂 4～5 克，加水喷雾防治；对以禾本科杂草为主的麦田可用精噁唑禾草灵、甲基二磺隆、炔草酯、氟唑磺隆等药剂防治。一般亩用 6.9%精噁唑禾草灵乳油 60～80 毫升，或 3%甲基二磺隆乳油25～30毫升，或15％炔草酯可湿性粉剂25～30克，或70％氟唑磺隆水分散粒剂3～5克，加水后茎叶喷雾防治。混合发生的可用以上药剂混合使用。在禾本科杂草与阔叶杂草混生田，可选用二磺·甲磺隆、炔草酯＋苯磺隆或精噁唑禾草灵＋苯磺隆等；恶性阔叶杂草与常见阔叶杂草混生的地块，可用苯磺隆＋氯氟吡氧乙酸，或苯磺隆＋乙羧氟草醚，或苯磺隆＋苄嘧磺隆，或苯磺隆＋辛酰溴苯腈等。

近年来，化学除草导致防治作物和后茬作物发生药害的情况屡见不鲜。为防止药害发生，一要严格按推荐剂量使用，二要禁止或避免使用对后茬作物有药害的药剂。长残效除草剂氯磺隆、甲磺隆在麦田使用后易对后茬花生、玉米等作物产生药害，要禁止使用。双子叶作物对2,4-滴丁酯高度敏感，易发生药害，麦棉、麦花生、麦烟、麦菜等混作区麦田要避免使用2,4-滴丁酯以及含有2,4-滴丁酯成分的除草剂进行除草。

近几年，地下害虫对小麦苗期的危害呈加重趋势，应注意适时防治。防治蛴螬和金针虫，可用40％甲基异柳磷乳油或50％辛硫磷乳油，每亩用量250毫升，兑水1～2千克，拌细土20～25千克配成毒土，条施于播种沟内或顺垄撒施于地表，施药后要随即浅锄或浅耕；也可每亩用40％甲基异柳磷乳油或50％辛硫磷乳油0.5千克，兑水750千克，顺垄浇施。防治蝼蛄，可用5千克炒香的麦麸、豆饼等，加80％敌百虫可溶性粉剂、50％辛硫磷乳油或48％毒死蜱乳油及适量水，混匀制成毒饵，于傍晚顺垄撒施，每亩用2～3千克。另外，要密切关注叶螨、地老虎、麦蚜、灰飞虱及纹枯病、全蚀病等小麦主要病虫害发生情况，及时做好预测预报和综合防治工作。

6. 加强监管，严禁牲畜啃青　近年来，山东省部分地区仍然存在麦田啃青现象，应引起高度重视。小麦越冬期间保留下来的绿色叶片，返青后即可进行光合作用，它是小麦刚恢复生长时所需养分的主要来源。冬前或者冬季放牧会使这部分绿色面积遭受大量破坏，容易加重小麦冻害，甚至会造成麦苗大量死亡，减产非常显著。各地要进一步提高对牲畜啃青危害性的认识，做好宣传，加强监管，坚决杜绝牲畜啃青现象的发生。

（二）春季田间管理（返青—挑旗）

春季管理的关键是保证群体沿着合理动态发展，达到群体合理、穗大粒多和减轻病虫害的目的。

1. 返青期（2月下旬至3月初）　主攻方向：促早返青、早生长。主要措施如下。

（1）及时划锄。麦田返青期管理的关键是及时划锄，划锄有利于通气、提温、保墒，促进根系发育，促苗早返青早生长，加速两极分化。早春划锄的有利时机为顶凌期，即在表层土化冻2厘米时开始划锄，此时保墒效果最好，有利于小麦早返青、早发根、促壮苗。春季镇压可压碎土块，弥封裂缝，使经过冬季冻融疏松了的土壤表土层沉实，使土壤与根系密接起来，有利于根系的吸收利用，减少水分蒸发。因此，对整地粗放、坷垃多、秸秆还田镇压不实的麦田，可在早春土壤化冻后进行镇压，以沉实土壤，弥合裂缝，减少水分蒸发和避免冷空气侵入分蘖节附近冻伤麦苗；对没有水浇条件的旱地麦田在土壤化冻后及时镇压，可促使土壤下层水分向上移动，起到提墒、保墒、抗旱作用；对长势过旺麦田在起身期前后镇压，可抑制地上部生长，起到控旺转壮的作用。另外，镇压要和划锄结合起来，一般是先压后锄，以达到上松下实、提墒、保墒、增温的作用。

（2）合理运用促控措施。控制群体和长势至关重要，要做到因苗管理，促控结合。对播种早、群体大、麦苗长势旺的麦田，可在早春进行镇压，促进旺苗转壮。对徒长的麦田，要采取地下部深耕断根、地上部镇压等措施进行控制。

在正常年份，浇过越冬水的麦田返青期应控制肥水，一方面避免因浇水而降低地温，延缓小麦正常返青和生长；另一方面，避免因施肥造成春季旺长，导致群体过大，中后期倒伏。

对于晚播弱苗麦田，一般应在返青期追肥，使肥效作用于分蘖高峰前，以便增加春季分蘖，巩固冬前分蘖，增加亩穗数。一般情况下，春季追肥应分为两次：第一次，于返青中期，5厘米地温5℃左右时开始，施用追肥量50%的氮素化肥和适量的磷酸二铵，促进分蘖和根系生长，提高分蘖成穗率；剩余的50%化肥待拔节期追施，促进小麦发育，提高穗粒数。

旱地麦田由于没有水浇条件，应在早春土壤化冻后抓紧进行镇压划锄、顶凌耙耱等，以提墒、保墒。弱苗麦田，要在土壤返浆后，用化肥耧或开沟施入氮素化肥，以利增加亩穗数和穗粒数，提高粒重，增加产量；一般麦田，应在小麦起身至拔节期间降雨后，抓紧借雨开沟追肥。一般亩追15千克左右尿素。对基肥没施磷肥的要在氮肥中配施磷酸二铵。

（3）酌情追肥。对土壤缺磷、钾素而基肥施入不足的麦田，应补施磷、钾化肥，开沟深施，这类麦田每亩施用过磷酸钙20～30千克、硫酸钾20千克为宜。发生严重冻害的麦田，可在返青期及时清垄，每亩适当追施尿素10～15千克，施肥后浇返青水，浇水后应及时划锄。

（4）适时防治病虫草害。春季是各种病虫草害多发的季节。应搞好测报工作，及早备好药剂、药械，实行综合防治。麦田化学除草具有除草效果好、节本增效等优点，对于冬前没有进行化学除草或防治效果较差的地区，要抓住春季3月上中旬防治适期，及时开展化学除草。对以双子叶杂草为主的麦田可亩用75%苯磺隆水分散粒剂1克或15%噻吩磺隆可湿性粉剂10克加水喷雾防治；对以抗性双子叶杂草为主的麦田，可亩用20%氯氟吡氧乙酸乳油50～60毫升或5.8%双氟·唑嘧胺乳油10毫升防治；对单子叶禾本科杂草重的麦田可亩用3%甲基二磺隆乳油25～30毫升或6.9%精噁唑禾草灵水乳剂60～70毫升，茎叶喷雾防治。双子叶和单子叶杂草混合发生的麦田可将以上药剂混合使用。春季麦田化学除草对后茬作物易产生药害，禁止使用长残效除草剂氯磺隆、甲磺隆等药剂；2,4-滴丁酯对棉花等双子叶作物易产生药害，甚至用药后具有残留的药械再喷棉花等作物也有药害发生，小麦与棉花和小麦与花生间作套种的麦田化学除草避免使用2,4-滴丁酯。

春季病虫害的防治要大力推广分期治理、混合施药兼治多种病虫技术，重点做好返青拔节期和挑旗期两个关键时期病虫害的防治。

返青拔节期是纹枯病、全蚀病、根腐病等根病和丛矮病、黄矮病等病毒病的又一次侵染扩展高峰期，也是麦叶螨、地下害虫和草害的危害盛期，是小麦综合防治关键环节之一。防治纹枯病，可用5％井冈霉素每亩150～200毫升兑水75～100千克喷麦茎基部，间隔10～15天再喷一次，或用多菌灵胶悬剂、甲基硫菌灵防治；防治根腐病可选用戊唑醇、烯唑醇、三唑酮、丙环唑等杀菌剂；防治麦叶螨可用1.8％阿维菌素3 000倍液喷雾防治。以上病虫混合发生的，可采用以上对路药剂一次混合喷雾施药防治。

2. 起身期（3 月中旬）　主攻方向：促稳健生长，防群体过大。主要措施如下。

（1）合理肥水管理。3月中下旬，气温进一步回升，小麦开始起身，生长速度加快，群体的光合能力和光能利用率明显提高。在田间管理上，对群体适宜、麦苗健壮的麦田，应进行适当的肥水控制，以免群体过大，引起徒长和后期倒伏减产；对干旱缺水或苗情较弱以及缺肥的麦田，起身期可结合浇水追施适量的肥料（15～20千克尿素）；对干旱缺水但不缺肥、群体较大的麦田，可只浇水不施肥，但需进行化控；对生长正常，群体适中的麦田，起身期一般不追肥浇水，以免引起徒长。通过控制肥水，壮大蘗、控无效分蘗，从而达到建立合理群体结构的目的。

（2）及时化控。在小麦起身以前，要进行除草和化控，防止后期倒伏。是否使用化控措施取决于群体大小、个体健壮程度等田间综合因素，生长正常无倒伏风险的麦田不需使用化控措施。目前生产上应用较多和效果较好的化控产品有20％多唑・甲哌鎓微乳剂、20.8％烯效・甲哌鎓微乳剂等，一般亩用量30～40毫升，兑水30千克，叶面喷雾。化控时间以3月上中旬为佳，应注意严格掌握苗情、浓度、安全性等尺度，以免造成药害。

3. 拔节期（3 月下旬至 4 月初）　主攻方向：促壮秆，大穗多粒，奠定品质基础。主要措施如下。

（1）搞好肥水管理。此期为春季肥水管理的重要时期。科学的肥水管理，不仅可有效地防止倒伏，控制下落穗的形成，而且能促进小花发育，延缓小麦衰老，增加穗粒数，提高粒重。此次追肥数量应占氮肥总投入量的 $1/2\sim2/3$，以每亩追施尿素 $15\sim20$ 千克为宜，施肥后立即灌溉。

施拔节肥、浇拔节水的具体时间，要根据品种、地力水平和麦苗情况灵活变化。对于分蘖成穗率低的大穗型品种，一般在拔节期稍前或拔节初期（雌雄蕊原基分化期，基部第一节间伸出地面 $1.5\sim2$ 厘米）追肥浇水。对于分蘖成穗率高的中穗型品种，地力水平较高、群体适宜的麦田，宜在拔节初期或中期追肥浇水；地力水平高、群体偏大的麦田，宜在拔节后期（药隔分化期，基部第一节间接近定长、旗叶露尖时）追肥浇水。

将一般生产中的起身期（二棱期）施肥浇水改为拔节期至拔节后期（雌雄蕊原基分化期至药隔分化期）追肥浇水，这样可以显著提高小麦籽粒的营养品质和加工品质，有效地控制无效分蘖过多增生，防止旗叶和倒二叶过长，建立高产小麦紧凑型株型；能够促进根系下扎，提高土壤深层根系比重，提高生育后期的根系活力，有利于延缓衰老，提高粒重；能够控制营养生长和生殖生长并进阶段的植株生长，有利于物质的稳健积累，减少糖类的消耗；促进单株个体健壮，有利于小穗小花发育，增加穗粒数；能够促进开花后光合产物的积累和光合产物及营养器官贮存的氮素向籽粒运转，有利于较大幅度地提高生物产量和经济系数，是优质高产的重要措施。

（2）防治病虫。做好病虫害发生的预测预报工作，加强纹枯病、锈病、白粉病和赤霉病等易流行和危害严重的病害和各种虫害的综合防治，治早、治好。

4. 挑旗（孕穗）期（4月中下旬） 主攻方向：增加穗粒数，提高粒重。主要措施如下。

浇好孕穗水，酌情追肥。挑旗、孕穗期是小麦一生中需水临界期，浇足浇透挑旗水有利于减少小花退化，显著提高结实率，增加穗粒数，并保证土壤深层蓄水，供小麦后期生长利用。因此，此期要保持田间足够的土壤水分，如果墒情较好，也可推迟至开花期浇水。缺肥地块和植株生长较弱的麦田，可结合浇水每亩施尿素 10千克左右。此期追肥应在浇水前进行，其主要作用是增加穗粒数、粒重，对改善品质也有重要作用。

（三）　后期田间管理（挑旗—成熟）

主攻方向：防止早衰，改善品质，提高产量。主要措施如下。

1. 浇好灌浆水　小麦扬花后 10～15 天应及时浇灌浆水，以保证小麦生理用水，同时还可改善田间小气候，降低高温对小麦灌浆的不利影响，减少干热风的危害。灌浆水可提高籽粒灌浆速度，提高饱满度，增加粒重，据研究可提高千粒重 2～3 克。此期浇水应十分注意天气变化，严禁在风雨天气浇水，以防倒伏。收获前 7～10天内，忌浇麦黄水。

小麦开花后土壤含水量过高，会降低强筋小麦品质。所以，强筋小麦生产基地在开花后应注意控制土壤含水量不要过高，在浇过挑旗水或扬花水的基础上，就不要再灌水了。

2. 叶面追肥　研究表明，叶面追肥，不仅可以弥补根系吸收作用的不足，及时满足小麦生长发育所需的养分，而且可以改善田间小气候，减少干热风的危害，增强叶片功能，延缓衰老，提高灌浆速率，增加粒重，提高小麦产量，同时可以明显改善小麦籽粒品质，提高容重，延长面团稳定时间。叶面追肥的最佳施用期为小麦抽穗期至籽粒灌浆期，目前常用的叶面肥主要有天达 2116、磷酸二氢钾、尿素等。一般地，可在灌浆初期喷 1％～3％的尿素溶液（加上 0.2％～0.3％的磷酸二氢钾溶液更好），或 0.2％的天达2116（粮食专用）溶液，每亩喷 50～60 千克。叶面追肥最好在晴天下午 4 点以后进行，间隔 7～10 天再喷一次。喷后 24 小时内如遇到降雨应补喷一次。为了简化操作，可与其他田管措施结合进行。如每亩用 40％多菌灵乳剂 50～80 毫升、50％辛硫磷乳油 50～75 毫升、天达 2116 50 克，兑水 50 千克配成混合液，进行叶面喷施，可起到同时防病、防虫、防干热风等"一喷三防"效果。

3. 防治病虫害 小麦生育后期是多种病虫害发生的主要时期，对产量、品质影响较大。主要有麦蚜、锈病、白粉病、叶枯病、赤霉病等，要做好预测预报，随时注意病虫害发生动态，达到防治指标，及早进行防治。赤霉病和颖枯病要以预防为主，抽穗前后如遇连阴大雾天气，要在小麦齐穗期和小麦扬花期两次喷药预防，可用80%多菌灵超微粉每亩50克，或50%多菌灵可湿性粉剂75～100克兑水喷雾。也可用25%氰烯菌酯悬乳剂亩用100毫升兑水喷雾，安全间隔期为21天。喷药时重点对准小麦穗部均匀喷雾。防治条锈病、白粉病可用25%丙环唑乳油每亩8～9克，或25%三唑醇可湿性粉剂30克，或12.5%烯唑醇超微可湿性粉剂32～64克喷雾，兼治一代棉铃虫可加入苏云金杆菌乳剂或苏云金杆菌可湿性粉剂；穗蚜可用50%抗蚜威可湿性粉剂每亩8～10克喷雾，或10%吡虫啉可湿性粉剂10～15克喷雾，还可兼治灰飞虱；防治一代黏虫可用50%辛硫磷乳油每亩50～75毫升喷雾。

(四) 适时收获，保证高产优质

高产麦田小麦生育后期根系活力强，叶片光合速率高值持续期长，籽粒灌浆速率高、持续期也较长，生育后期营养器官向籽粒中运转有机物质速率高、时间长。测定结果表明，蜡熟中期至蜡熟末期千粒重仍在增加，蜡熟末期收获，干物质积累达到最多，千粒重最高，此时籽粒的营养品质和加工品质也最优，应及时收获。蜡熟末期植株长相为茎秆全部黄色，叶片枯黄，茎秆尚有弹性，籽粒含水量22%左右，籽粒颜色接近品种固有光泽，籽粒较为坚硬。提倡用联合收割机收割，考虑到机械化收割等因素，可在完熟期收获，严禁过晚收获降低产量和品质。

不同品种要单收单脱，单独晾晒，单贮单运。收获后及时晾晒，杜绝遇雨和潮湿霉烂，并在入库前做好粮食精选，保持优质小麦商品粮的纯度和品质稳定，提高优质专用小麦的商品率。不得在柏油路面或可能造成污染的晒场上晾晒。

第八章
良种良法配套高产实例

一、烟农 1212 实收亩产 840.7 千克栽培技术

2019 年 6 月 21 日，根据山东省农业农村厅的申请，受农业农村部种植业管理司委托，全国农业技术推广服务中心组织有关小麦专家，对烟台市农业科学研究院承担的烟台市科技发展计划项目"小麦绿色高产高效栽培技术研究与示范"进行了实收测产。高产攻关田位于莱州市城港路街道朱由村金海科教示范园，前茬为玉米，品种为烟农 1212，2018 年 10 月 11 日播种，集成应用了种子包衣、宽幅精播、"一喷三防"、小麦高产高效栽培等技术。测产结果如下：实打面积 3.33 亩，实打平均亩产量 840.7 千克。创全国冬小麦单产最高纪录。

（一）品种基础

小麦新品种烟农 1212 是烟台市农业科学研究院利用系谱法选育的小麦新品种，母本为自育品系烟 5072，父本为石 94-5300。于 2018 年通过山东省审定（鲁审麦 20180004），2019 年通过河北省审定（冀审麦 20198008），2020 年通过国家审定（国审麦 20200049）。该品种半冬性，幼苗半匍匐，株高 78 厘米左右，生育期 235 天，高抗倒伏。穗棍棒形，白壳、白粒，抗寒、抗病性好，亩穗数可达 45 万以上，每穗粒数可达 40 粒以上，千粒重可达 50 克以上。2015 年、2016 年区域试验统一取样，农业部谷物品质监督检验测试中心（泰安）测试结果平均：籽粒蛋白质含量 12.4%，湿面筋

含量 32.1%，沉淀值 27.6 毫升，吸水率 55.9%，稳定时间 4.0 分钟，面粉白度 78.9。具有高产、抗寒、抗病、抗倒伏、抗干热风、抗衰老等突出优点。

（二） 地力基础

高产攻关田位于莱州市城港路街道朱由村金海科教示范园，前茬为玉米，土壤质地为壤土，土层深厚，有机质含量高，每 2～3 年深耕翻一次。耕作层厚度在 25 厘米以上，土壤容重 1.46 克/厘米^3，总孔隙度 56.3%，pH 6.8。0～20 厘米土层养分含量：土壤有机质 1.61%、碱解氮 95.2 毫克/千克、有效磷 84.5 毫克/千克、速效钾 172.5 毫克/千克。

（三） 关键栽培技术

1. 种子处理 选用经过提纯复壮的烟农 1212 的种子进行精选，纯度不低于 99.0%，净度不低于 99.0%，发芽率不低于 85%，水分含量不高于 13.0%。采用 27% 苯醚·咯·噻虫悬浮种衣剂（酷拉斯）拌种。

2. 科学施肥 玉米收获后，玉米秸秆全部还田，以改善土壤质地，提高土壤肥力。施腐熟好的牛粪 4 吨，手撒菌肥 40 千克/亩，共施用纯氮 16 千克/亩，基、追肥比例为 1：2。用海藻复合肥 30 千克/亩作种肥。

3. 整地与播种 深耕与深松相结合，深耕后旋耕并及时耙地，破碎土块，避免土壤墒情散失，形成深播弱苗。2018 年 10 月 11 日播种，播种深度为 3～5 厘米，播种行距 20 厘米，每畦 8 行区，畦长 100 米，畦宽 1.8 米，畦埂宽 40 厘米，播种量 10 千克/亩。不漏播，不重播，地头地边要补种整齐，保证苗全苗齐。

4. 田间管理 2019 年烟农 1212 莱州高产攻关田的产量结构为：亩穗数 50.7 万，穗粒数 41.5 粒，千粒重 46.8 克。

（1）冬前管理。

①查苗补种。种子出苗后及时查苗补苗，人工开沟撒种补苗。

②灌溉。2018 年 11 月 8 日浇水 1 次，浇水后及时进行划锄。

（2）春季和后期管理。

①镇压划锄。小麦返青期前进行镇压，之后划锄，起到增温保墒作用。

②中耕除草。2019 年 3 月 8 日，人工划锄防除杂草。

③春季肥水管理。浇水：2019 年 4 月 25 日一次，5 月 24 日一次，每亩浇水量 40 米^3。4 月 23 日，追施复合肥（N：P：K＝30：0：5）10 千克/亩，氮肥的 2/3 结合浇水进行追施。

④防治病虫。2019 年 3 月 25 日，用丙环·嘧菌酯（先正达扬彩）、噻虫嗪和芸薹素内酯防根腐、茎腐，杀虫，提高免疫力；4 月 28 日使用中量元素水溶肥料（拜耳沃生）50 毫升/亩叶面喷施；5 月 5 日用沃生叶面肥＋肟菌·戊唑醇（稳腾）＋噻虫嗪＋甲氨基阿维菌素苯甲酸盐除虫杀菌防蚜虫、白粉病、赤霉病。

二、强筋小麦泰科麦 33 亩产突破 800 千克高产栽培技术

高产、优质强筋小麦新品种泰科麦 33，于 2018 年分别通过了国家黄淮北片审定（国审麦 20180056）和山东省审定（鲁审麦 20180001）。经农业部谷物品质监督检验测试中心（哈尔滨）区域试验混样测试：容重 826 克/升，湿面筋含量 31.1％，籽粒蛋白质含量 15.01％，沉淀值 40 毫升，稳定时间 9.3 分钟，达到强筋小麦品种标准。经农业部谷物品质监督检验测试中心（北京）检测，泰科麦 33 面包评分 91.3 分，馒头评分 87.2 分，面条评分 80.9 分。在首届黄淮麦区优质强筋小麦品种质量鉴评会上被评定为面包、面条优质强筋小麦品种。该品种加工品质优良，对推进农业供给侧结构性改革，全面提升粮食食品品质具有重要意义，具有很大的推广价值。2019 年 6 月 12 日，优质强筋小麦新品种泰科麦 33 实打产量 12 076.5 千克/公顷，成为黄淮麦区北片第一个实打产量超过 12 000 千克/公顷的优质强筋小麦品种。2020 年 6 月 14 日，泰科麦 33 在岱岳区大汶口镇和马庄镇实打产量分别达到 12 067.8 千克/公顷和 12 204.3 千克/公顷，再次刷新山东省优

质强筋小麦实打单产最高纪录。2020 年 6 月 15 日，该品种在德州市实打产量达到11 624.1千克/公顷，创德州市小麦单产最高纪录。为此，泰安市农业科学研究院联合相关单位开展了泰科麦33 产量突破12 000千克/公顷高产栽培技术体系研究，最大限度地发挥品种的增产潜力与品质稳定性，以期为优质麦超高产提供可复制、可推广的技术借鉴。

（一） 品种基础

泰科麦33，在国家黄淮北片和山东省区域试验中由于采用统一的种植管理模式，在针对性相对较差的情况下，产量分别达到593.1千克/亩和604.8千克/亩，分别较对照增产 3.90％和 5.20％，显示出很好的高产潜力（表 8 - 1）。泰科麦 33 株高 80 厘米左右，耐寒，分蘖力中等，成穗率较高；株型紧凑、长相清秀，旗叶宽、短且挺举，田间透光性和耐密性好，光合生产率高，抗倒伏能力强，为亩产突破 800 千克奠定了很好的品种基础。

表 8 - 1　泰科麦 33 在国家黄淮北片和山东省区域试验中的产量表现

参试类别	年份	亩穗数/万穗	穗粒数/粒	千粒重/克	平均亩产/千克	比对照增产幅度/％
国家黄淮北片区域试验	2014—2015	43.9	35.6	43.4	582.1	3.91
	2015—2016	41.4	36.0	45.2	604.0	3.88
	平均	42.70	35.8	44.3	593.1	3.90
山东省区域试验	2014—2015	43.9	36.2	41.5	590.6	4.52
	2015—2016	39.7	39.4	45.3	615.0	5.90
	平均	41.8	37.8	43.4	602.8	5.20

（二） 地力基础

肥沃的地力是小麦超高产的基础。十几年来，此几处高产地块均采用秸秆全部还田、重施有机肥和配施氮、磷、钾肥的方法培肥地力，这几个地块耕层土壤有机质含量达到 1.50％以上，最高达到 1.65％，而且氮、磷、钾营养丰富、平衡，这是创建小麦亩产突破 800 千克小麦的地力基础（表 8 - 2）。

表 8 - 2 泰科麦 33 在亩产 800 千克地块的土壤肥力指标

地 点	年份	产量/(千克/亩)	有机质含量/%	N/(毫克/千克)	P₂O₅/(毫克/千克)	K₂O/(毫克/千克)
泰安市岱岳区马庄镇老宫官庄村	2019	805.1	1.63	96.8	55.4	158.9
泰安市岱岳区大汶口镇土门村	2020	804.52	1.54	93.1	43.2	154.3
泰安市岱岳区马庄镇老宫官庄村	2020	813.62	1.65	100.1	49.3	137.6
德州市武城县武城镇东小屯村	2020	774.94	1.48	98.7	42.2	129.5

（三） 主要农艺措施

1. 深耕细耙，提高整地质量 据田伟等研究，目前大田缺苗断垄率平均达 13.5%，高的田块达到 30%，可导致减产 10%~20%，缺苗断垄严重主要是由耕作整地质量较差引起的。为此，高产示范方必须提高整地质量，要求深耕细耙、耕耙配套，耕层 23~25 厘米，打破犁底层，加厚活土层，不漏耕，耕透耙透，无明暗坷垃，无架空暗垡，上松下实，为全苗壮苗创造良好的耕层环境。

2. 培肥地力，施足基肥

（1）肥料运筹原则。合理施肥可提高小麦产量，改善籽粒品质，施肥实行配方施肥。即遵循施氮、增磷、补钾、添微、有机和无机相结合的原则。

（2）用量及比例。高产攻关田施有机肥 50 000~60 000 千克/公顷（或腐熟鸡粪 15 000 千克/公顷），纯氮 270~300 千克/公顷，磷（P₂O₅）150~180 千克/公顷，钾（K₂O）150~180 千克/公顷，硫酸锌 15 千克/公顷。后期缺肥可结合微肥和病虫防治药剂实

施"一喷多防"。磷肥、钾肥全部基施，氮肥适当后移，基肥
50%，拔节肥50%。

3. 适时播种确定适宜播种量

（1）晒制拌种。播种前，小麦种需晾晒，以增加种子酶的活
性，增加麦种的发芽势、发芽率；晾晒麦种后，进行药剂拌种：用
3‰噁醚唑悬浮种衣剂（按种子量的0.4%）+2.5%咯菌腈悬浮种
衣剂（按种子量的0.2%）拌种，保证苗全苗壮。

（2）适时播种。根据当地气候、品种类型、土壤墒情确定适宜
播种期。泰科麦33最佳播种期为10月7—15日。

（3）确定适宜播种量。整地质量好，墒情充足，泰科麦33适
宜播种量为90～120千克/公顷。

（4）播种方式。采用郓城工力机械有限公司生产的2BJK-6型
宽幅精播机播种，畦宽3.4米，行距28厘米，播幅8厘米，播深
3～5厘米，不重播，不漏播，播深一致，覆土严实。

4. 促控结合，加强麦田管理　合理运筹肥水，促控结合，从
而创建高效群体。根据泰科麦33的生育特点，应在以下几个方面
加强管理。

（1）播后镇压。用带镇压装置的小麦播种机械，在小麦播种时
边播边镇压；或播种后用专门的镇压器镇压1～2遍，保证小麦出
苗后根系正常生长，提高抗寒、抗旱能力。

（2）浇越冬水。12月上中旬，趁晴好天气浇越冬水，以增强
小麦冬季抗冻、春季抗旱能力，冬灌后及时划锄保墒，培育壮苗，
保证冬前分蘖每公顷1 200万～1 500万。

（3）化学除草。化学除草的原则是"春草冬除，除小除早，冬
用为主，春用为辅"。小麦阔叶杂草可用40%唑草酮可湿性粉剂
60～90克/公顷或20%氯氟吡氧乙酸乳油750～900毫升/公顷喷雾
防治；节节麦等禾本科杂草可用3%甲基二磺隆可分散油悬浮剂
300～525毫升/公顷等喷雾防治，于11月中下旬，选择晴朗无风
或微风天气进行。

（4）化控防倒。高产攻关田普遍群体较大，在起身—拔节期，

每亩用 20％多唑·甲哌鎓微乳剂 30～40 毫升或 15％多效唑粉剂 50 克，兑水 30～40 千克喷洒，以缩短小麦基部节间，增强小麦抗倒能力。

（5）氮肥后移。氮肥后移技术可显著提高泰科麦 33 的产量与品质，提高氮肥利用率。因此在施足基肥的基础上，应注重落实小麦氮肥后移施肥技术，氮肥后移施肥时期宜在小麦拔节后期，每公顷施纯氮 100～120 千克。

（6）一喷多防。坚持"预防为主，综合防治"的植保方针，强化病虫害综合防控。小麦抽穗—扬花初期（扬花 30％左右）是防治白粉病、锈病、赤霉病、蚜虫和吸浆虫的关键时期，每公顷用 50％多菌灵粉剂 1.5 千克＋4.5％高效氯氰菊酯乳油 750 毫升＋磷酸二氢钾 1.5 千克兑水 450 千克喷洒，进入灌浆阶段再喷 1 次。

5. 适时收获，保证品质　蜡熟末期是泰科麦 33 产量和品质协调发展并最终形成的关键时期，可以实现其籽粒产量和品质的统一。收获过早，小麦灌浆不充分，品质下降，粒重降低；收获过晚，小麦籽粒的呼吸、淋溶消耗会导致品质变劣。泰科麦 33 宜在蜡熟末期适时收获。如有降雨可能，应在雨前抢收入库，以保证商品小麦品质。

三、桓台县小麦亩产 835.2 千克超高产栽培技术

（一）概述

桓台县小麦单产 835.2 千克/亩地块位于新城镇逯家村，2014 年、2016 年该地块小麦经山东省专家组实打亩产达到 812.2 千克和 805.7 千克。该地块土壤肥沃、农田水利设施完备、农民科技种田水平较高，是全县粮食高产的典型。

2019 年 6 月 16 日，受农业农村部种植业管理司委托，全国农业技术推广中心邀请中国农业科学院作物科学研究所赵广才研究员、扬州大学农学院郭文善教授、石家庄市农林科学研究院郭进考研究员、河南省农技推广总站毛凤梧研究员、山东省农业科学院黄承彦研究员、山东省农技推广总站鞠正春研究员、青岛农业大学石岩教授，对桓台

县新城镇逯家村种植的小麦十亩高产攻关田进行实打测产。该地块种植品种为山农 29，实打测产面积 1 120.06 米²（1.68 亩），共收获鲜籽粒 1 436.0 千克，杂质率 0.98%，平均水分含量 14.15%，亩产量（千克）＝每亩籽粒重（千克）×［1－杂质率（%）］×［1－样本水分含量（%）］/（1－13%），代入可得实打亩产 835.2 千克。

（二）小麦生育期气候特点

小麦整个生育期内气候因素影响特点可概括为：秋季播种条件适宜出苗，越冬期气温偏高冻害较轻，生长季降水总量少但普遍在小麦需水期，气候干旱减少了病虫草害的发生。

1. 秋种播种条件适宜，苗齐苗全苗壮 整个秋种期间降水较少，气温较高，利于小麦播种和出苗。攻关田小麦播种时间在 10 月 8 日，播后及时浇好跟种水，实现了一播全苗。

2. 冬季气温偏高，冻害较轻 越冬期气温较常年偏高，最低气温－11℃左右，且持续时间短，攻关田小麦基本实现绿体越冬，冻害较轻。

3. 早春干旱，后期在小麦需水关键期降水 从 1 月下旬至 3 月中旬降水量仅 4.7 毫米，春季麦田墒情严重不足；4 月 8—11 日为拔节期，降水 14.7 毫米；4 月 24—28 日为挑旗期，降水 9.5 毫米，利于小麦生长发育。

4. 后期干热风持续时间短，对产量影响较小 5 月 22—26 日、6 月 2—4 日发生干热风天气，在一定程度上影响了小麦粒重增加，但由于持续时间较短，影响较小；小麦灌浆期间未出现大量的降水、大风天气。

5. 较大降水天气少，减少了病虫草害的发生 在整个小麦生长季未出现大的降水天气，空气湿度低，白粉病、锈病、赤霉病、茎基腐病等病害发生较轻，由于及时喷施防治病虫药剂，病虫草害得到了有效控制。

（三）栽培管理措施

1. 地块与品种选择

（1）地块选择。新城镇逯家村小麦攻关田为砂姜黑土地块，

0～20厘米耕层土壤有机质含量20克/千克，全氮含量≥0.096％，碱解氮含量92毫克/千克，有效磷含量45毫克/千克，速效钾含量160毫克/千克。

（2）品种选择。选用中多穗型品种山农29作为高产攻关品种，在确保合理群体的基础上主攻穗粒数和粒重。

2. 栽培技术

（1）整地。利用旋耕深松施肥联合整地机械深松2遍，松深达到30厘米以上，打破犁底层，同时将基肥施于0～30厘米土层中；深松后旋耕两遍。为防治地下虫害，整地前每亩用40％辛硫磷乳油300毫升拌成毒土撒施。整地后土壤细碎，无明暗坷垃，耕层松软，上虚下实。

（2）施肥。

①施肥原则。坚持有机肥与无机肥相结合、基肥与追肥相结合的原则，平衡配方施肥。在氮肥运筹上，实行氮肥后移，巧施拔节肥。

②施肥数量。每亩基肥总量为：商品生物有机肥1 000千克，45％硫酸钾复合肥（N∶P∶K＝15∶15∶15）50千克，硼砂1千克，硫酸锌1千克，尿素15千克，硫酸钾10千克。

③施肥方法。前茬玉米秸秆全部粉碎还田，施足基肥并采用氮肥后移技术。具体基肥施用方法：全部有机肥耕地前均匀撒施于地面，与玉米秸秆一起耕翻；硫酸钾复合肥、硼肥、锌肥使用旋耕深松施肥联合整地机械分层施于8～25厘米土层中；第二年春季（4月中旬）小麦拔节后期（旗叶露尖）每亩施尿素15千克、硫酸钾10千克。

（3）播种。

①种子处理。选用经过提纯复壮、质量高的山农29原种。为预防茎基腐病、根腐病、纹枯病及蚜虫等病虫害，用27％苯醚·咯·噻虫悬浮种衣剂（酷拉斯）按种子量的0.24％进行药剂拌种，防治地下害虫和根病。

②适时播种。桓台县小麦适宜播种期为10月1—10日，最佳播种期为10月3—8日，新城镇逯家村小麦攻关田播种期为10月

8 日。

③播种量。山农 29 属中多穗型品种，分蘖成穗率高，每亩播种量 8 千克，基本苗 14.2 万/亩。

④播种方式。使用加装获国家发明专利的圆盘开沟宽幅播深精准控制器的小麦新型宽幅精播机械播种，小麦单行播幅加宽至 8～9 厘米，播深一致，出苗整齐，实现了苗全、苗匀。

采用 2.05 米畦带等行距播种 8 行小麦种植规格；播种深度 3～4 厘米；小麦播种后采用轮式镇压机镇压一遍，每两行小麦铺设一条滴灌带，落实水肥一体化技术，10 月 10 日及时运用了跟种水。

（4）苗期管理。

①查苗补苗和间苗。小麦出苗后，及时查苗补缺，实行泡种带芽移栽；小麦 3 叶期剔除疙瘩苗，实行间苗，将基本苗控制在 12.5 万/亩。

②控旺促壮除草。一是化控促壮。11 月 10 日每亩用 20.8% 烯效·甲哌鎓微乳剂 20 毫升兑水 15 千克喷雾，控制小麦旺长；二是化学除草。11 月 15 日，用双氟磺草胺等防治麦田杂草。

③防御冻害。12 月 18 日，浇越冬水，平均每亩灌溉 40 米^3，增强了小麦冬季抗冻、春季抗旱能力，为春季肥水后移奠定基础。

④冬前苗情。基本苗 12.5 万株/亩，平均亩茎数 81.3 万，单株分蘖 6.5 个，三叶以上大蘖 3.2 个，单株次生根 8.4 条。

（5）春季管理。

①划锄保墒。2 月 23 日，划锄，破除板结，弥补裂缝，提温保墒，促进苗情转化升级。

②喷施叶面肥。3 月 2 日，第一次在小麦返青期使用，每亩用 40 克天达 2116 兑水 30 千克叶面喷施，促麦苗早返青，促进穗分化，加快苗情转化升级；3 月 16 日，第二次在小麦起身期使用，每亩用 40 克天达 2116＋20.8% 烯效·甲哌鎓微乳剂 30 克兑水 30 千克喷施，促进个体健壮，壮秆防倒，减少倒春寒的不利影响；4 月 5 日，第三次在小麦拔节期使用，每亩用 40 克天达 2116 兑水 30 千克叶面喷施，提高成穗率，减少小花退化，增加粒数。

③肥水运筹。4月16日进行追肥，即氮肥后移，每亩追施尿素15千克、硫酸钾10千克，采用水肥一体化滴灌将肥料施于小麦根部周围，在合理调控的基础上，保证中后期所养分和水分供应。因小麦挑旗期时土壤墒情较好，未运用孕穗水。

④病虫害防治。3月2日、3月16日结合喷施天达2116，每亩喷施25%丙环唑水乳剂40克，防治纹枯病、茎基腐病和根腐病等小麦根部病害；3月22日，每亩用水肥一体化滴灌方式施用99%噁霉灵可溶性粉剂200克，防治纹枯病、茎基腐病和根腐病等小麦根部病害。

⑤春季苗情。亩茎数117.6万，单株茎蘖9.4个，四叶以上大蘖5.2个，单株次生根10.3条。

（6）后期管理。

①浇水。5月6日小麦灌浆期，每亩灌水40米^3。后期遇干热风天气采用水肥一体化滴灌方式浇小水，在干热风天气时早晨每亩灌溉5～10米^3，改善田间小气候，减轻干热风对小麦生产的影响；5月22—26日、6月2—4日八次浇小水。

②小麦"一喷三防"。4月28日、5月6日、5月14日三次叶面喷施磷酸二氢钾、天达2116、戊唑醇、吡虫啉、高效氯氰菊酯，防治蚜虫、白粉病等病虫害，预防干热风。

③产量构成三要素。收获前调查产量构成：亩穗数54.2万，穗粒数30.6粒，千粒重（实测）50.9克，产量为844.2千克/亩。

3. 适期收获　蜡熟末期植株茎秆全部黄色，叶片枯黄、茎秆尚有弹性，籽粒颜色接近本品种固有光泽，籽粒较为坚硬，此时收获，籽粒千粒重最高，营养品质和加工品质最优。6月16日用联合收割机收割，平均含水量14.15%。

四、岱岳区小麦亩产828.7千克栽培技术措施

（一）概述

2019年6月12日，农业农村部全国农业技术推广服务中心组织中国农业科学院、河北省农林科学院、山东农业大学等单位的7

位专家，对泰安市岱岳区马庄镇的泰安市岳洋农作物专业合作社承担实施的"小麦绿色高质高效生产模式与技术集成示范"项目进行了实收测产。示范区位于岱岳区马庄镇老宫官庄村，包括高产攻关田 10 亩和示范田 600 亩，集成示范了高产品种、种子包衣、深翻耙压、宽幅精播、镇压保墒、测土配方施肥、微喷水肥一体化、生物多样性防虫、一喷多防等节水减肥减药技术。

专家组在实地考察示范现场的基础上，参照农业农村部小麦高产创建产量测产验收办法，对高产攻关的小麦新品种山农 30 进行了实打，面积为 1.949 亩，共收获鲜籽粒 1 875.0 千克，平均水分含量 24.3%，杂质率 1.00%，最终高产攻关田实际亩产达到828.7 千克，当时刷新全国冬小麦单产最高纪录。

（二）关键技术措施

1. 地块选择　地块位于泰安市岱岳区马庄镇老宫官庄村村北满马路东侧，土壤质地属黏土，水源充沛，旱能浇，涝能排，土地肥沃，种植制度为小麦—玉米一年二作二收，耕层养分含量达到以下指标：有机质 23.2 克/千克，碱解氮 126 毫克/千克，有效磷39.6 毫克/千克，速效钾 105 毫克/千克。

2. 品种选择　此次攻关选用了具有高产潜力的小麦品种山农30，籽粒饱满、纯度高。

3. 精细整地　整地原则是：深耕、耕匀、耙透、耙细、上松、下实、播前镇压、播后镇压。一是采取深耕深松，加深耕作层，选用翻转式深耕犁进行深耕，装配合墒器，耕深达到 25 厘米；二是耙压。耕翻后尽快耙压，以破碎土垡，耙碎土块，疏松表土，平整地面，上松下实，减少蒸发，抗旱保墒；使耕层紧密，种子与土壤紧密接触，保证播种深度一致，出苗整齐健壮。

4. 精细播种

（1）种子处理。选用 26% 苯甲·吡虫啉悬浮种衣剂 50 毫升＋水 200 毫升＋麦种 10 千克。

（2）适期足墒播种。播种时间为 10 月 10 日，播种后喷灌 15方水。

（3）播种方式。宽幅精播机播种，行距24.75厘米，播幅8厘米，播深3～5厘米，播深一致，播行端正，播后镇压，覆土严实。宽播幅，可使籽粒入土分散均匀，实现一播全苗，有效避免缺苗断垄现象。出苗后整齐一致，根系发达，个体生长健壮，群体结构合理。

（4）播种量。播种量9.6千克/亩。

5. 施肥技术　采取秸秆还田，增施有机肥，亩施有机肥4 000千克以上（或商品有机肥1 000千克）。采用测土配方施肥，全部有机肥、磷肥、硫肥、硼肥、锌肥作基肥，氮肥的40%、钾肥的50%作基肥，其余春天作追肥（亩施总量：纯氮20千克、纯磷10千克，纯钾20千克、硼肥1千克、锌肥1千克）。

6. 苗期管理（出苗—越冬—返青）　实现苗全苗匀、促根增蘖、促弱控旺、壮苗抗逆，为春季小麦生长发育奠定良好基础。做好划锄镇压（镇压1次）和化学除草，浇好越冬水，在日平均气温下降到3～5℃且无风的晴天进行冬水浇灌，培育壮苗，安全越冬。冬前三叶以上大蘖3个以上，保证充足穗数。

7. 春季管理（返青—抽穗）　保根护叶、促蘖增穗、促穗保花、壮秆防倒，争取穗大粒多。做好划锄、镇压（镇压1次），防治好病虫害，在拔节中后期进行施肥浇水。预防倒春寒的发生。

8. 中后期管理　重视防治赤霉病，保根、保叶、防早衰、防病虫、防倒伏。根据墒情进行浇水，做好"一喷三防"，将杀虫剂、杀菌剂、叶面肥、植物生长调节剂在开花后混合喷施2～3次，起到抗病、杀虫、防早衰的目的。利用无人机喷施叶面肥及微喷喷水预防后期干热风，以增加灌浆时间，提高粒重。

五、滕州市亩产789.9千克关键技术措施

滕州市2009年采用宽幅精播栽培的高产攻关田，经农业部邀请有关专家实打，平均亩产789.9千克，创当时我国冬小麦单产最高纪录。其主要栽培管理措施如下。

1. 地块与品种选择

（1）地块选择。选择耕层养分含量较高的地块。经过化验该地块土壤养分含量：有机质1.38％，全氮0.12％，碱解氮130.43毫克/千克，速效磷42.15毫克/千克，速效钾129.5毫克/千克，速效硫16毫克/千克以上。沟、路、渠等农田水利基本设施完善，旱能浇、涝能排。

（2）品种选择。选用具有高产潜力的多穗型品种济麦22。

2. 整地播种

（1）整地标准和方法。整地标准：地平如镜，土壤细碎、无明暗坷垃，耕层松软，上虚下实。整地方法：利用深耕犁深翻土壤，耕深达到23～25厘米，打破犁底层，随耕随耙，耙细耙透。

（2）施肥。

①施肥原则。根据品种特性、土壤肥力、肥料种类和土壤墒情进行科学合理施肥。坚持有机肥与无机肥相结合、基肥与追肥相结合的原则，平衡配方施肥。在氮肥运筹上，实行氮肥后移，巧施拔节肥。

②施肥数量。每亩施肥总量为：商品生物有机肥2 000千克，小麦配方肥（N：P：K＝18：12：15）80千克，磷酸二铵25千克，硫酸钾25千克，尿素10千克，硼砂1千克，硫酸锌1千克。

③施肥方法。前茬玉米秸秆全部粉碎还田，施足基肥并采用氮肥后移技术。将全部有机肥、小麦配方肥（N：P：K＝18：12：15）、硼肥、锌肥作基肥，耕地前均匀撒施地面，随后与玉米秸秆一起耕翻。第二年春季（3月下旬）小麦拔节时亩追施磷酸二铵25千克，硫酸钾25千克，尿素10千克。

（3）播种。种子处理：选用经过提纯复壮的、质量高的小麦原种；为预防根腐病、全蚀病、纹枯病等病害，用3％苯醚甲环唑悬浮种衣剂（按种子量的0.4％）＋2.5％咯菌腈悬浮种衣剂（按种子量的0.2％）拌种；预防地下害虫，用40％甲基异柳磷按种子量的0.2％拌种。适时播种：根据气候、品种类型、土壤墒情确定适宜播种期，滕州市小麦适宜播种期为10月5—15日，最佳播种期为 10 月 7—12 日，十亩高产攻关田播种期为 10 月 12 日。播种量确定原则：根据品种特性、计划密度、种子质量、田间出苗率、整地质量、土质和水肥条件、播种期的早迟确定具体播种量，以培育健壮的个体和建立合理的群体结构为原则。播种量：济麦 22 属中穗型品种，分蘖成穗率高，每亩播种量 5～7 千克较为适宜。播种量的多少直接决定了小麦群体结构是否合理，要严格控制。十亩高产攻关田播种量为 7 千克/亩。

（4）播种方式。采用郓城工力机械有限公司生产的 2BJK-6 型宽幅精播机播种，畦宽 3.4 米，行距 28 厘米，播幅 8 厘米，播深 3～5 厘米，不重播，不漏播，播深一致，播行端正，覆土严实。宽播幅，可使籽粒入土分散均匀，实现一播全苗，有效避免缺苗断垄现象。出苗后整齐一致，根系发达，个体生长健壮，群体结构合理。

3. 苗期管理 管理目标：争取全苗、匀苗、壮苗，促进早发多分蘖。

（1）查苗补苗。冬前对麦苗进行三次查苗补苗，第一次在小麦出苗后，及时查苗补缺或移密补稀。第二次 3～4 叶期剔除疙瘩苗，补栽于缺苗断垄处。第三次在浇越冬水前进行，做到苗全、苗匀。

（2）控旺促壮。一是划锄镇压。11 月 13 日，麦田划锄，破除板结，通气保墒，促进根系和幼苗健壮生长。高产攻关田秸秆还田量大，造成整地质量差、地虚坷垃多，12 月中旬进行镇压，压后浅锄，提墒保墒。二是中耕除草。麦苗生长一个月后中耕除草，对旺苗进行深中耕。11 月 18 日每亩用 20％氯氟吡氧乙酸乳油 60 毫升兑水喷雾，防治麦田杂草。三是深耕断根。深耕有断老根、发新根、深扎根、促进根系发育的作用。12 月 9 日，由于高产田地力较高、肥水充足，为防止旺长，减少无效分蘖、促苗转壮，对麦苗进行深耕断根，耕锄深度 10 厘米，耕后搂平、压实土壤，防止浇冬水后透风冻害。

（3）防御冻害。12 月 16 日，高产攻关田浇越冬水，平均每亩灌溉 60 米^3。这次浇水，增强了小麦冬季抗冻、春季抗旱能力，对小麦春季返青后正常生长发育起到举足轻重的作用。浇冬水的时间应根据天气情况选择，要在日平均气温下降到3～5℃且无风的晴天进行冬水浇灌，0℃以下的低温或大风天气不能浇水。冬前苗情：基本苗12.4万株/亩，亩茎数79.8万，单株茎蘖6.4个，3叶以上大蘖3.2个，单株次生根6.8条。

4. 春季管理 管理目标：保根护叶，促蘖增穗，促穗保花，壮秆防倒，争取穗大粒多。

(1) 喷施叶面肥，一共喷施三次。第一次在3月10日，小麦返青起身期、拔节初期时使用，亩用25克天达2116兑水15千克叶面喷施，促麦苗早返青、早分蘖，促进穗分化，增加二次生根，加快弱苗的转化升级。第二次在4月17日，于小麦拔节中期时使用，亩用25克天达2116兑水15千克喷施。促进个体健壮，壮秆防倒，提高成穗率，减少小花退化，增加粒数，还可以减少倒春寒的不利影响。在此时期遇倒春寒天气，要提前几天或在当天，最晚不要超过第二天，喷施叶面肥。第三次在4月27日，小麦抽穗扬花期使用，亩用25克天达2116加50克叶霸（大量元素水溶肥料）兑水15千克叶面喷施，对保花、保根、保叶，防早衰、防后期干热风，增加穗粒数及千粒重有明显的效果。

(2) 肥水运筹。返青起身期不追肥、浇水。于3月28日进行追肥，即氮肥后移，亩追施尿素10千克、磷酸二铵25千克、硫酸钾25千克。4月1日浇水，亩灌水量40米³，保证小麦在拔节期生长发育所需养分和水分的充足供应。5月4日，亩灌水40米³。

(3) 春季苗情。亩茎数107.6万，单株茎蘖8.6个，四叶以上大蘖4.9个，单株次生根9.1条。

(4) 产量构成三要素。冬季无有效降水，且寒冷时间长，抑制了部分病虫害的发生，由于冬前浇了越冬水，高产攻关田小麦苗匀、苗壮，安全越冬。春季回暖慢，"春脖子"时间长，小麦的穗分化时间延长；播种基础好，春季麦田管理及时，穗粒数较往年增加。肥水推迟到拔节期，加上喷施叶面肥，后期病虫害防治及时，小麦后期叶功能期长，光照充足，后期降雨时期和雨量适中，气候凉爽，无干热风造成的"高温逼熟"和大风造成的小麦倒伏现象，千粒重明显提高。收获前调查产量构成为亩穗数 52.8 万，穗粒数 36.2 粒，千粒重（实测）48.6 克，85％折后理论产量为 789.6 千克/亩。

5. 病虫草害防治技术

（1）防治策略。采取"预防为主，综合防治"的植保方针，以保护利用麦田有益生物为重点，协调运用生物、农业、人工、物理措施，辅之以高效低毒、低残留的化学农药进行病虫害综合防治，以达到最大限度降低农药使用量，经济有效地控制病虫危害的目的。

（2）主要防治对象。小麦锈病、小麦白粉病、小麦赤霉病、小麦纹枯病、地下害虫、黏虫、蚜虫、麦叶螨和麦田杂草。

（3）防治方法。根据当年病虫草害的发生情况，高产攻关田开展了四次病虫害防治工作。11 月 18 日进行化学除草。3 月 18 日，亩用 1.8％阿维菌素乳油 25 克＋25％三唑酮可湿性粉剂 50 克兑水 30 千克喷施，主要防治麦叶螨、纹枯病、锈病。5 月 6 日，亩用 70％吡虫啉水分散粒剂 2～4 克＋4.5％高效氯氰菊酯乳油 15～30 毫升＋25％三唑酮可湿性粉剂 20～30 克兑水喷施，主要防治蚜虫、吸浆虫、白粉病、锈病。5 月 26 日，亩用 70％吡虫啉水分散粒剂 2～4 克＋4.5％高效氯氰乳油 15～30 毫升＋25％三唑酮可湿性粉剂 20～30 克＋0.5％磷酸二氢钾 30 千克喷施，主要防治蚜虫、吸浆虫、白粉病、锈病，预防干热风。

6. 适期收获 蜡熟末期或完熟期植株茎秆全部黄色，叶片枯黄、茎秆尚有弹性，籽粒颜色接近本品种固有光泽，籽粒较为坚硬，此时收获，籽粒千粒重最高，营养品质和加工品质最优。6 月 13 日用联合收割机收割，麦秸还田。

参考文献

蔡克亮，1998. 山东实施小麦"125"工程收到良好效果[J]. 种子科技（1）：22-23.

邓西平，1999. 渭北地区冬小麦的有限灌溉与水分利用研究[J]. 水土保持研究，6（1）：41-46.

高剑波，戚宝，马国良，等，1998. 株系循环法繁育小麦原良种的应用效果及体会[J]. 种子科技（4）：23-24.

高瑞杰，鞠正春，吕鹏，2018. 山东小麦超高产栽培技术实践[M]. 北京：中国农业出版社.

郭伟，2011. 盐胁迫对小麦生长的影响及腐殖酸调控效应[D]. 沈阳：沈阳农业大学.

黄承彦，2005. 小麦高产优质新品种与高效生产技术[M]. 北京：台海出版社.

鞠正春，高瑞杰，董庆裕，2018. 小麦宽幅精播高产栽培技术[M]. 北京：中国农业出版社.

李在郊，李建军，2010. 郯城小麦[M]. 北京：中国农业出版社.

陆懋曾，2007. 山东小麦遗传改良[M]. 北京：中国农业出版社.

罗家传，张跃进，姜书贤，2003. 全国小麦良种繁育体系的特点与应用[J]. 种子（1）：58-59.

孟庆伟，高辉远，2010. 植物生理学[M]. 北京：中国农业出版社.

欧行厅，段照论，李合新，1999. 试论小麦育种家种子特点及其生产和利用[J]. 种子（2）：66-68.

茜大彬，张贵民，张松树，等，1989. 肥水条件对小麦加工品质效应的研究[J]. 华北农学报，4（1）：35-40.

山东省农业厅，1990. 山东小麦[M]. 北京：农业出版社.

石岩，林琪，位东斌，等，1996. 不同灌水处理冬小麦耗水规律与节水灌溉方案确立[J]. 干旱地区农业研究，14（4）：7-11，33.

王春平，张万松，陈翠云，等，1999. 四级种子生产程序及其在小麦良种繁育中的应用[J].河南农业科学（7）：6-7.

王俊儒，李生秀，2002. 不同生育时期水分有限亏缺对冬小麦产量及其构成因素的影响[J].西北植物学报，20（2）：193-200.

王立秋，靳占忠，曹敬山，等，1997. 水肥因子对小麦籽粒及面包烘烤品质的影响[J].中国农业科学，30（3）：67-69，71，73.

王月福，陈建华，曲健磊，等，2002. 土壤水分对小麦籽粒品质和产量的影响[J].莱阳农学院学报，19（1）：7-9.

席振强，别志伟，唐应华，等 2000. 浅谈小麦良繁程序的应用[J].种子科技，18（3）：157-157.

徐春发，杜燕春，2004. 浅议加强小麦良种繁育工作[J].新疆农业科技（C00）：24.

许振柱，于振文，王东，等，2003. 灌溉条件对小麦籽粒蛋白质组分积累及其品质的影响[J].作物学报，29（5）：682-687.

严美玲，李林志，孙晓辉，等，2018. 鲁东地区冬小麦产量潜力的研究[C]//山东省作物学会.2018 年山东省作物学会学术年会论文集.济南：山东省作物学会：398-405.

于振文，2013. 作物栽培学各论：北方本[M].2 版.北京：中国农业出版社.

于振文，2015. 全国小麦高产高效栽培技术规程[M].济南：山东科学技术出版社.

张进生，霍晓妮，张万松，1993. 小麦良种繁育技术和体制的改革与实践[J].作物杂志（1）：10-11.

张天真，2003. 作物育种学总论[M].北京：中国农业出版社.

张永科，1989. 旱地冬小麦耗水规律的试验研究[J].干旱地区农业研究（3）：54-65.

赵松山，王奉芝，王学信，等，1995. 小麦良种育繁推技术体系建设及效果[J].种子科技（2）：27-28.

图书在版编目（CIP）数据

山东小麦良种良法配套技术 / 鞠正春，吕建华，高瑞杰主编 . —北京：中国农业出版社，2021.12
ISBN 978-7-109-28181-3

Ⅰ. ①山… Ⅱ. ①鞠… ②吕… ③高… Ⅲ. ①小麦—栽培技术 Ⅳ. ①S512.1

中国版本图书馆 CIP 数据核字（2021）第 075502 号

中国农业出版社出版

地址：北京市朝阳区麦子店街 18 号楼
邮编：100125
责任编辑：舒　薇　李　蕊　黄　宇　　文字编辑：宫晓晨
版式设计：王　晨　　责任校对：周丽芳
印刷：北京通州皇家印刷厂
版次：2021 年 12 月第 1 版
印次：2021 年 12 月北京第 1 次印刷
发行：新华书店北京发行所
开本：880mm×1230mm　1/32
印张：8
字数：220 千字
定价：48.00 元